国家职业技能等级认定培训教材
国家基本职业培训包教材资源

装配钳工

（中级）

本书编审人员

主　　编　施国秀
副 主 编　宋小春　陈佩喜
编　　者　史郁光　郑新明　薛　翰　周燕峰　周　静
　　　　　洪耿松　何勉鹏　叶　熹　张　扬
主　　审　林　漫
审　　稿　张祝强

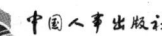

中国人力资源和社会保障出版集团

中国劳动社会保障出版社　　中国人事出版社

图书在版编目(CIP)数据

装配钳工：中级 / 人力资源社会保障部教材办公室组织编写. -- 北京：中国劳动社会保障出版社：中国人事出版社，2020
 国家职业技能等级认定培训教材
 ISBN 978-7-5167-4248-8

Ⅰ.①装…　Ⅱ.①人…　Ⅲ.①安装钳工 - 职业技能 - 鉴定 - 教材　Ⅳ.①TG946

中国版本图书馆 CIP 数据核字（2020）第 067766 号

中国劳动社会保障出版社
中国人事出版社 出版发行
（北京市惠新东街1号　邮政编码：100029）

*

三河市华骏印务包装有限公司印刷装订　新华书店经销

787 毫米 ×1092 毫米　16 开本　19.75 印张　351 千字
2020 年 5 月第 1 版　2024 年 7 月第 3 次印刷
定价：49.00 元

营销中心电话：400-606-6496
出版社网址：http://www.class.com.cn

版权专有　　侵权必究

如有印装差错，请与本社联系调换：(010) 81211666
我社将与版权执法机关配合，大力打击盗印、销售和使用盗版图书活动，敬请广大读者协助举报，经查实将给予举报者奖励。
举报电话：(010) 64954652

前　言

为加快建立劳动者终身职业技能培训制度，大力实施职业技能提升行动，全面推行职业技能等级制度，推进技能人才评价制度改革，促进国家基本职业培训包制度与职业技能等级认定制度的有效衔接，进一步规范培训管理，提高培训质量，人力资源社会保障部教材办公室组织有关专家在《装配钳工国家职业技能标准》（以下简称《标准》）和国家基本职业培训包（以下简称培训包）制定工作基础上，编写了装配钳工国家职业技能等级认定培训系列教材（以下简称等级教材）。

装配钳工等级教材紧贴《标准》和培训包要求编写，内容上突出职业能力优先的编写原则，结构上按照职业功能模块分级别编写。该等级教材共包括《装配钳工（基础知识）》《装配钳工（初级）》《装配钳工（中级）》《装配钳工（高级）》4本。《装配钳工（基础知识）》是各级别装配钳工均需掌握的基础知识，其他各级别教材内容分别包括各级别装配钳工应掌握的理论知识和操作技能。

本书是装配钳工等级教材中的一本，是职业技能等级认定推荐教材，也是职业技能等级认定题库开发的重要依据，已纳入国家基本职业培训包教材资源，适用于职业技能等级认定培训和中短期职业技能培训。

本书在编写过程中得到徐州机电技师学院、蚌埠技师学院及华南理工大学宋小春副教授的大力支持与协助，在此一并表示衷心感谢。

人力资源社会保障部教材办公室

Contents
目录 | 装配钳工（中级）

装配零件加工

模块 1

课程 1—1　划线操作　002
　　学习单元 1　较大型工件及形状较复杂工件的立体划线　003
　　学习单元 2　有相贯线的钣金组合件的展开划线　016

课程 1—2　錾削、锯削、锉削加工　023
　　学习单元 1　油槽錾削加工　024
　　学习单元 2　钢件锯削加工　027
　　学习单元 3　平面锉削加工　034

课程 1—3　孔加工和螺纹加工　041
　　学习单元 1　钻孔加工　042
　　学习单元 2　铰孔加工　055
　　学习单元 3　螺纹加工　060

课程 1—4　刮削和研磨　064
　　学习单元 1　刮削加工　065
　　学习单元 2　轴孔研磨加工　079

机械装配

模块 2

课程 2—1　零件粘接　084
　　学习单元　零件粘接　085

课程 2—2　固定连接装配　093
　　学习单元 1　花键连接的装配与拆卸　093
　　学习单元 2　圆锥销连接的定位安装　103

	课程2—3 传动机构装配	108
	学习单元1　圆锥齿轮传动机构的装配与调整	108
	学习单元2　蜗轮蜗杆传动机构的装配与调整	117
	课程2—4 轴承和轴组装配	123
	学习单元1　滚动轴承的装配与调整	123
	学习单元2　对开式滑动轴承的装配与调整	141
模块2	学习单元3　离合器的装配与调整	147
	课程2—5 液压传动装配	157
	学习单元1　液压泵的装配	157
	学习单元2　液压缸的装配	162
	课程2—6 部件和整机装配	166
	学习单元1　旋转体静平衡试验	167
	学习单元2　通用机械设备整机装配	172

设备检验与调试

	课程3—1 精度检验	226
	学习单元1　成套量块的使用与维护	227
	学习单元2　通用量具和专用量具校对调整	232
	学习单元3　使用标准量具测量精密尺寸	239
模块3	课程3—2 装配质量检验与分析	243
	学习单元1　新装设备空运转试验	244
	学习单元2　使用常用量具对试件进行检验	251
	学习单元3　光学仪器的使用	258
	学习单元4　普通车床几何精度检验	270
	学习单元5　普通铣床几何精度检验	282

	课程3—3 设备调试	292
模块3	学习单元1 普通机床设备的检查结果分析	292
	学习单元2 通用机床整机调试	298

模块 1 装配零件加工

- 课程 1—1　划线操作
- 课程 1—2　錾削、锯削、锉削加工
- 课程 1—3　孔加工和螺纹加工
- 课程 1—4　刮削和研磨

课程设置

课程	学习单元	课堂学时
1—1 划线操作	（1）较大型工件及形状较复杂工件的立体划线	20
	（2）有相贯线的钣金组合件的展开划线	
1—2 錾削、锯削、锉削加工	（1）油槽錾削加工	24
	（2）钢件锯削加工	
	（3）平面锉削加工	
1—3 孔加工和螺纹加工	（1）钻孔加工	34
	（2）铰孔加工	
	（3）螺纹加工	
1—4 刮削和研磨	（1）刮削加工	30
	（2）轴孔研磨加工	

课程1—1 划线操作

学习内容

学习单元	课程内容	培训建议	课堂学时
（1）较大型工件及形状较复杂工件的立体划线	1）较大型工件及形状较复杂工件的立体划线方法 2）划线基准的选择 3）划线时的找正和借料 4）箱体的立体划线 5）床身的立体划线	（1）方法：讲授法、演示法、练习法 （2）重点：较大型工件及形状较复杂工件的划线方法 （3）难点：划线时的找正和借料	10

续表

学习单元	课程内容	培训建议	课堂学时
（2）有相贯线的钣金组合件的展开划线	1）画展开图的方法 2）划线基准的选择 3）锥体钣金组合件展开划线 4）多面体钣金组合件展开划线	（1）方法：讲授法、演示法、练习法 （2）重点：锥体的展开划线 （3）难点：多面体的展开划线	10

学习单元 1 较大型工件及形状较复杂工件的立体划线

一、较大型工件及形状较复杂工件的立体划线方法

1. 大型工件及形状复杂工件的特点

大型工件是指重型机械中质量和体积都比较大的工件。重型机械的零部件，体积大，质量大，划线时吊装、翻转、找正都比较困难。因此，对于一些特大工件的划线，最好只经过一次吊装、找正，在第一划线位置上把各面的加工线都划好，以提高效率，解决多次翻转的困难。

复杂工件是指结构比较复杂、外形面由多个平面或曲面构成、划线基准选择较复杂的工件。

2. 大型工件及形状复杂工件划线的要点

（1）应选择加工的孔和面最多的一面为第一划线位置，减少由于翻转工件造成的困难。

（2）大型工件及形状复杂工件的划线应有足够的安全措施，即有可靠的支承和保护措施，防止发生工伤事故。

（3）大型工件及形状复杂工件的造价高、工时多，划线是重要依据，责任重大，下述两点更显得重要。

1）在划线过程中，每划一条线都要认真检查核对。

2）对翻转困难、不具备复查条件的大型工件，每划完一个部位便需及时复查一次，对一些重要的加工尺寸还需反复检查。

3. 大型工件及形状复杂工件划线的支承基准

在大型工件及形状复杂工件的划线中，首先要解决的是划线的支承基准问题。除了可以利用大型机床的工作台划线外，一般较为常用的有以下几种方法。

（1）工件移位法。当大型工件的长度超过划线平台长度的 1/3 时，先将工件放置在划线平台的中间位置，找正后划出所有能够划到位的线，然后将工件分别向左右移位，经过找正，使第一次划出的线与划线平台平行，就可划出工件左右端所有的线。

（2）平台接长法。当大型工件的长度比划线平台略长时，在工件需要划线的部位，用较长的平台或平尺接出基准平台的外端，校正各平面之间的平行度以及接长平台面至基准平台面之间的尺寸，然后将工件支承在基准平台面上（决不能让工件接触接长的平台或平尺，否则由于承受压力，必将影响划线的高低尺寸和平行度），用划线盘在平台和平尺上移动进行划线。

（3）导轨与平尺调整法。此法是将大型工件放置于坚实水泥地上的调整垫铁上，用两根导轨相互平行地置于大型工件的两端（导轨可以用平直的工字钢或经过加工的条形铸铁等，其长度与宽度根据大型工件的尺寸、形状选用），再在两根导轨的端部靠近大型工件的两边分别放两根平尺，并将平尺面调整成同一水平位置。对大型工件的找正、划线都以平尺面为基准，划线盘在平尺面上移动进行划线。

（4）水准法拼凑平台。这种方法是将大型工件置于水泥地上的调整垫铁上，在工件需要划线的部位放置相应的平台，然后用水准法校平各平台之间的平行和等高，即可进行划线。

二、划线基准的选择

1. 一般原则

较大型工件及形状较复杂工件的立体划线基准选择较复杂，以箱体类工件为例，箱体类工件划线基准选择的一般原则是以面为主，设计图中是以平面为设计基准的就以此平面为划线基准。

2. 注意事项

对形状复杂工件划线时，应注意以下几点：

（1）通常比较复杂的工件往往要经过多次划线和加工才能完成，所以划线前应首先明确工件的加工工序，然后按照工艺要求选择相应的划线基准，划出本工序所应划的线。划线时，应避免所划的线被加工掉而重划和多划不需要的线。

（2）确定划线基准时，既要保证划线质量、提高划线效率，同时也应考虑工件放置的合理性。对形状较复杂工件划线基准的选择，可按以下两个原则去考虑。

1）划线基准应尽量与设计基准一致。

2）选择较大且平直的面作为划线基面。

（3）在选择第一个划线面（又称第一划线位置）时，应选择待加工表面和非加工表面比较重要和比较集中的位置，并应使工件上的主要中心线平行于平台，以便划出较多的尺寸线，这样有利于划线时能正确找正和及早发现毛坯的缺陷，既保证了划线质量，又可减少工件的翻转次数。划线工作归根结底是确定加工部位中心的问题，一切轮廓基本上是以中心线（坐标线，习惯上称它为中心线）或中心点定出的。

（4）当在工件上划线时，应保证该工件上所有划线部位的基准是统一的。凡遇须将工件多次翻转，经几个划线位置才能将各面所需的线划出的情况，则在工件翻转后，应使原来与平台平行的线变为与平台垂直或成一定角度的线。

三、划线时的找正和借料

较大型工件及形状复杂工件划线，很多情况下是对铸、锻件毛坯划线。各种铸、锻件毛坯，由于种种原因，易造成形状歪斜、偏心、各部分壁厚不均匀等缺陷。当工件几何误差不大时，可以通过划线找正和借料的方法来补救。

机械零件的形状和尺寸千变万化，划线基准的找正是不同的。箱体类工件常以与工件非加工部位有关的或比较直观的非加工表面为找正依据。箱体工件划线，一般都要准确地划出十字校正线，为划线后的刨、铣、镗、钻等加工工序提供可靠的校正依据。一般常以基准孔的轴线作为十字校正线，划在箱体的长而平直的部位，以提高校正的精度。线条越长，校正越准确。通常以基准孔的轴线划在箱体的四个面，作为十字校正线。

注意内壁的找正应使壁厚均匀，以保证划线和加工后的箱体利于装配。第二次划线就要依据已经加工过的表面作为基准并为找正依据。

铸、锻件毛坯在形状、尺寸和位置上的误差、缺陷用找正后划线的方法不能补救时，就要用借料的方法来解决。通过试划和调整，使各个加工面的加工余量合理分配、互相借用，从而保证各个加工表面都有足够的加工余量，而误差和缺陷可在加工后排除。

划线时的找正和借料这两项工作是密切结合进行的，必须兼顾，各方面都应满足要求。如果只考虑一方面，忽略其他方面，是不能做好划线工作的。

四、箱体的立体划线

1. 简介

箱体工件的种类很多，其尺寸大小和结构形式随着机器的结构和箱体在机器中功用的不同有着较大的差异。但从工艺上分析它们仍有许多共同之处，其结构特点如下：

（1）外形基本上是由多个平面组成的封闭多面体。

（2）结构形状比较复杂。内部常为空腔形，箱体壁薄且厚薄不均。

（3）箱壁上通常都布置有平行孔系或垂直孔系。

箱体工件需要加工的平面与孔较多，并且箱体上的加工平面和孔表面又是装配时的基准面，因此在划线时，不但要保证每个加工平面和孔都有充分的加工余量，而且要兼顾到孔与内壁凸台的同轴度要求以及孔与加工平面的位置关系。

2. 划线注意事项

箱体工件的划线，除按一般划线时选择划线基准、找正、借料外，还应注意以下几点：

（1）划线前必须仔细检查毛坯质量，有严重缺陷和较大误差的毛坯就不要勉强去划，避免出现废品和浪费较多工时。

（2）认真掌握技术要求，如对箱体工件的外观要求、精度要求和几何公差要求；分析箱体的加工部位与装配工件的相互关系，避免因划线前考虑不周而影响工件的装配质量。

（3）了解零件机械加工工艺路线，以及各加工部位划线与加工工艺的关系，确定划线的次数和每次要划哪些线，避免因所划的线被加工掉而重划。

（4）在进行箱体划线时，必须掌握全局，只有弄清线与线之间、划线与加工工艺之间以及箱体上加工部位和箱体内零件的装配关系等问题，认真负责地划好每一条线，才能使箱体加工达到质量要求。

3. 车床主轴箱划线实例

（1）分析车床主轴箱零件图，确定划线思路。如图 1—1—1 所示为 C620-1 型车床主轴箱零件图。C620-1 型车床主轴箱箱体的划线要分为三次进行，第一次划线以主轴孔为基准划出外形尺寸线；经过机加工后，再进行第二次划线；第三次划线则以已加工的孔和面为基准，分别划出有关的螺孔、光孔及油孔的位置线和加工线。

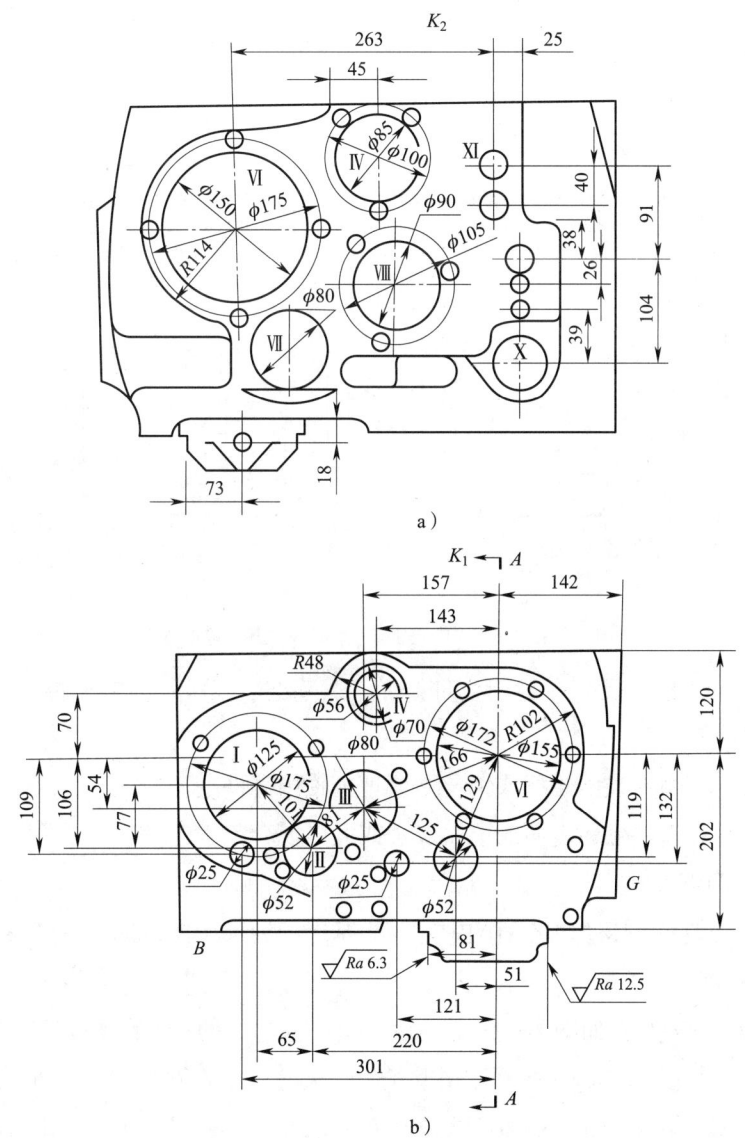

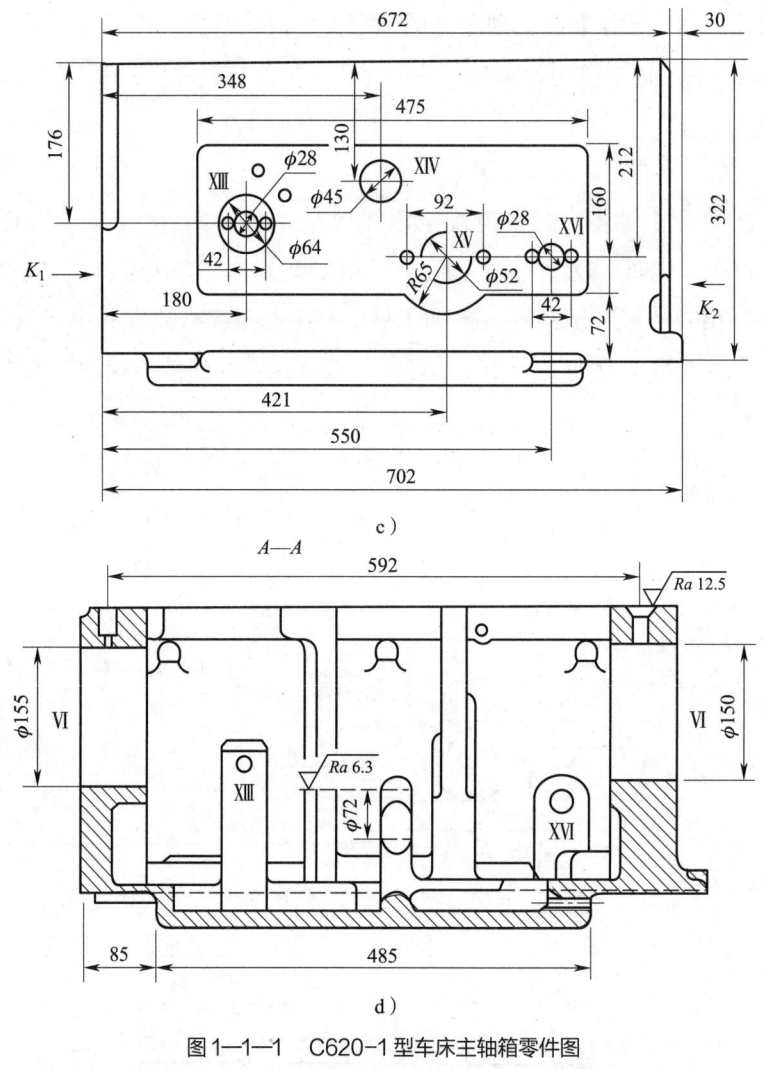

图1—1—1 C620-1型车床主轴箱零件图
a)右视图 b)左视图 c)主视图 d)A—A剖视图

（2）划线前的准备工作。

1）清理。用手持式砂轮机或钢丝刷清理主轴箱铸件毛坯。

2）涂色。在铸件毛坯表面涂上石灰水或大白混合胶水的涂料。

（3）主轴箱的划线。

1）第一次划线。以主轴孔Ⅵ的中心线为基准，划出箱体各部分的外形尺寸线。具体划法如下：

箱体的第一次安装如图1—1—2a所示。首先调整千斤顶的高度，用划线盘划出A、B两面，与划线平台基本平行，并用直角尺检查G、C两面与划线平台基本垂直，调整后必须使所有孔、面都有加工余量。然后以孔Ⅵ内壁凸台和A、B两面的加工余量为依据，找正划出第一校正线Ⅰ—Ⅰ；并以Ⅰ—Ⅰ线为基准加上 120 mm 划出 A 面，减去 202 mm 划出 B 面。同时检查孔Ⅰ和其他孔的加工余量。

将箱体翻转 90°进行第二次安装，如图 1—1—2b 所示。用直角尺找正Ⅰ—Ⅰ线使其与划线平台垂直。依据孔Ⅵ内壁凸台和 E、F 面划出第二校正线Ⅱ—Ⅱ。以Ⅱ—Ⅱ为基准，减去 142 mm 划出 G 面加工线，加上 81 mm 划出 E 面的加工线，接着从 E 面加工线的高度减去 146 mm 划出 F 面的加工线。

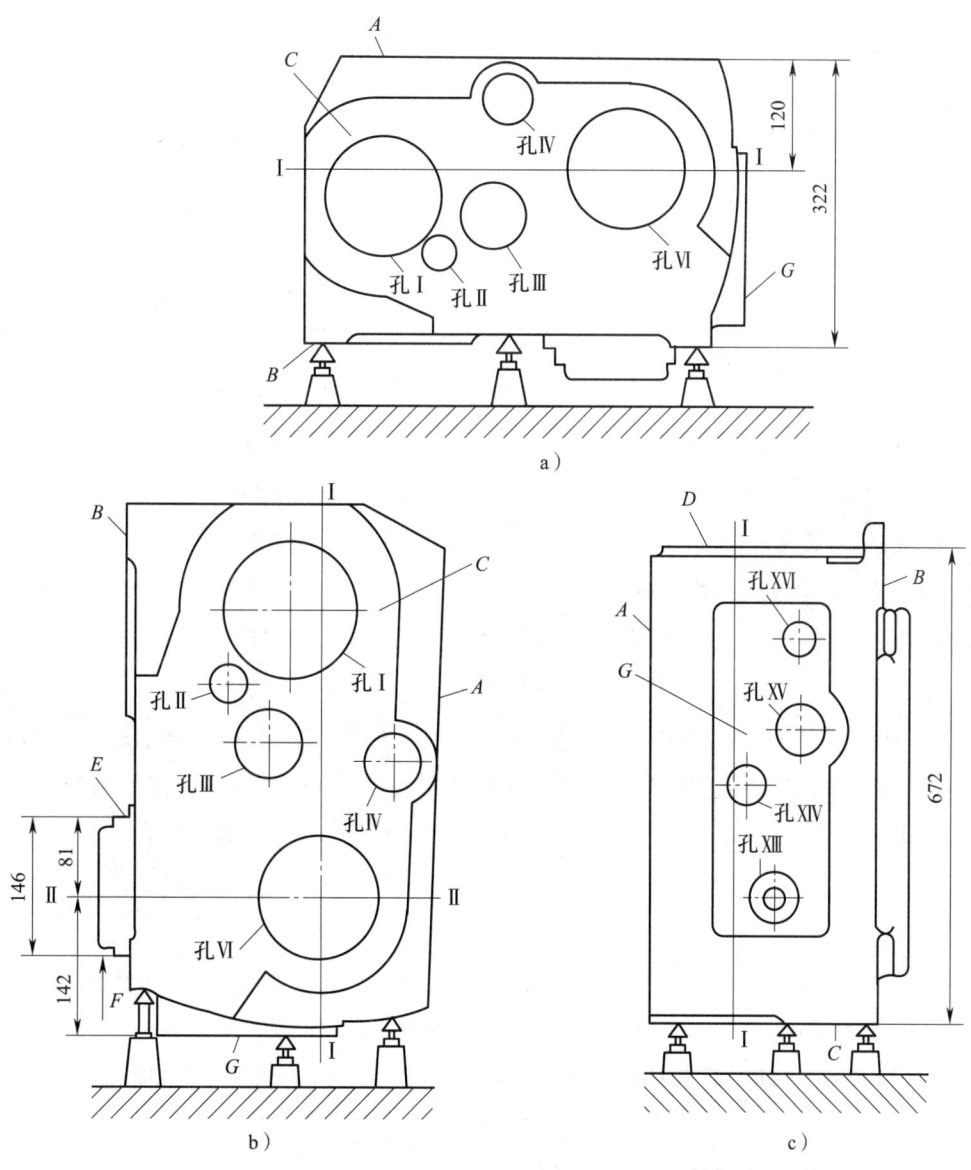

图 1—1—2　主轴箱箱体第一次划线位置
a）第一次安装　b）第二次安装　c）第三次安装

然后将箱体再次翻转进行第三次安装，如图1—1—2c所示。按第三划线位置放置，调整好千斤顶高度。用直角尺找正Ⅰ—Ⅰ线使其与划线平台垂直。划出C、D两面之间672 mm的加工线。

检查所划的线条，确认无误后在加工线上打上样冲眼，转入机械加工。

2）第二次划线。箱体经过加工后，可以直接以工件的外形面为基准划出各孔的加工位置线。划线前在箱体的各孔内装上中心塞块。然后涂色，涂紫色酒精漆片涂料为好。

工件如图1—1—2a所示置于划线平台上，用两块等高垫铁代替千斤顶支承，不必找正工件。直接以A面为基准，减去120 mm划出孔Ⅵ的中心线；再按图样上其余有关尺寸分别找出孔Ⅰ、孔Ⅱ、孔Ⅲ……的第一位置线；然后从A面的高度分别减去176 mm、130 mm、212 mm（见图1—1—1c），划出G面上所有孔的第一位置线。

将箱体翻转90°，如图1—1—2b所示位置，将G面安放在划线平台上，以G面为基准，按尺寸142 mm在C、D两面划出孔Ⅵ的中心线；在C面上还分别以（142+220+65）mm、（142+220）mm、（142+157）mm、（142+143）mm（见图1—1—1b）为高度划出孔Ⅰ、孔Ⅱ、孔Ⅲ、孔Ⅳ的第二位置线。在箱体其他表面上分别划出其他孔的第二位置线。

将箱体再次翻转，按图1—1—2c所示，将C面直接放置在划线平台上。以C面为基准，按尺寸180 mm、348 mm、421 mm、550 mm（见图1—1—1c）分别划出孔ⅩⅢ、孔ⅩⅣ、孔ⅩⅤ、孔ⅩⅥ的第二位置线。

检查所划的线条，确认无误后在加工线上打上样冲眼，转入镗孔。

3）第三次划线。箱体各主要平面和孔经过加工后，还剩下一些螺孔、光孔、油孔等需要划线（注意：若图样上标注配作的孔不要划），这一划线工序均可按已加工表面为基准，按图样尺寸逐步划出。至此，C620-1型车床主轴箱箱体的划线全部完成。

（4）注意事项。

1）大型工件或箱体划线采用三点支承时，三个支承点的位置应尽量分散，以确保中心落在三个支承点构成的三角形中心部位，使各个支承点受力均匀。

2）箱体划线一般都要划出十字校正线，校正线必须划在长而平直的部位，线条越长，校正越准确。

3）不宜用手直接调节千斤顶，以免工件砸伤手。

五、床身的立体划线

如图1—1—3所示,牛头刨床床身的孔不仅有较高的尺寸精度,而且有较高的几何精度。床身上的水平和垂直导轨不仅有各自的精度要求,还有相互间的位置精度要求。床身划线时需保证水平导轨和垂直导轨的垂直度和大齿轮孔的尺寸、位置精度,还应保证每个轴孔都有足够的加工余量。

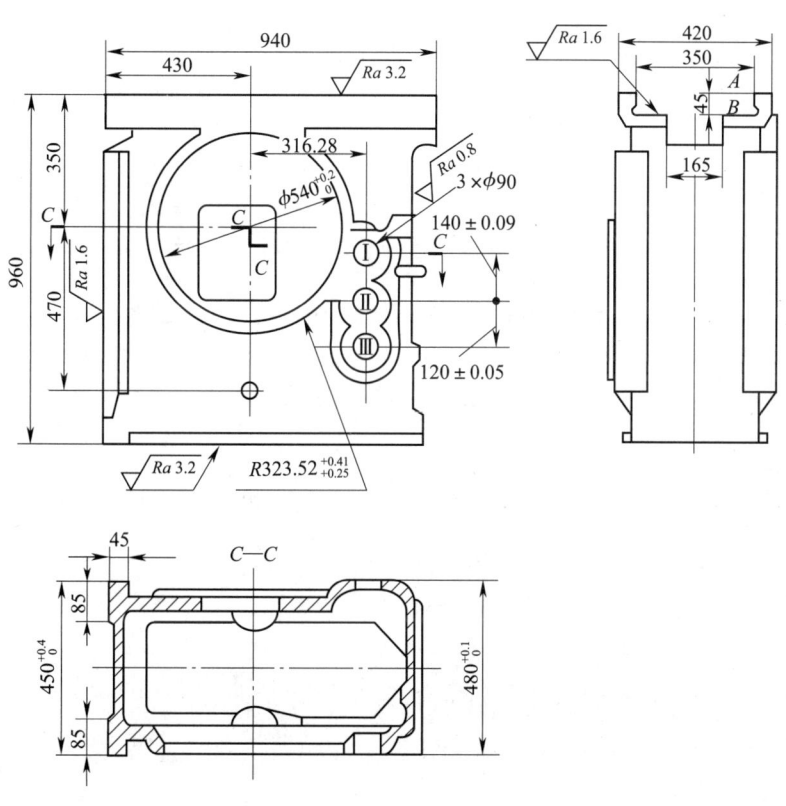

图1—1—3　B665型牛头刨床床身零件图

根据以上分析,选择大齿轮孔(ϕ540 mm)的正交十字线及左视图中的对称中心线作为划线基准,划线分三个位置进行。

1. 第一划线位置

(1) 完成立体划线的准备工作。

1) 在箱体大齿轮孔及三个轴孔(图示Ⅰ、Ⅱ、Ⅲ)中心装上塞块,为划线、借料做准备。

2）用三个千斤顶按图1—1—4所示，将箱体底面支承在平台上。

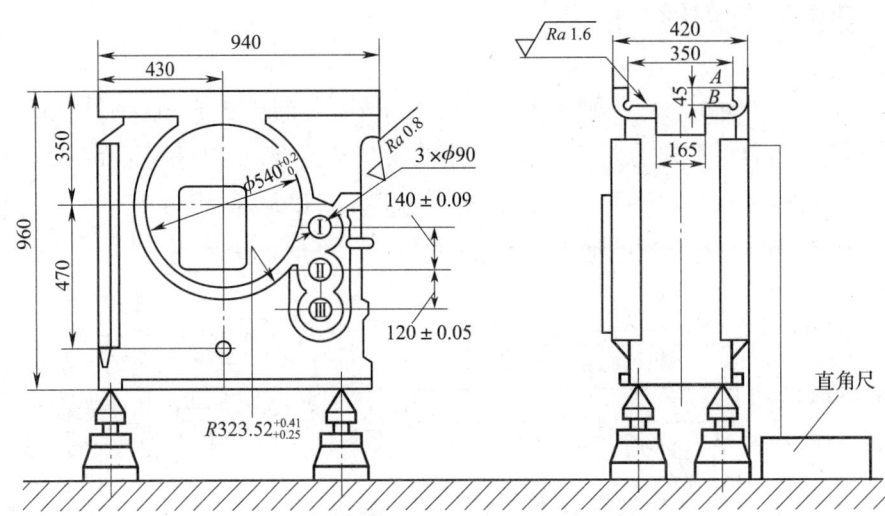

图1—1—4 B665型牛头刨床床身第一划线位置

3）先用划线盘预找平 A、B 两个待加工表面的四个角，再用直角尺找正垂直导轨的待加工面与划线平台基本垂直，最后检查箱体两侧的不加工表面放置是否对称。这三个因素如果不协调，则应主要满足每个待加工表面有足够的加工余量。

（2）第一划线位置划线。

1）用划规在大齿轮孔中心塞块上预找出中心点，以此点为中心，检查 $R323.52$ mm 是否有加工余量，同时检查其他各孔是否有加工余量。

2）检查水平导轨、垂直导轨是否都有加工余量。

3）协调各加工面的加工余量，完成借料过程。

4）依次划出 $\phi 540^{+0.2}_{0}$ mm 孔中心线，孔Ⅰ、Ⅱ、Ⅲ中心线，水平导轨 A、B 两面的尺寸线，底面加工线（如 350 mm、470 mm、960 mm、45 mm）等。

2. 第二划线位置

如图1—1—5所示，将箱体翻转90°，用直角尺找正第一位置所划基准线，即找正水平导轨外侧面和内侧加工面与划线平台垂直，以大齿轮孔为基准，在箱体四周划出第二位置基准线，依次划出图样上的 430 mm、940 mm、45 mm 以及三孔的尺寸线。

3. 第三划线位置

如图1—1—6所示，将箱体朝另一方向翻转90°，用直角尺找正前两次已划出的基准线，以垂直、水平导轨加工余量的对称中线为依据，兼顾外表面的对称性，划出第三位置基准线,并依次划出图样中 165 mm、350 mm、420 mm 及图 1—1—3 中的 450 mm、480 mm、85 mm 尺寸的加工线。

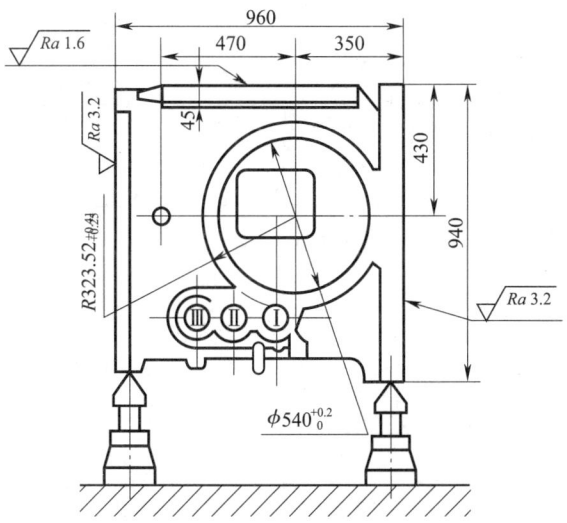

图 1—1—5 B665 型牛头刨床床身第二划线位置

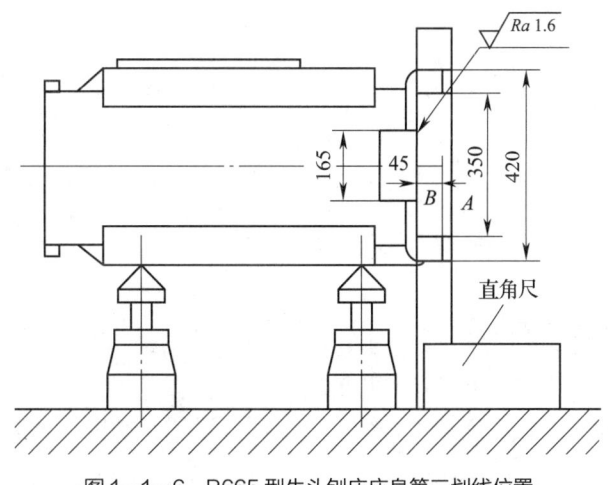

图 1—1—6 B665 型牛头刨床床身第三划线位置

【综合实训】

C620-1 型车床尾座立体划线

进行 C620-1 型车床尾座立体划线,如图 1—1—7 所示。

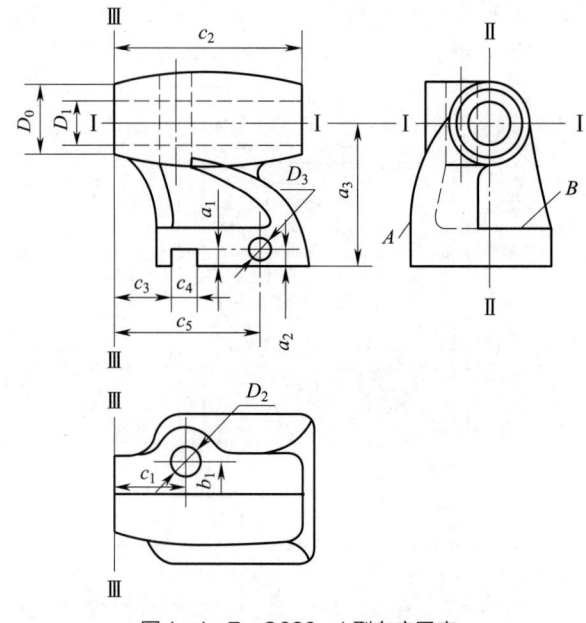

图1—1—7 C620—1型车床尾座

一、实训准备

1. 设备准备

划线平台（2 000 mm×15 000 mm）、方箱（205 mm×205 mm×205 mm）、砂轮机各1台。

2. 材料准备

C620—1型车床尾座1台。

3. 工、刃、量、辅具准备

钢直尺（500 mm）、直角尺（1级）、划规、锤子、划针、样冲、千斤顶、划线盘、斜铁、塞块、木锤、铜锤等。

二、划线工艺分析、流程及步骤

1. 划线工艺分析

图1—1—7中所标注的尺寸中，有非加工面尺寸，属于毛坯尺寸，如D_0；其余加工尺寸均要通过划线来确定。尾座有三组互相垂直的尺寸，即 a 组（a_1、a_2、a_3）、b 组（b_1）、c 组（c_1、c_2、c_3、c_4、c_5）。工件要经三次不同位置的安放，才能划完所有位置的线。划线基准选择图示的Ⅰ—Ⅰ、Ⅱ—Ⅱ、Ⅲ—Ⅲ。

2. 划线流程

分析图样→确定划线基准→安放工件→第一次划线→第二次划线→第三次划线→复查。

3. 划线步骤

（1）检查来料尺寸是否符合图样要求。

（2）安放工件。按图 1—1—8 所示安放工件。

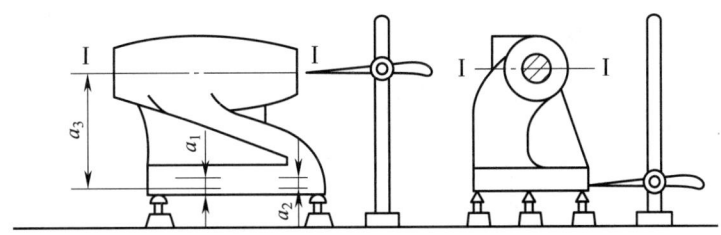

图 1—1—8　尾座 a 组尺寸的划线

（3）第一位置划线。D_1 孔是最重要的孔，首先应确定 D_1 的中心。由于 D_0 外轮廓是不加工的，为保证加工后 D_1 孔壁厚均匀，应以 D_0 外圆找正确定 D_1 的中心。另外，还应当考虑 A、B 两面：A 面应垂直，用直角尺找正；B 面应水平，用划针找正。若 A、B 面因浇铸原因本身不垂直，则要两者兼顾。接着划底面加工线，若四周加工余量比较均匀，即可认定；若不均匀则要重新调整（借料）确定 D_1 孔的中心，认定后就可划出 a 组尺寸 a_1、a_2、a_3。

（4）第二位置划线。图 1—1—9 所示为划 b 组尺寸的安放情况。把已划的底面加工线调整到垂直位置，并把Ⅱ—Ⅱ调整到水平位置，以Ⅱ—Ⅱ为基准划出 b_1。

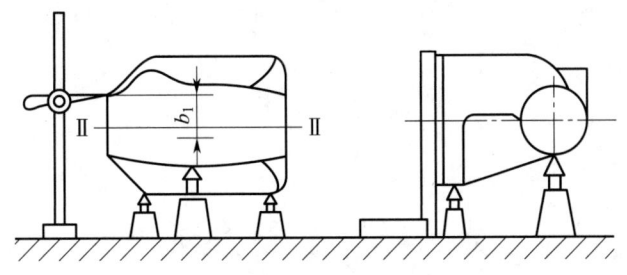

图 1—1—9　尾座 b 组尺寸的划线

（5）第三划线位置。图 1—1—10 所示为划 c 组尺寸的安放情况。把已划的Ⅱ—Ⅱ基准和底面加工线调整到垂直位置后，以凸面找正 D_2 中心线，以此中心为基准，试划Ⅲ—Ⅲ基准线和 c_2、c_3、c_4、c_5。这时，若加工余量均合适，划线即告完成；若加工余量不合适，则要借料完成划线。

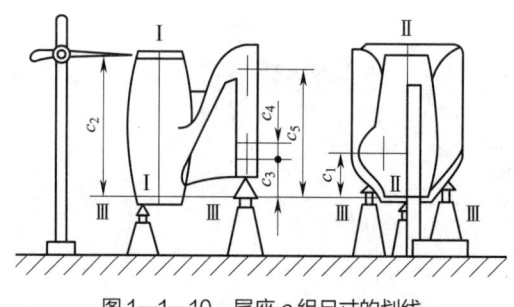

图1—1—10 尾座 c 组尺寸的划线

（6）经检查无误后，在所划线条上打上样冲眼，D_1、D_2、D_3 孔必须划出圆周线。

三、划线注意事项

（1）熟练使用常用划线工具，掌握划线的方法和技巧。

（2）必须全面、仔细地考虑车床尾座在平台上的摆放位置和找正方法，正确确定尺寸基准线的位置，这是保证划线准确的重要环节。

（3）划线时，划线盘要紧贴平台平面移动，划线压力要一致，使划出的线条准确。

（4）工件安放在支承上要稳固，防止倾倒。

（5）调节千斤顶高度时，应以将零件上的基准面调节至水平状态为准，然后固定千斤顶的高度。

学习单元 2　有相贯线的钣金组合件的展开划线

一、画展开图的方法

把构件的立体表面按实际形状和大小依次摊平画在一个平面上的过程，称为立体表面的展开。展开后获得的平面图形称为构件的展开图。展开的基本方法有平行线展开法、放射线展开法、三角形展开法和计算机辅助展开法四种。

1. 平行线展开法

平行线展开法主要用于表面素线相互平行的立体。首先将立体表面用相互平行的素线分割为若干平面,以这些相互平行的素线为骨架,依次作出每个平面的实形,以构成展开图。下面以圆管为例,说明作图方法。

例 1 斜切圆管的展开,如图 1—1—11 所示。

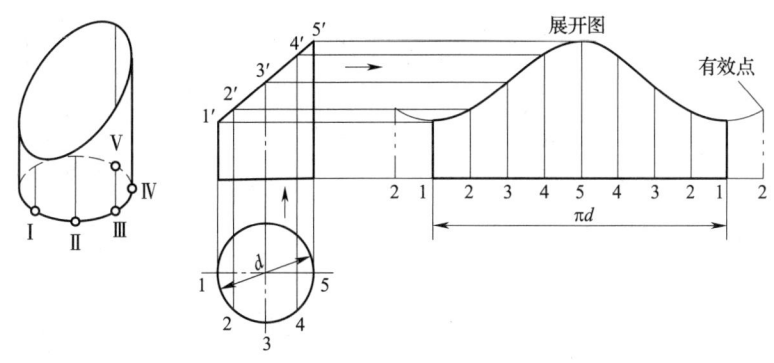

图 1—1—11 斜切圆管的展开

画出斜切圆管的主视图和俯视图。八等分俯视图圆周,等分点为 1、2、3…。由各等分点向主视图引素线,与上口交点为 1′、2′、3′…。则相邻两素线组成一个小梯形,每个小梯形近似一个小平面。延长主视图的下口线作为展开的基准线,在圆管正截面(俯视图)的圆周展开延长线上得 1、2、…、1 各点。过延长线上各分点引上垂线(即为圆管素线),与由主视图 1′~5′各点向右所引水平线对应交点连接成光滑曲线,即为展开图。

2. 放射线展开法

放射线展开法适用于表面素线相交于一点的锥体。首先将锥体表面用放射形线分割成共顶的若干三角形小平面,求出其实际大小后,以这些放射形素线为架,依次将它们画在同一平面上,即得所求锥体表面的展开图。下面以正圆锥体为例,说明其作图方法。

例 2 正圆锥体的展开,如图 1—1—12 所示。

正圆锥体的特点是表面所有素线长度相等,圆锥母线为它们的实长线,展开图为扇形。

展开时,先画出圆锥体的主视图和锥底断面图,并将锥底断面半圆周分为若干等份。过等分点向圆锥底口引垂线得交点,由底口线上各交点向锥顶 s 连素线,圆锥面划分为 12 个三角形小平面,如图 1—1—12a 所示。再以 s 为圆心、s-7 长为半径画等于锥底断面圆周长圆弧 1-1,连接 1、1 与 s,即得所求展开图,如图 1—1—12b 所示。若将展开图圆弧上各分点与 s 连接,便是圆锥表面素线在展开图上的位置。

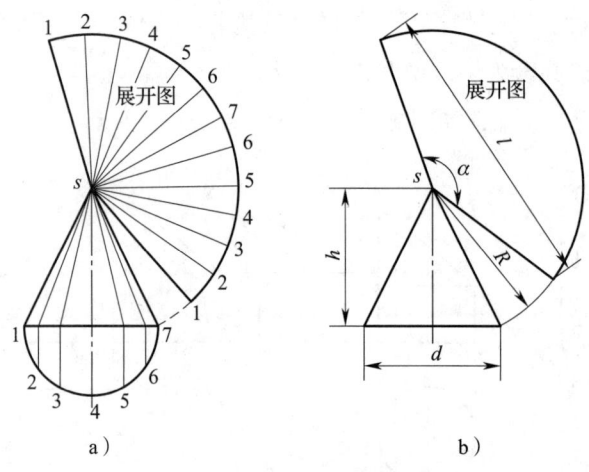

图 1—1—12 正圆锥体的展开

3. 三角形展开法

三角形展开法是以立体表面素线（棱线）为主，并画出必要的辅助线，将立体表面分割成一定数量的三角平面，并依次画在平面上，从而得到整个立体表面的展开图。三角形展开法适用于各类型形体，只是精确程度有所不同。

例 3 四棱锥筒的展开，如图 1—1—13 所示。

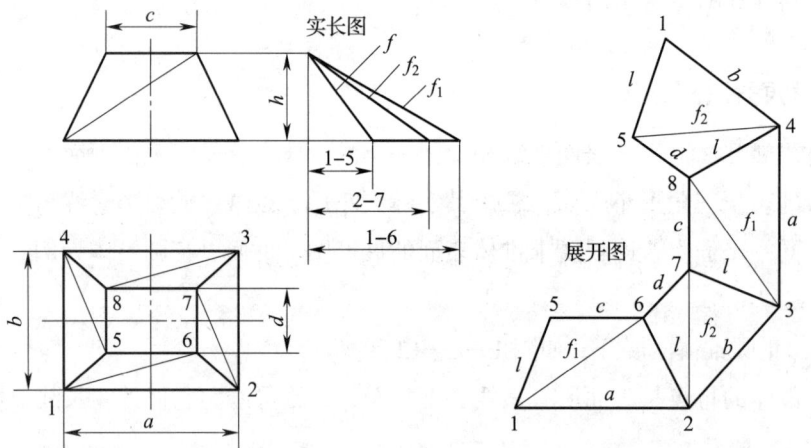

图 1—1—13 四棱锥筒的展开

画出四棱锥筒的主视图和俯视图。在俯视图上依次连出各面的对角线 1-6、2-7、3-8、4-5，并求出它们在主视图的相对位置，则锥筒侧面被划分为八个三角形。由主、俯两视图可知，锥筒的上口、下口各线在视图中反映实长，可用直角三角形法求其实长（见实长图）。利用各线实长，以视图上已划定的排列顺序，依次作出各三角形的实形,即为四棱锥筒的展开图。

4. 计算机辅助展开法

计算机在钣金设计制造中的应用之一是计算机辅助展开和计算机辅助切割,在数控切割机上二者甚至可以同时完成。计算机辅助展开的应用软件不少,多以薄板件设计为主,兼有展开功能。方法上则分参数建模和特征造型两大类,应用中各有特色,尤其是电子电气的薄壳箱体制作,可达到美观准确的地步。对于大型钢结构、厚板制件,计算机辅助展开仍然是计算展开图中的各项数据,展开画图。

二、划线基准的选择

钣金的工作程序一般要经过分析图样、根据尺寸形状要求画出构件样图、下料、制作和校核。

钣金划线主要集中在下料环节中,尤其是展开放样部分。在展开放样中应运用各种放样方法作出展开图,一般选择两条相互垂直的中心线为划线基准。

三、锥体钣金组合件展开划线

圆锥管是由圆锥被与其轴线垂直的截平面截去锥顶而形成。因此,圆锥管的展开图,可在正圆锥展开图中截去锥顶切缺部分后获得。圆锥管展开图的具体作法如图1—1—14所示。

正圆锥的特点是锥顶到底圆周上任意点的距离都相等,并等于圆锥的母线长度,所以正圆锥展开后的图形为扇形。由于正圆锥的素线相交于一点,因此可以用放射线法展开。将锥体表面用放射线分割成共顶的若干三角形小平面,求出实际大小,依次将它们画在同一平面上即可。

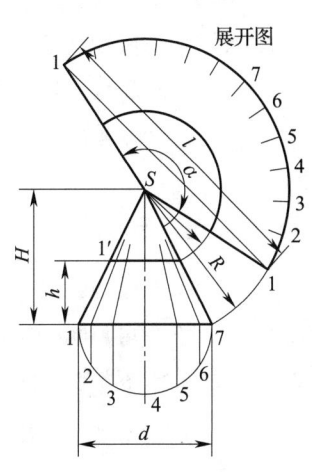

图1—1—14 圆锥管展开划线

把俯视图上分别代表顶圆和底圆的圆周分为12等份。将等分点1、2、3根据投影关系标注到主视图上。将锥体两侧母线延长交于S,$S1$、$S1'$即为扇形图扇形大端半径R和小端半径。以大端半径R和小端半径作一合适的扇形,画出始边$S1$,自始边$S1$起逐一作圆弧,其长度等于俯视

图上的 $\widehat{12}$、$\widehat{23}$。取 12 段为止，最后连接 S 点，即为平口正圆锥管的展开图。

四、多面体钣金组合件展开划线

1. 上口斜截四棱柱管的展开

如图 1—1—15a 所示为上口斜截四棱柱管，它由四个面组成，各棱线平行，只要顺序画出四个面的实际大小，即得其展开图，作法如下：

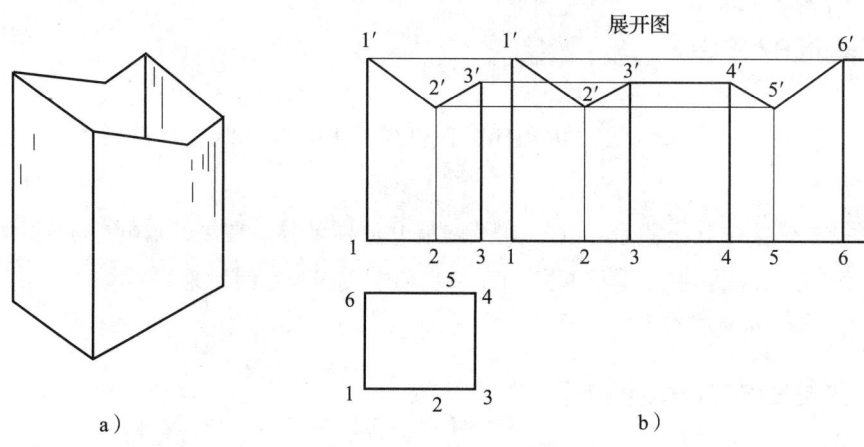

图 1—1—15 上口斜截四棱柱管的展开
a）立体图　b）展开图

（1）作棱柱的投影图，并在各棱线处标上代号 1、2、…、6，由投影图分析可知，主视图的形状就是四棱柱管前后两面的实形，棱柱的底线与各棱线垂直，所以展开时以主视图底线的延长线展开，在其上量取俯视图上 1、2、3、…、6、1 各点，并过各点作垂线。

（2）在各垂线上量取主视图上相应各棱线的高度，得 1′、2′、3′、…、6′、1′ 各点。用直线连接各点，即得上口斜截四棱柱管的展开图，如图 1—1—15b 所示。

2. 等径直交三通管展开

三通管是管路引出一个分支管时的连接件。支管与主管口径相同的三通叫等径三通管，口径不同则叫异径三通管。支管中心线与主管中心线相交，交角为 90°，叫直交三通管。等径直交三通管展开放样如图 1—1—16 所示。

（1）按已知尺寸画出主视图和断面图。由于两管直径相等，其结合线为两管边线交点与轴线交点的连线，可直接画出。

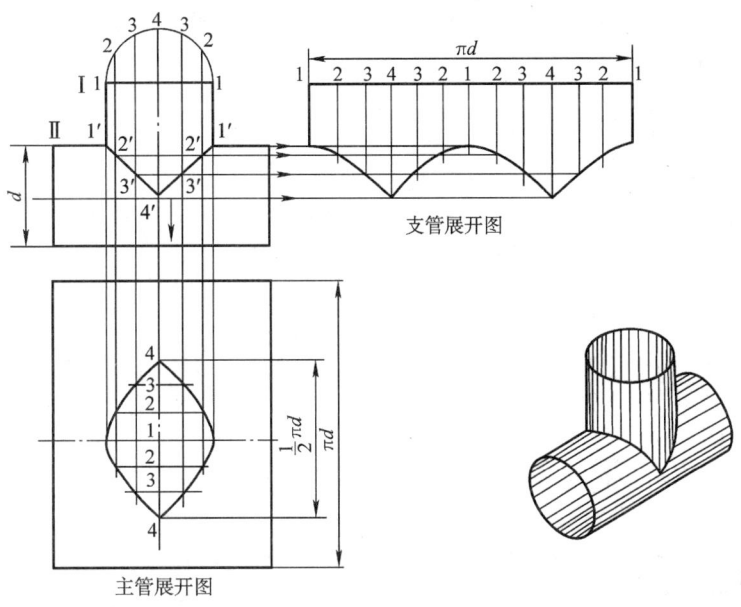

图 1—1—16 等径直交三通管展开放样

（2）六等分管Ⅰ断面半圆周，等分点为 1、2、3、4、3、2、1。由等分点引下垂线，得与结合线 1′—4′—1′ 的交点。

（3）画管Ⅰ展开图。在 1—1 延长线上取 1—1 等于管Ⅰ断面圆周长度，并 12 等分。由各等分点向下引垂线，与由结合线各点向右所引的水平线相交，将各对应交点连成曲线，即得所求管Ⅰ展开图。

（4）画管Ⅱ展开图。在主视图正下方画一长方形，使其长度等于管断面周长，宽等于主视图。在其上取 4—4 等于断面 1/2 圆周。六等分 4—4，等分点为 4、3、2、1、2、3、4，由各等分点引水平线，与由主视图结合线各点向下所引的垂线相交，将各对应交点连成曲线，即为管Ⅱ开孔实形。

【综合实训】

三节等径 90° 弯头构件的展开划线

一、实训准备

1．材料准备

品紫、笔、纸板、油毡、冷轧板 SPCC 等。

2. 工具准备

划针、划规、钢直尺、角度量具、样冲、锤子、方木棒、剪刀等。

3. 设备准备

平台、手持式砂轮机等。

二、操作步骤

三节等径90°弯头构件的展开如图1—1—17所示。

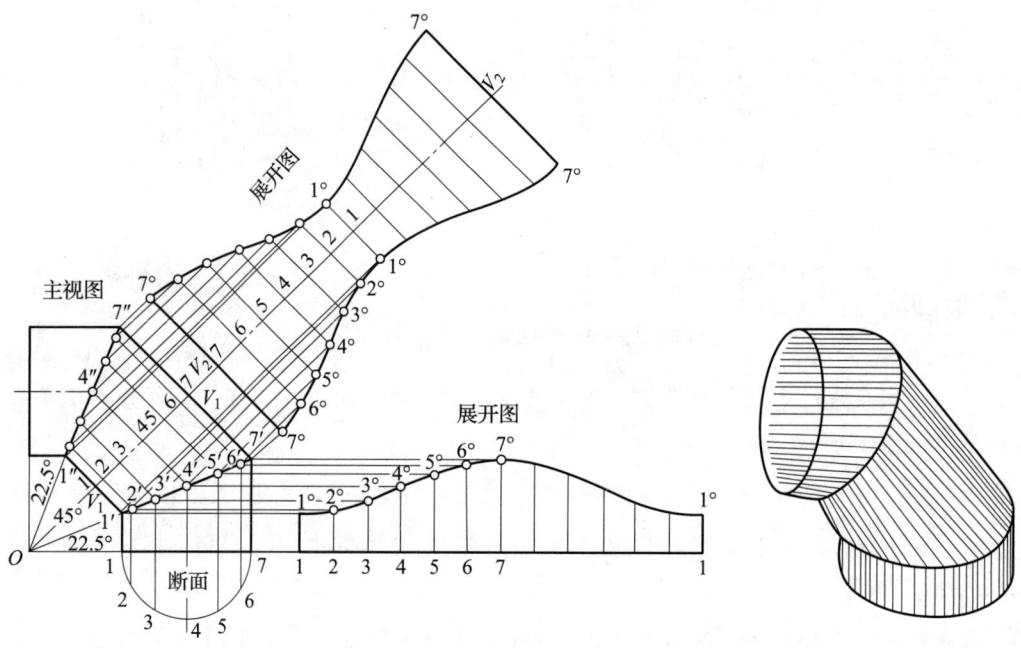

图1—1—17 三节等径90°弯头构件的展开

步骤1 求结合线。将90°直角分为四份,首、尾节各为一份,中间节为两份,即 $\alpha = \dfrac{90°}{4} = 22.5°$,其他节以此类推。

步骤2 将断面半圆周六等分,得点1、2、…、7,由各等分点向上作垂线交结合线得1′、2′、…、7′点,再由这些点作7″—7′轮廓线的平行线,在另一结合线上交得1″、2″、…、7″点。

步骤3 作1—7的延长线,在延长线上照录断面半圆周各等分点,得1、…、7、…、1点,过各点向上作垂线,与结合线上各点所引水平线对应相交得1°、…、7°、…、1°点,将得点用圆滑曲线连接,即得首节(尾节)展开图。

步骤4 作中节平分线 $V_1—V_1$ 并延长(此线为中节基准线),在延长线上截取断面圆周各等分点 7、…、1、…、7，过各点作 V_2—V_2 线的垂直线，与结合线上各点所引 V_2—V_2 的平行线相交得 7°、…、1°、…、7°点，用圆滑曲线连接各点，即得中节展开图。

三、注意事项

（1）在制造工艺允许的情况下，为节约用料，可将各节的接缝错开 180°布置，则三节的展开图拼画在一起时为一矩形。

（2）为使展开图圆弧曲线部分更接近真实状态，在将断面半圆周等分时，等分数越多，划出来的圆弧曲线就越真实。

课程 1—2　錾削、锯削、锉削加工

学习内容

学习单元	课程内容	培训建议	课堂学时
（1）油槽錾削加工	1）油槽錾刃磨 2）轴瓦油槽錾削	（1）方法：讲授法、演示法、练习法 （2）重点与难点：油槽錾削方法	6
（2）钢件锯削加工	1）锯削相关知识 2）钢件锯削加工	（1）方法：讲授法、演示法、练习法、讨论法 （2）难点：提高锯削表面质量	8
（3）平面锉削加工	1）锉削相关知识 2）平面锉削加工	（1）方法：讲授法、演示法、练习法、讨论法 （2）难点：提高锉削表面质量	10

学习单元 1　油槽錾削加工

一、油槽錾刃磨

1. 油槽的作用和加工要求

油槽的作用是向运动机件的摩擦部位输送和储存润滑油,因此要求油槽必须和机件的润滑油通道相连,槽形粗细均匀、深浅一致,槽面光洁圆滑。

2. 油槽錾的几何形状和刃磨要求

油槽錾切削刃的形状应和图样上油槽断面形状一致,如图1—2—1所示。其楔角大小根据被錾材料的性质而定,在铸铁上錾油槽,楔角可取60°~70°。錾子的后面(圆弧面)两侧应逐步向后缩小,保证錾削时切削刃各点都能形成一定的后角,并且后面应用油石进行修光,以使錾出的油槽表面较为光洁。在曲面錾油槽的錾子,为保证錾削过程中后角基本一致,其錾体前部应锻成弧形。此时,錾子圆弧刃口的中心点仍应在錾子錾体中心线的延长线上,使錾削时的锤击作用力方向能朝向刃口的錾切方向。

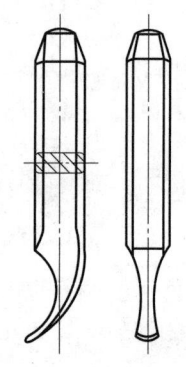

图1—2—1　油槽錾

二、轴瓦油槽錾削

1. 轴瓦

轴瓦是滑动轴承和轴接触的部分,是滑动轴承的重要组成部分。轴瓦也叫"瓦衬",形状为瓦状,其内表面非常光滑。滑动轴承工作时,轴瓦与转轴之间要求有一层很薄的油膜起润滑作用。

常用轴瓦分整体式和剖分式两种结构。整体式轴瓦一般在轴套上开有油孔和油槽,以便润滑，如图 1—2—2 所示。剖分式轴瓦由上、下两半瓦组成，上轴瓦开有油孔和油槽，如图 1—2—3 所示。

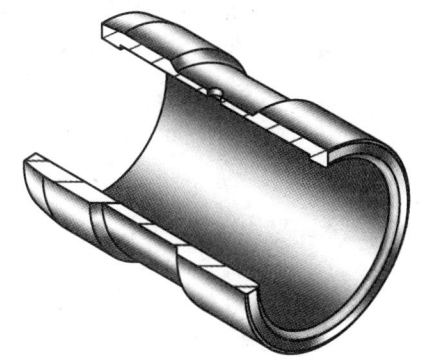

图 1—2—2　整体式轴瓦

图 1—2—3　剖分式轴瓦

2. 油槽錾削方法

油槽要求槽面光滑和深度均匀，因此，錾削的时候錾子的倾角应灵活掌握，锤击力要均匀适宜。使用手挥方式錾削轴瓦油槽时，要顺着圆弧均匀地錾削，使油槽深浅一致，槽面光滑。

根据油槽的位置尺寸划线，可按油槽的宽度划两条线，也可只划一条中心线。在曲面上錾油槽，起錾时錾子要慢慢地加深至尺寸要求，錾到尽头时刃口必须慢慢翘起，保证槽底圆滑过渡。錾子的倾斜情况应随着曲面而变动，使錾削时的后角保持不变，如图 1—2—4 所示。油槽錾好后，再修去槽边毛刺。

錾油槽一般要求一次成形，必要时可进行一定的修整。

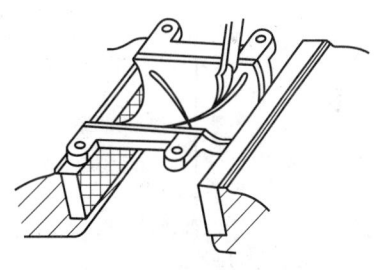

图 1—2—4　錾油槽

■■【综合实训】

在铸件上錾削油槽

一、操作准备

1. 材料准备

毛坯材料：HT150。规格：85 mm×65 mm×25 mm。

2. 工具准备

油槽錾、锤子、划针、粉笔、钢直尺。

3. 设备准备

砂轮机、台虎钳。

二、操作步骤

步骤1 检查毛坯件尺寸。

步骤2 按加工图样上的油槽断面形状和尺寸要求刃磨油槽錾,并修磨完整刃口。

步骤3 按图样的油槽形状及尺寸,在长方体铸铁两侧面上划出油槽加工线。

步骤4 在长方体铸铁两侧面上錾削油槽,如图1—2—5所示。

步骤5 用锉刀修去槽边毛刺。

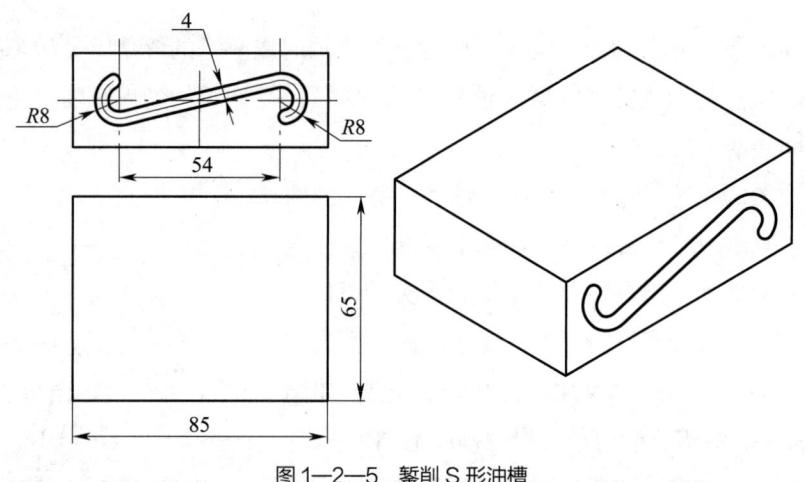

图1—2—5 錾削S形油槽

三、注意事项

(1)油槽錾的圆弧面应刃磨光洁、圆滑,其刃口形状应与油槽断面的要求相符,使錾削后能得到宽、深符合要求的光洁、圆滑的油槽。可先在废件上试錾检查,符合要求后再在工件上錾削。

(2)在油槽錾削中要保持錾削角度一致,采用腕挥法锤击,锤击力量均匀,使錾出的油槽深浅一致、槽面光滑。

(3)錾油槽一般要求一次成形,必要时可进行一定的修整。如在錾削中发现錾削方向开始偏离要求或槽深发生变化等倾向,必须及时加以纠正。

学习单元 2　钢件锯削加工

用手锯对材料或工件进行切断或切槽等的加工方法称为锯削，如图 1—2—6 所示。锯削是一种粗加工，平面度一般可控制在 0.2 mm 之内。它具有操作方便、简单、灵活的特点，应用较广。锯削的应用如图 1—2—7 所示。

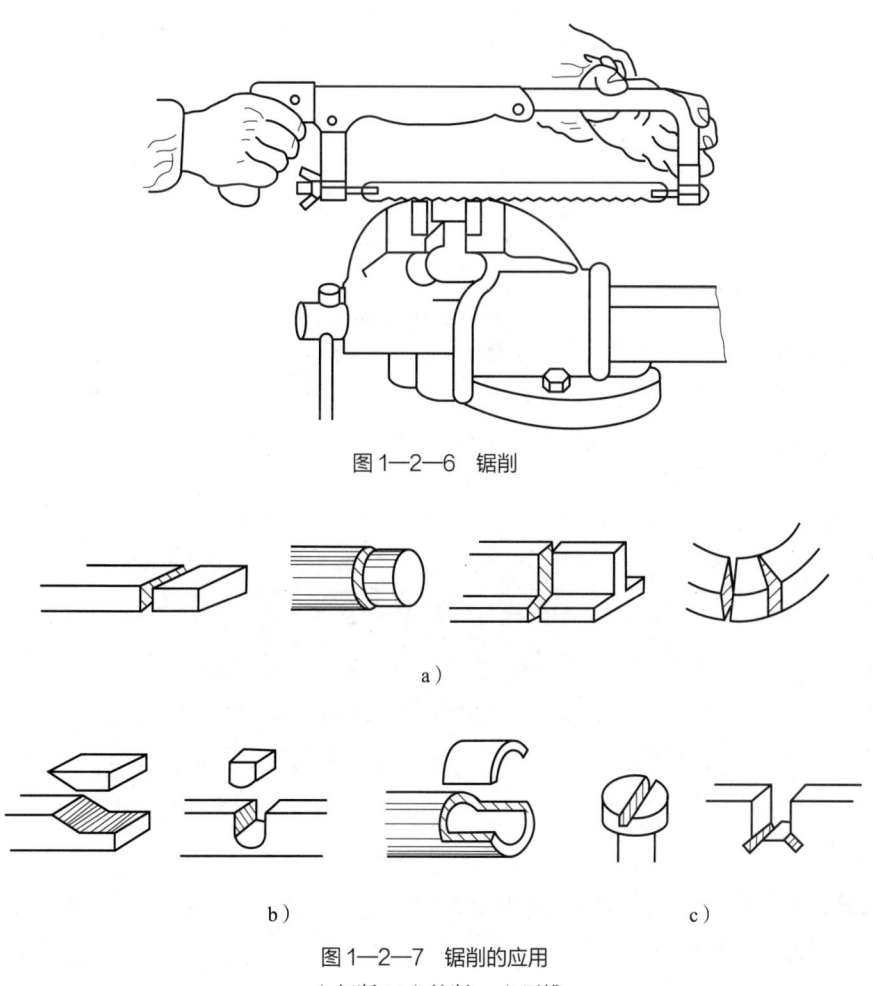

图 1—2—6　锯削

图 1—2—7　锯削的应用
a）切断　b）挖断　c）开槽

一、锯削相关知识

1. 手锯握法

右手满握锯柄，左手轻扶在锯弓前端，如图1—2—8所示。

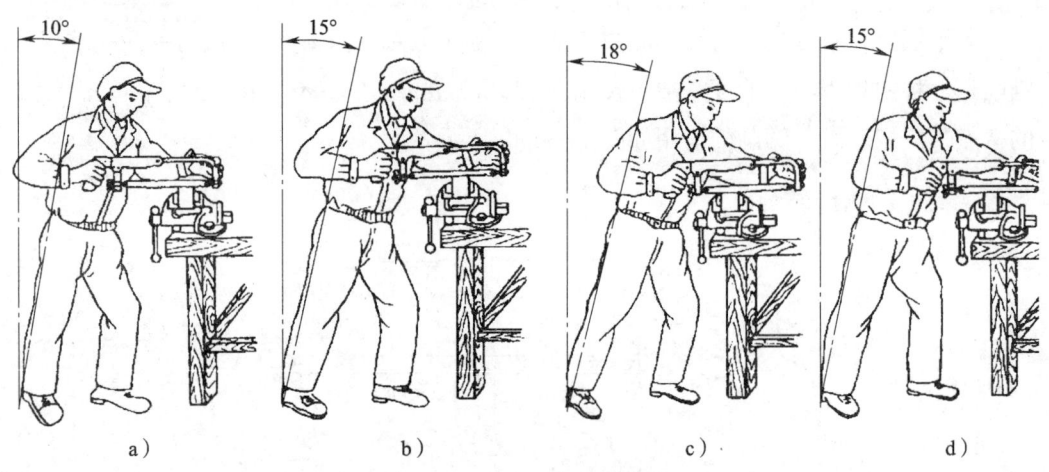

图1—2—8　锯削时的步位站法
a）锯削开始　b）向前锯削　c）再向前锯削　d）向后拉锯

2. 锯削姿势及要领

锯削时身体先运动起来，带动手臂运动。锯削时要注意锯削动作、锯削姿势和步位站法。

（1）锯削动作。锯削运动一般采用小幅度的上下摆动式运动，即手锯推进时，身体略向前倾，双手压向手锯的同时，左手上翘，右手下压；回程时右手上抬，左手自然跟回。工件快锯断时，用力应轻，以免碰伤手臂和折断锯条。

（2）锯削姿势。锯削时站位、身体摆动姿势与锉削基本相似，摆动要自然。

（3）步位站法。如图1—2—8所示，锯削开始时，右腿站稳伸直，左腿略有弯曲，身体向前倾斜10°左右，保持自然，重心落在左脚上，双手握正手锯，左臂略弯曲，右臂尽量向后放，与锯削的方向保持平行。向前锯削时，身体和手锯一起向前运动，此时，左腿向前弯曲，右腿伸直向前倾，重心落在左脚上。当手锯继续向前推进时，身体倾斜角度也随之增大，左右手臂均向前伸出，当手锯推进至3/4行程时，身体停止前进，两臂继续推进手锯向前运动，身体随着锯削的反作用力，重心后移，退回到 15° 左右。锯削行程结束后，取消压力将手和身体恢复到原来的位置，再进行第二次锯削。

3. 压力

锯削运动时，推力和压力由右手控制，左手主要配合右手扶正锯弓，压力不要过大。手锯推出时为切削行程，应施加压力，返回行程不切削，不加压力做自然拉回。工件将断时压力要小。

4. 运动和速度

锯削运动一般采用小幅度的上下摆动式运动，即手锯推进时，身体略向前倾，双手随着压向手锯的同时，左手上翘，右手下压，回程时右手上抬，左手自然跟回。对锯缝底面要求平直的锯削，必须采用直线运动。锯削运动的速度一般为 40 次 /min 左右，锯削硬材料可慢些，锯削软材料可快些。同时，锯削行程应保持均匀，返回行程的速度应相对快些。

5. 锯削操作方法

（1）工件的夹持。工件一般应夹在台虎钳的左面，以便操作；工件伸出钳口不应过长（应使锯缝离开钳口侧面约 20 mm），防止工件在锯削时产生振动；锯缝线要与钳口侧面保持平行（使锯缝线与铅垂线方向一致），便于控制锯缝不偏离划线线条；夹紧要牢靠，同时要避免将工件夹变形和夹坏已加工面。

（2）锯条的安装。手锯是在前推时才起切削作用的，因此，锯条安装应使齿尖的方向朝前（见图 1—2—9a），如果装反了（见图 1—2—9b），则锯齿前角为负值，就不能正常锯削了。在调节锯条松紧时，翼形螺母不宜旋得太紧或太松，太紧时锯条受力太大，在锯削中用力稍有不当，就会折断；太松则锯削时锯条容易扭曲，也易折断，而且锯出的锯缝容易歪斜。其松紧程度以用手扳动锯条，感觉硬实即可。锯条安装后，要保证锯条平面与锯弓中心平面平行，不得倾斜和扭曲，否则，锯削时锯缝极易歪斜。

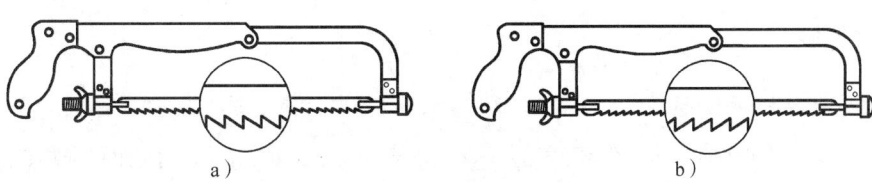

图 1—2—9 锯条的安装
a）正确 b）错误

（3）起锯方法。起锯时，用左手拇指指甲靠住锯条侧面作引导，使锯条能够准确锯在所需要的位置上，起锯行程要短，压力要小，速度要慢。起锯分远起锯和近起锯，如图1—2—10所示。远起锯是指从工件远离操作者的一端起锯，操作简便，锯齿不容易被卡住，最为常用。近起锯是指从工件靠近操作者的一端起锯，这种方法若掌握不好，锯齿容易被工件的棱边卡住，造成锯条崩齿。

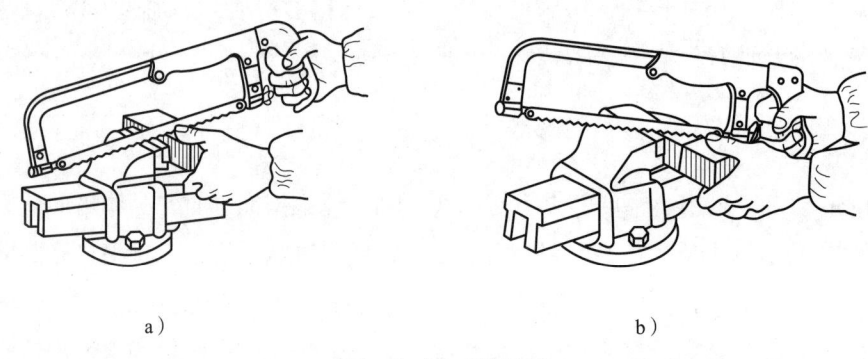

图1—2—10 起锯方法
a）远起锯 b）近起锯

起锯角度一般控制在15°左右，如图1—2—11所示。

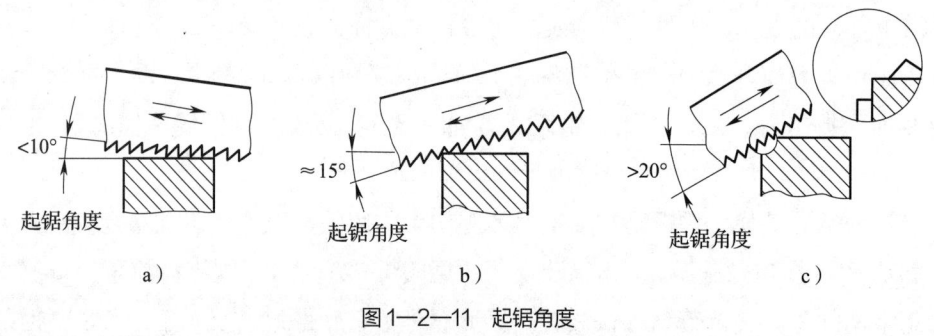

图1—2—11 起锯角度
a）起锯角度小 b）起锯角度合适 c）起锯角度大

二、钢件锯削加工

1. 棒料、管子的锯削方法

（1）棒料的锯削。对断面要求高时应一次起锯，一锯到底。对断面要求不高时可以进行多次起锯，这样由于锯削面变小而容易锯入，可提高工作效率。

（2）管子的锯削。锯削管子前，可划出垂直于轴线的锯削线。由于锯削时对划线的精度要求不高，最简单的方法可用矩形纸条按锯削尺寸绕住工件外圆（见图1—2—12a），然后用滑石划出。

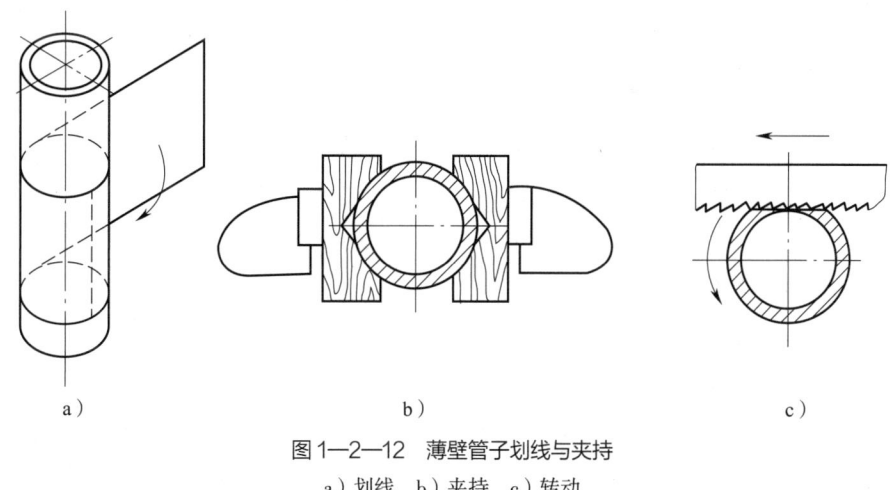

图1—2—12 薄壁管子划线与夹持
a）划线　b）夹持　c）转动

锯削时必须把管子夹正，对于薄壁管子和精加工过的管子，应使用两块木制的V形槽或方形槽垫块夹持以防止夹扁管子或夹坏管子表面，如图1—2—12b所示。

锯削薄壁管子时不可在一个方向从开始连续锯削到结束，否则锯齿容易被管壁钩住而崩裂。正确的方法应该是每一个方向只锯到管子的内壁处，然后把管子转过一角度后再起锯，且仍锯到管子的内壁处，如此循环进行直到锯断。在转动管子时，应使已锯的部分向推锯方向转动（见图1—2—12c），否则锯齿也会被管壁钩住。

2. 深缝的锯削

当锯缝的深度超过锯弓的高度时（见图1—2—13a），应将锯条转过90°装夹，使锯弓转到工件的旁边，如图1—2—13b所示；当锯弓横下来其高度仍不够时，也可把锯条装夹成使锯齿朝向锯弓内进行锯削，如图1—2—13c所示。

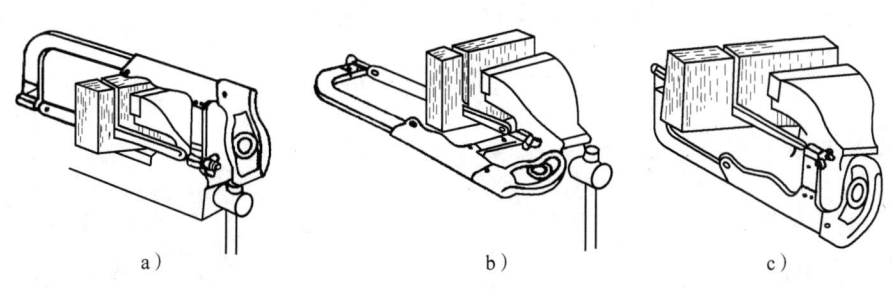

图1—2—13 深缝的锯削

3. 钢件锯削注意事项

（1）锯条松紧要适当。锯削时不要突然用力过猛，防止工作中锯条折断从锯弓中崩出伤人。

（2）锯削过程中要及时校正。

（3）工件将锯断时，压力要小，避免压力过大使工件突然断开，手向前冲造成事故。一般工件将断时要用左手扶住工件断开部分，避免掉下砸伤脚。

4. 钢件锯削的质量分析

（1）锯条损坏的原因。

1）锯条磨损。当推锯速度过快，所锯工件材料过硬，而未加注适当的切削液时，锯齿与锯缝的摩擦增大，从而造成锯齿部分过热，齿侧迅速磨损，导致锯齿磨损。

2）锯条崩齿。当起锯角过大导致锯齿钩住工件棱边锋角，或者所选用锯条锯齿粗细不适应加工对象，或者推锯过程中角度突然变化，或者碰到硬杂物，均会引起崩齿。

3）锯条折断。锯条安装时松紧不当，工件夹持不牢或不妥而产生抖动，锯缝歪斜急于纠正，在旧锯缝中使用新锯条而未采取措施等，都容易使锯条折断。

（2）锯削时产生废品的原因。

1）锯后工件尺寸不对。如果划线不准或者在锯削时没有留尺寸线，会造成工件锯后尺寸不对。

2）锯缝歪斜。当锯条装得过松或扭曲，锯齿一侧遇硬物易磨损，锯削时所施压力过大，或锯前工件夹持不准、锯时又未顺线校正，会造成锯缝歪斜。

3）工件表面拉伤。起锯角过小或起锯压力不均匀都会使工件表面产生拉伤现象。

【综合实训】

普通材料锯削

一、操作准备

1. 材料准备

Q235 钢毛坯件，$\phi 30$ mm。

2. 工具准备

锯弓、锯条、划针、钢直尺等。

3. 设备准备

台虎钳。

二、操作步骤

步骤1 检查来料尺寸。

步骤2 按图样尺寸（见图1—2—14）对实习件划出锯削线。

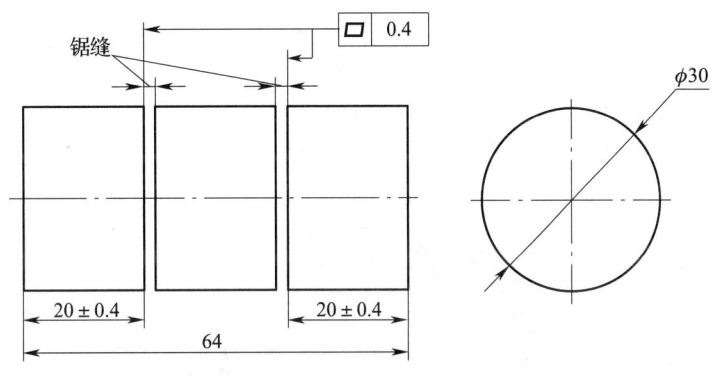

图1—2—14 锯削工件

步骤3 按锯削棒料方法锯下第一段，达到尺寸（20±0.4）mm，锯削断面平面度在0.4 mm以内，并保证锯痕整齐。

步骤4 按照第一段锯削方法锯削第二段。

步骤5 复检各段尺寸。

三、注意事项

（1）必须锯下一段后再划另一段锯削加工线，以确保每段尺寸精度要求。

（2）锯削后的工件要去除毛刺，以免影响划线精度。

（3）要随时注意锯缝的平直情况，及时纠正。

学习单元 3　平面锉削加工

一、锉削相关知识

1. 锉刀柄的装拆方法

锉刀柄的装拆方法如图 1—2—15 所示。

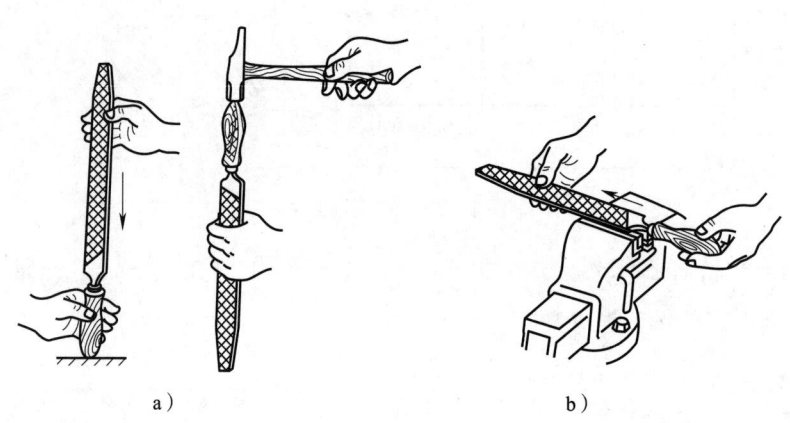

图 1—2—15　锉刀柄的装拆

2. 平面锉削的姿势

锉削姿势正确与否，对锉削质量、锉削力的运用和发挥以及操作者的疲劳程度都起着决定性的影响。锉削姿势的正确掌握，必须从握锉、站立步位、姿势动作以及操作力这几方面进行，协调一致地反复练习才能达到。

（1）锉刀的握法。大于 250 mm 平台锉的握法如图 1—2—16a 所示。右手紧握锉刀柄，柄端抵在拇指根部的手掌上，拇指放在锉刀柄上部，其余手指由下而上地握着锉刀柄；左手的基本握法是将拇指根部的肌肉压在锉刀头上，拇指自然伸直，其余四指弯向手心，用中指、无名指捏住锉刀前端。此外，还有两种左手的握法，如图 1—2—16b、c 所示。锉削时右手推动锉刀并决定推动方向，左手协同右手使锉刀保持平衡。

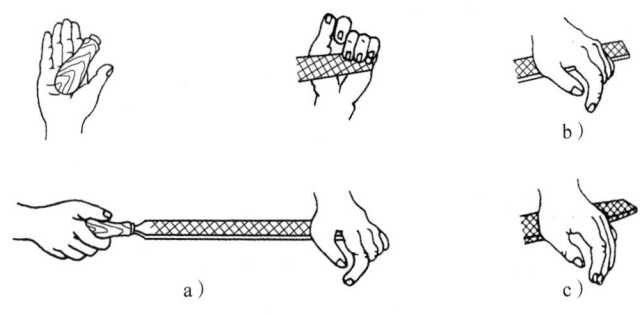

图1—2—16 锉刀的握法

（2）姿势动作。锉削时的站立步位和姿势如图1—2—17所示，锉削动作如图1—2—18所示。两手握住锉刀放在工件上面，左臂弯曲，小臂与工件锉削面的左右方向保持基本平行，右臂要与工件锉削面的前后方向保持基本平行，但要自然。锉削时，身体先于锉刀并与之一起向前，右腿伸直并稍向前倾，重心在左腿，左膝部呈弯曲状态。当锉刀锉至约3/4行程时，身体停止前进，两臂则继续用力将锉刀向前锉

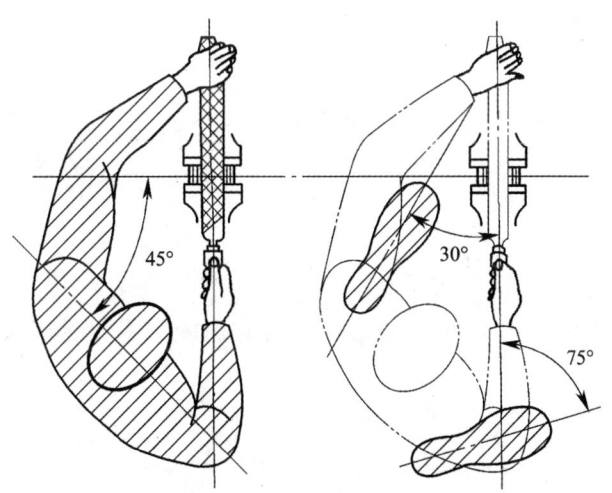

图1—2—17 锉削时的站立步位和姿势

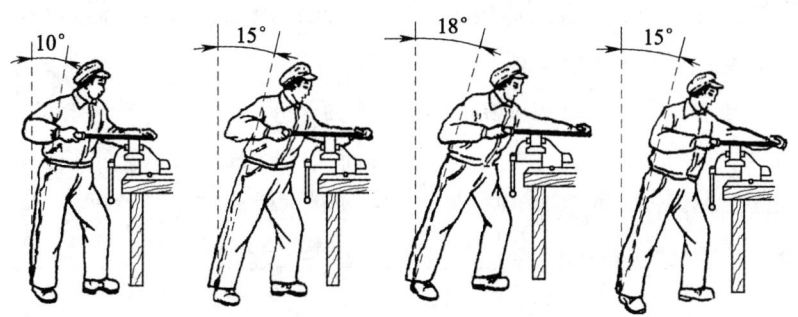

图1—2—18 锉削动作

到头，同时，左腿自然伸直并随着锉削时的反作用力，将身体重心后移，使身体恢复原位，并顺势将锉刀收回。当锉刀收回将近结束，身体又开始先于锉刀前倾，做第二次锉削的向前运动。

3. 锉削时两手的用力和锉削速度

要锉出平直的平面，必须使锉刀保持直线的锉削运动。为此，锉削时右手压力要随锉刀推动而逐渐增加，左手的压力要随锉刀推动而逐渐减小，如图1—2—19所示。回程时不加压力，以减少锉刀的磨损。

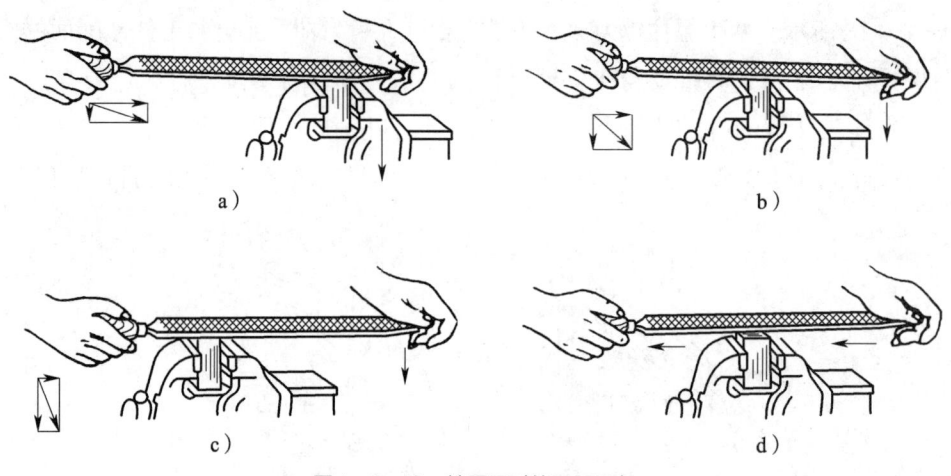

图1—2—19 锉平面时的两手用力

锉削速度一般应在40次/min左右，推出时稍慢，回程时稍快，动作要自然协调。

4. 平面的锉法

（1）顺向锉法。如图1—2—20a所示，锉刀运动方向与工件夹持方向始终一致。在锉宽面时，为使整个加工表面能均匀地锉削，每次退回锉刀时应做适当的移动。顺向锉法的锉纹整齐一致，比较美观。

（2）交叉锉法。如图1—2—20b所示，锉刀运动方向与工件夹持方向成50°~60°角，且锉纹交叉。由于锉刀与工件的接触面大，锉刀容易掌握平稳，同时，从锉痕上可以判断出锉削面的高低情况，便于不断地修正锉削部位。交叉锉法一般适用于粗锉，精锉时必须采用顺向锉，使锉痕变直，纹理一致。

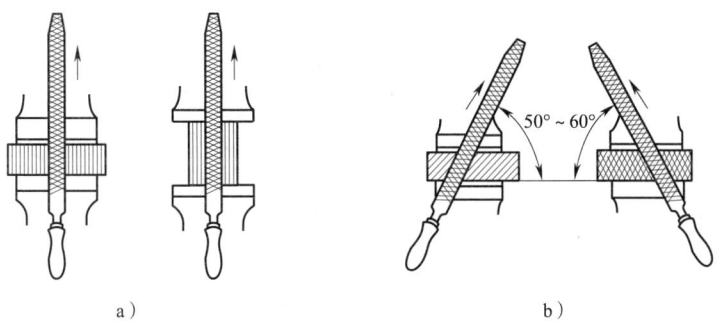

图1—2—20 顺向锉法与交叉锉法
a）顺向锉法 b）交叉锉法

（3）推锉法。两手对称地握住锉刀，两拇指均衡地用力，如图1—2—21所示。

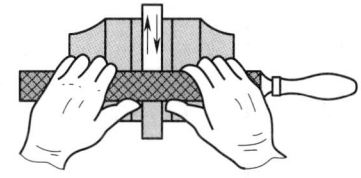

图1—2—21 推锉法

二、平面锉削加工

1. 平面锉削步骤

（1）阅读零件图，详细了解工件上需加工部位和有关加工工艺。

（2）根据加工要求确定使用的锉刀及精度检验工具。

（3）划出加工线。

（4）检查各部分尺寸和垂直度、平行度误差，合理分配各面的加工余量。

（5）锉削平面，平面度和表面粗糙度符合图样要求。

（6）锉削过程中注意随时检验。

（7）修整各棱边毛刺。

2. 直线度、垂直度及平面度检查方法（见图1—2—22）

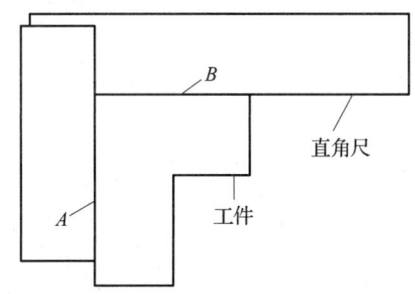

图1—2—22 用直角尺检查工件 A 面与 B 面垂直度

【综合实训】

垂直面锉削加工

锉削加工图1—2—23所示零件。

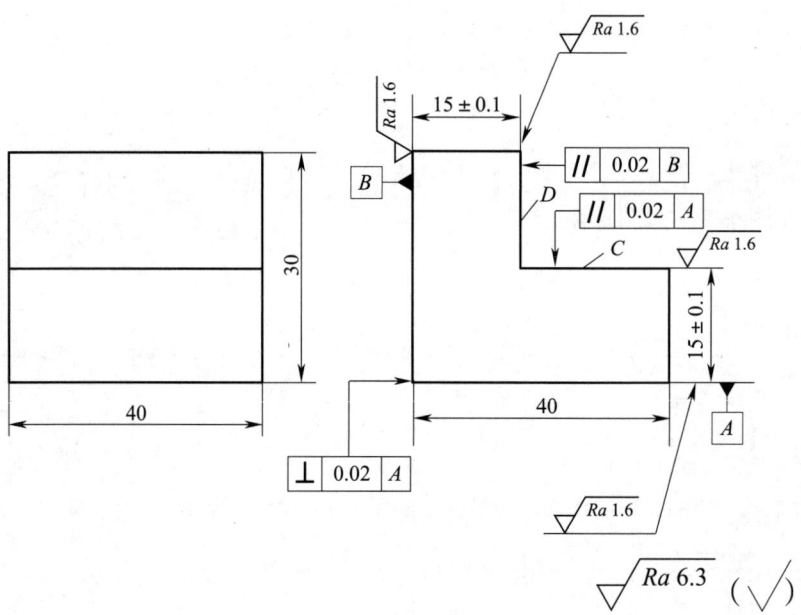

图1—2—23 垂直面锉削零件图

一、操作准备

1. 阅读零件图

对需要划线的工件，详细了解工件上需划线的部位和有关加工工艺，明确工件及其划线有关部分的作用和要求。

2. 选择划线基准

3. 确定装夹方法

二、准备划线工具

1. 工具准备

300 mm粗平锉、250 mm细平锉。

2. 量具准备

塞尺、游标卡尺、游标高度卡尺、直角尺、千分尺。

3. 材料准备

工件材料为HT200，毛坯规格为40.5 mm×30.5 mm×20 mm。

三、工件划线前的准备

（1）清理工件（毛坯）的残余型砂、毛刺、浇口、冒口及氧化皮等。

（2）检查工件（毛坯）的误差情况。

四、操作步骤

（1）划出全部加工尺寸线。

（2）把C、D面多余材料锯掉，留0.5 mm余量进行锉削加工。

（3）以A、B面作为基准面进行粗、精加工，同时检查平面度、垂直度、平行度、表面粗糙度，并保证（15±0.1）mm尺寸。

（4）复检，去毛刺。

垂直面锉削加工评分标准见表1—2—1。

表1—2—1 垂直面锉削加工评分标准

时限	3 h	开始时间		结束时间		实考时间	
序号	项目	技术要求	配分	评分标准		检测记录	得分
1	理论基础	能读懂零件图	5	不能读懂图样要求不得分			
2		能正确制定加工工艺方案	5	加工工艺方案不正确不得分			
3	锉削技能	能正确进行垂直面锉削	10	锉削不规范不得分			
4	锉削技能	锉削姿势正确	10	锉削动作不规范不得分			

续表

时限	3 h	开始时间		结束时间		实考时间	
序号	项目	技术要求	配分	评分标准	检测记录	得分
5	精度测量	15±0.1（2处）	20	超差不得分		
6		∥ 0.02 A ⊥ 0.02 A	20	超差不得分		
7		∥ 0.02 B	10	超差不得分		
8		表面粗糙度 Ra1.6（4处）	10	降级不得分		
9	综合能力	正确使用工具、量具	10	工具、量具使用不正确不得分		
10	其他	出现缺陷		每处扣1~5分		
11		安全文明生产		违者酌情扣1~10分		
		总分	100			

五、注意事项

（1）锉削长方体各表面时，要先选择最长边作为锉削基准面。按照"先锉平行面，后锉垂直面"的原则，才能减小误差，达到规定尺寸和相对位置精度的要求。

（2）在检测垂直度时，注意尺座紧贴基准面，从上向下移动，压力不宜太大，否则易造成尺座离开工件基准面，导致测量不准确。

课程 1—3 孔加工和螺纹加工

学习内容

学习单元	课程内容	培训建议	课堂学时
（1）钻孔加工	1）手电钻操作 2）摇臂钻床操作 3）高速钻床操作 4）标准麻花钻的修磨 5）群钻的种类与选用 ①标准群钻的结构特点 ②群钻的切削特点 ③群钻的选用 6）孔加工方法 ①小孔加工 ②深孔加工 ③盲孔加工 ④孔系加工 ⑤相交孔加工	（1）方法：讲授法、演示法、练习法、讨论法 （2）重点：孔加工精度控制 （3）难点：高速钻床操作，标准麻花钻修磨	20
（2）铰孔加工	1）铰刀的切削特点和研磨方法 2）铰孔加工方法	（1）方法：讲授法、演示法、练习法 （2）重点与难点：铰孔加工	4
（3）螺纹加工	1）在盲孔上攻制螺纹 2）攻制小螺纹 3）磨损丝锥的修磨	（1）方法：讲授法、演示法、练习法 （2）重点：螺纹加工 （3）难点：磨损丝锥的修磨	10

学习单元1 钻孔加工

一、手电钻操作

1. 手电钻简介

手电钻就是以交流电源或直流电源为动力的钻孔工具,是手持式电动工具的一种,广泛应用于建筑、装修、家具等行业。

手电钻主要由钻夹头、输出轴、齿轮、转子、定子、机壳、开关和电缆线构成,如图1—3—1所示。

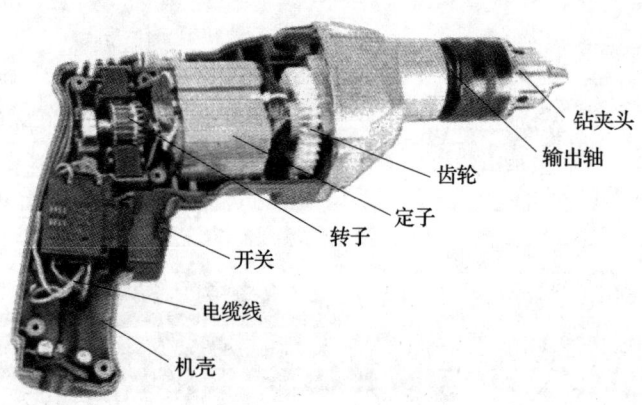

图1—3—1 手电钻结构图

2. 手电钻操作步骤

(1)按要求选择合适的钻头,装夹到手电钻钻夹头上。不许用锤子或其他金属物件敲击,应使用钻头锁紧钥匙上紧或取下。

(2)选定待钻孔的工件,注意要确认所钻孔位置后(下)方无电、油、气、水管线。可以在待加工孔的位置上划线,打样冲眼。较小的工件在钻孔前必须先固定牢固,这样才能保证钻孔时工件不随钻头旋转,保证操作者的安全。

（3）注意起钻时不宜用力过大过猛，以防止工具过载；转速明显降低时，应立即把稳，减小施加的压力；突然停止转动时，必须立即切断电源。

（4）钻孔时要双手紧握电钻，尽量不要单手操作，并掌握正确的操作姿势。

（5）钻孔即将结束时，应注意切削力的变化，把持住手电钻。

3. 手电钻操作注意事项

（1）更换钻头前，必须先从电源上拔掉插头或将电池盒脱开电源。

（2）不得将电动工具暴露在雨中或潮湿环境中。当在户外使用时，应使用适合户外环境的外接电缆。

（3）注意穿戴必要的劳动保护用品。

（4）避免突然启动，确保开关在插入插头时处于关断位置。

（5）钻孔过程中注意防止切屑等杂物进入机壳内。

二、摇臂钻床操作

1. 摇臂钻床简介

摇臂钻床是一种立式钻床，如图1—3—2所示，用于对大中型工件在同一平面内、不同位置的孔系进行钻孔、扩孔、镗孔、锪孔、铰孔和攻（套）螺纹，其最大钻孔直径有63 mm、80 mm、100 mm等多种。Z3050摇臂钻床型号含义如图1—3—3所示。

2. 摇臂钻床操作步骤

（1）检查机床各部位工作正常。

（2）认真阅读图样及技术资料，明确工序质量控制要点。

（3）正确安装工件。装卸工件时应将摇臂转在一旁，根据工件质量和形状选择安全吊具，轻起轻放不得碰撞设备。小件必须用夹具装夹钻孔，严禁手拿工件钻孔。薄板、

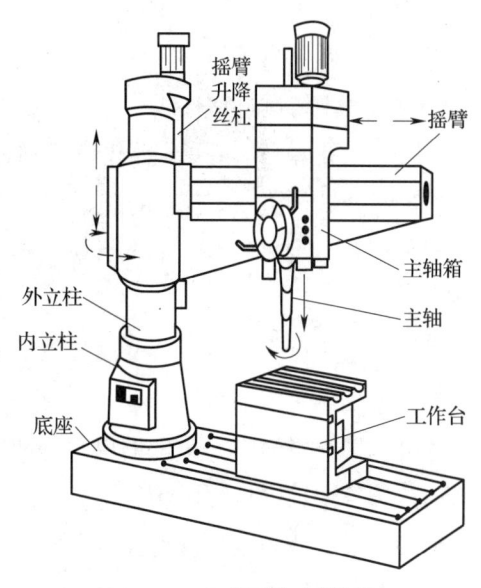

图1—3—2 摇臂钻床结构图

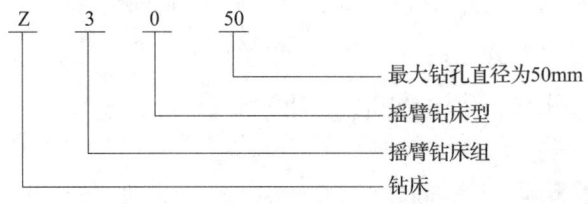

图1—3—3 Z3050摇臂钻床型号含义

大型或较长纵向工件钻孔时，必须压牢，严禁用手扶着加工。钻通孔时必须在底面垫上垫块，以免钻伤设备工作台面。

（4）正确安装变径套和钻柄。

（5）缓慢进给，防止卡钻引起钻头与机床损坏，造成钻出的孔不垂直、不同心。用自动进给钻通孔，在接近钻透时，应改自动进给为手动进给。

（6）加工后须卸下钻头，将各手柄置于非工作位置上，主轴箱停放应靠近立柱，摇臂适当降低并锁住，再切断电源。

3. 摇臂钻床操作注意事项

（1）必须正确穿戴好劳动保护用品。不得在开动的机床旁穿、脱、换衣服，或围布于身上，防止绞伤。

（2）注意严格执行摇臂钻床安全操作规程。

（3）严禁手拿工件钻孔。

（4）卸钻夹具（刀具）时，应将主轴退至靠近主轴箱端面，再用标准斜铁和锤子轻轻敲打，不得碰打钻杆。

（5）钻孔时必须注意经常清除切屑，钻头上有长屑时要停车清除，禁止嘴吹手拉，要用刷子或铁钩清除。扩孔时不得用偏刃钻具。

（6）攻螺纹时，操纵可顺逆结合主轴正反转，但必须注意将手柄放在固定槽中。

（7）禁止开车变速。若变速挂轮的手柄挂不到位时，应点动一下再变换，但不得强力扳动手柄。

（8）钻孔过程中钻头未退离工件前不得停车。严禁用手去停住转动着的钻头，反转时必须等主轴停止后再开动。

（9）机床故障或出现危险情况时，应先按下急停按钮，然后切断总电源开关。故障排除前禁止送电操作。

三、高速钻床操作

1. 高速加工简介

高速加工是指采用超硬材料的刀具,通过极大地提高切削速度和进给速度,来提高材料切除率、加工精度和加工表面质量的现代加工技术。它是一种先进的金属切削加工技术,对于复杂形状和难加工材料及高硬度材料,能够减少加工工序,最大限度地实现产品的高精度和高质量,从而大大提高切削效率和加工质量。高速加工钻床如图1—3—4所示。

图1—3—4 高速加工钻床

2. 高速钻床加工的特点

高速钻床是高速加工机床中的一种。高速钻床加工具有以下特点:

(1)加工效率高。进给率较常规切削提高5~10倍,材料去除率可提高3~6倍。

(2)切削力小。切削力较常规切削至少降低30%,径向力降低更明显,从而减小工件变形,适于精细结构及薄壁件和细长件加工。

(3)切削热少。加工过程迅速,95%~98%的切削热被切屑带走,工件积聚热量极少,温升低,适合于加工熔点低、易氧化和易产生热变形的零件。

（4）加工精度高。刀具激振频率远离工艺系统固有频率，不易产生振动。由于切削力小、热变形小、残余应力小，易于保证加工精度和表面质量。

3. 高速钻床操作注意事项

（1）开机前必须穿好工作服。留长发者，必须将长发盘入工作帽内。高速切削时，必须戴好防护眼镜。

（2）作业前，应将工具、工件摆放整齐，清除任何妨碍设备运行和作业活动的杂物。

（3）应根据工件硬度和孔径调节钻床转速，在通电情况下不能调整转速。

（4）开机前检查钻床传动部分及操作手柄是否正常和灵敏。调整转速后，应先用手盘动试转，保证齿轮完全啮合后，再以低速空转 2~5 min，观察运转情况，正常无误后才可作业。

（5）作业人员必须熟悉高速钻床性能，不得超规定范围钻削。

（6）应根据孔径选择钻头，装卸钻头时，须使用锥形冲头和卡钻扳手，不得任意乱敲。

（7）应根据工件硬度和孔径调节钻头进刀量，硬质材料和大孔径钻孔应选用小进刀量，以免损坏钻头和工件。

（8）钻孔作业中，不准戴手套，不准用手清除切屑，不准在旋转的钻头下翻转卡压或测量工件。手不准触摸旋转部位。

（9）工件下应垫上垫板，防止钻孔时钻头触及钻台。

（10）工件钻孔前应放稳、固定，不得手拿工件直接钻孔。

（11）工件固定后，不得用锤或其他东西猛击，以免损坏钻床。

（12）钻床在运转时，禁止用布清洁。

（13）钻硬件或大孔时，应加冷却剂，以防过热损坏钻头、工件。

（14）钻孔将钻穿时，应减小钻头压力和进刀量。

（15）操作时发现钻头在卡具中打滑，应立即停车提起主轴，使钻头离开工件并夹紧后方能继续使用。

四、标准麻花钻的修磨

由于标准麻花钻存在较多缺点，通常要对其切削部分进行修磨，以改善切削性能。一般是按钻孔的具体要求，在以下几个方面有选择地对钻头进行修磨。

1. 磨短横刃并增大靠近钻心处的前角

修磨横刃的方法如图 1—3—5 所示。修磨后横刃的长度 b 为原来的 1/5~1/3，以减小轴向抗力和挤刮现象，提高钻头的定心作用和切削的稳定性。一般直径在 5 mm 以上的钻头均须修磨横刃，这是最基本的修磨方式。

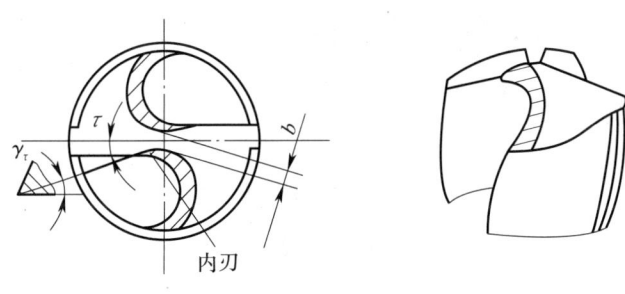

图 1—3—5　修磨横刃

2. 修磨主切削刃

修磨主切削刃的方法如图 1—3—6 所示，主要是磨出第二顶角 2φ，在钻头外缘处磨出过渡刃，以增大外缘处的刀尖角，改善散热条件，增加刀齿强度，提高切削刃与棱边交界处的耐磨性，延长钻头使用寿命，减小孔壁的残留面积，有利于减小孔的表面粗糙度值。

3. 修磨棱边

如图 1—3—7 所示，在靠近主切削刃的一段棱边上磨出副后角，保留棱边宽度为原来的 1/3~1/2，以减小对孔壁的摩擦，提高钻头寿命。

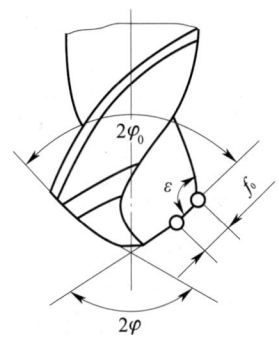

图 1—3—6　修磨主切削刃

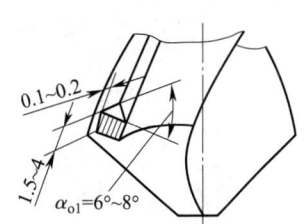

图 1—3—7　修磨棱边

4. 修磨前面

修磨外缘处前面（见图1—3—8），这样可以减小此处的前角，提高刀齿的强度，钻削黄铜时可以避免"扎刀"现象。

5. 修磨分屑槽

在两个后面上磨出几条相互错开的分屑槽，以利于排屑，如图1—3—9所示。

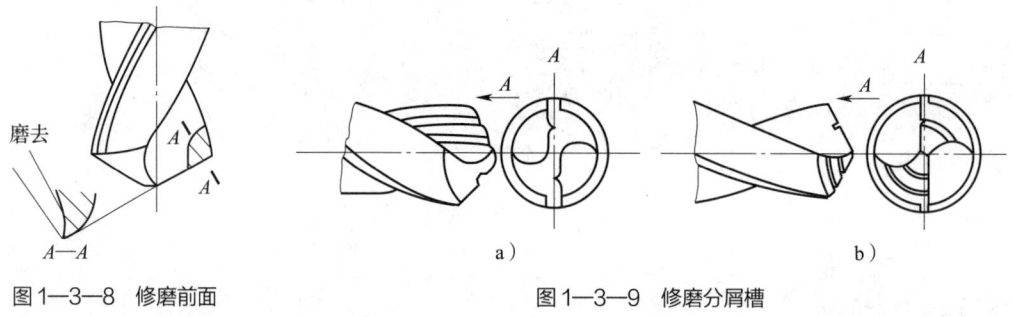

图1—3—8 修磨前面　　　　图1—3—9 修磨分屑槽

五、群钻的种类与选用

1. 标准群钻的结构特点

群钻是利用标准麻花钻头合理刃磨而成的新型钻头，具有生产率高、加工精度高、适应性强、寿命长的特点。

标准群钻是主要用来钻削碳钢和各种合金结构钢的群钻。它具有各种群钻的特点，同时又是其他群钻变革的基础，应用也最为广泛。标准群钻的结构如图1—3—10所

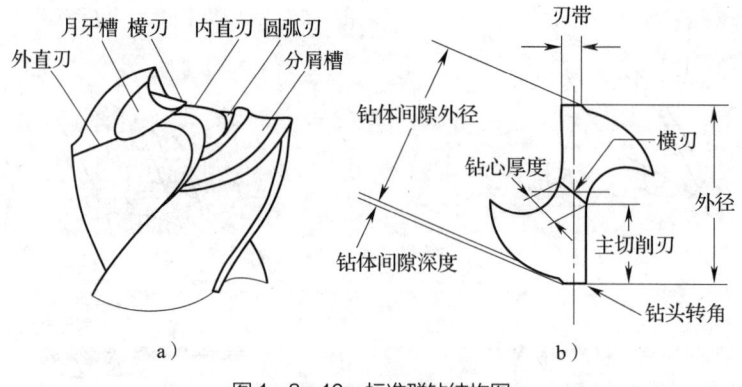

图1—3—10 标准群钻结构图

示。标准群钻的形状特点是三尖、七刃、两槽。磨出月牙槽形成钻头的三尖;七刃是两条外刃、两条圆弧刃、两条内刃和一条横刃;两槽是月牙槽和单边分屑槽。标准群钻修磨效果如图1—3—11所示。

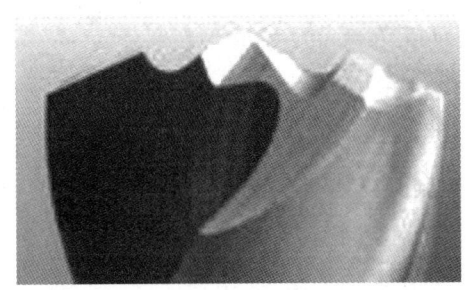

图1—3—11 标准群钻修磨效果

(1)群钻上磨有月牙槽,形成凹圆弧刃,并把主切削刃分成外刃、圆弧刃、内刃三段。

(2)修磨横刃,使横刃缩短为原来的1/7~1/5,同时使新形成内刃上的前角大大增加。

(3)磨有单边分屑槽。

2. 群钻的切削特点

(1)磨有月牙槽,形成凹形圆弧刃。

1)磨出圆弧刃后,主切削刃分成三段,能分屑和断屑,减小切屑所占空间,使排屑流畅。

2)圆弧刃上各点前角比原来增大,减小切削阻力,可提高切削速度。

3)钻尖高度降低,这样可把横刃磨得较为锋利,但不致影响钻尖强度。

4)在钻孔过程中,圆弧刃在孔底切削出一道圆环筋,与钻头棱边共同起着稳定钻头方向的作用,进一步限制了钻头的摆动,加强了定心作用,有利于提高进给量和孔的表面质量。

(2)修磨横刃后,内刃前角增大。

1)钻孔时轴向阻力减小,使机床负荷减小,钻头和工件产生的热变形小,提高了孔的质量和钻头寿命。

2)内刃前角增大,切削省力,可加大切削速度。

(3)磨有单边分屑槽。磨出单边分屑槽后,使宽的切屑变窄,减小容屑空间,排屑流畅,而且容易加注切削液,降低了切削热,减小了工件变形,提高了钻头的寿命和孔的表面质量。

3. 群钻的选用

（1）钻铸铁群钻（见图1—3—12）。修磨钻铸铁群钻，主要是磨出双重顶角（$2\varphi'=70°$），较大直径的钻头甚至要磨出三重顶角。

（2）钻黄铜或青铜群钻（见图1—3—13）。为了避免扎刀现象，常把钻头外缘处的前角磨小，使切削刃的锋利程度减小。

（3）钻薄板群钻（见图1—3—14）。钻薄板群钻是把钻头两主切削刃磨成圆弧形切削刃，这时钻尖高度低，切削刃外缘磨成锋利的两个刀尖，与钻心刀尖形成三尖，故又称为三尖钻头。

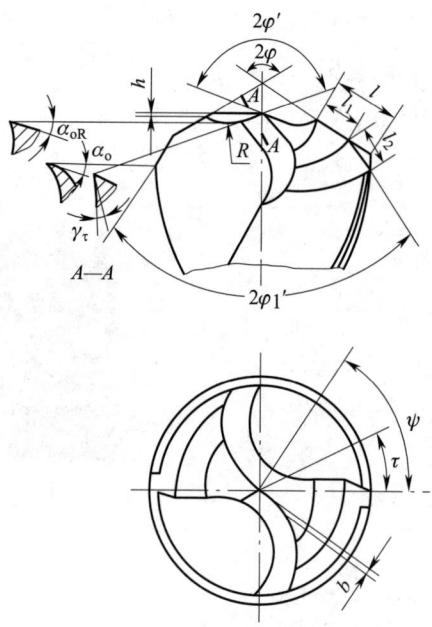

图1—3—12 钻铸铁群钻的修磨

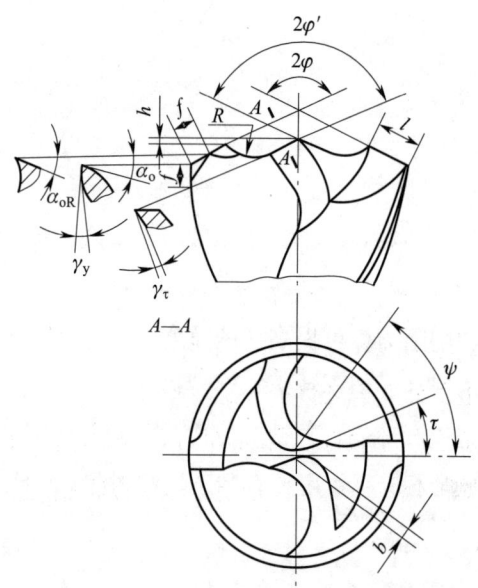

图1—3—13 钻黄铜或青铜群钻的修磨

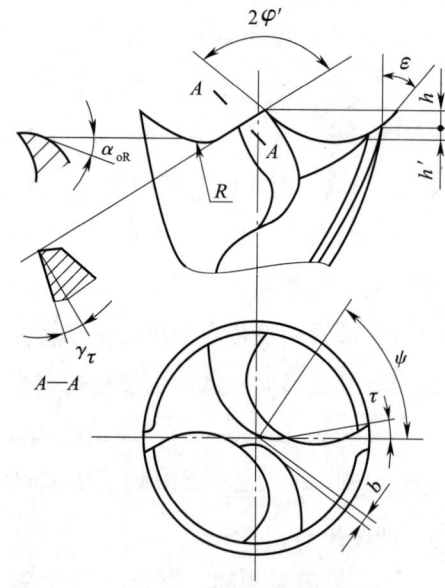

图1—3—14 钻薄板群钻的修磨

（4）钻不锈钢钻头的刃型。将钻头外刃锋角适当加大，使$2\varphi'$为135°～145°，再将棱边宽度修窄（小型群钻主切削刃一般不开槽）。

（5）钻橡胶钻头。将两外缘处径向（朝向钻心）的圆弧刃改磨出一段很锋利的沿着刃带圆周切线方向的切向刃，并使这一小段刃口稍向前倾斜。选用较大后角（约为

30°）。横刃长度尽可能修磨得短些。

六、孔加工方法

1. 小孔加工

（1）小孔加工特点。在钻削加工中，一般把直径在 3 mm 以下的孔称为小孔。小孔钻削的特点如下：

1）排屑困难，在微孔加工中更为突出，严重时切屑阻塞，钻头强度低，极易被折断。

2）切削液很难注入半封闭的孔内，使刀具寿命降低。

3）刀具刃磨困难，小于 1 mm 的钻头需在显微镜下刃磨，操作难度大。

4）钻削小孔时要求转速高，故产生的切削温度也高，加剧钻头磨损。

5）在钻削过程中，一般常用手动进给，进给量不易掌握均匀，加之钻头细、刚度差，易弯曲、倾斜甚至折断，特别是钻微孔时，加工表面粗糙，钻尖碰到高点或硬点时易引偏，造成孔位不符合要求。

（2）小孔钻削加工方法。

1）可采用直径相同或略小的中心钻定位和导向，保证钻孔的始切位置和钻削方向。开始钻削时进给力要小，防止钻头弯曲和滑移。

2）用手动进给，不可用机动进给，防止钻头折断。切削速度选择要恰当，不宜过大。一般在钻头直径为 2～3 mm 时，切削速度可为 14～19 m/min；钻头直径在 1 mm 以下时，切削速度为 6～9 m/min。

3）在钻削过程中，排屑要及时，并且要注入切削液。

4）钻头装夹不紧时，应及时更换相应的小型钻夹头进行装夹。

5）钻较深的小孔时，可采取两面同时钻孔的方法（工件不允许的除外）。先在工件的一面钻孔，深度约为 1/2。再将一块平行垫板压在钻床工作台上，在上面精钻一个与导向销大端为过盈配合的孔，把导向销大端压入垫板内，然后将工件上已加工过的小孔插入导向销小端，将工件固定在垫板上，从另一面将孔钻透。

2. 深孔钻削

（1）深孔钻削加工特点。深孔一般指长径比 L/d 大于 5 的孔。这类孔一般用接长钻头加工，其加工特点如下：

1）深孔加工刀具受孔径限制，一般较细长，刚度差、强度低，钻削中钻头容易引偏，孔轴线易歪斜，故要合理解决导向问题。

2）刀具进入工件深孔内时，是处在半封闭条件下工作，于是排屑和冷却散热成为突出问题。

3）由于孔很深，钻头易磨损，又很难观察加工情况，故使加工质量难以控制。

（2）深孔钻削方法。钻削深孔有两种方法：一种是用特长或接长的麻花钻，采取分级进给的加工方法，即在钻削过程中，使钻头加工一定时间或一定深度后退出，借以排除切屑，并用切削液冷却刀具，然后重复进刀或退刀，直至加工完毕，此法仅适用于单件小批生产中加工较小的深孔；另一种是选用各种类型的深孔钻实现一次进给的加工方法。

（3）深孔钻。深孔钻是一种特殊结构的刀具。

1）外排屑单刃深孔钻（见图1—3—15）。它最早用于加工枪管，故常称枪钻，也是 $\phi 2 \sim \phi 6$ mm 深孔加工的唯一刀具。

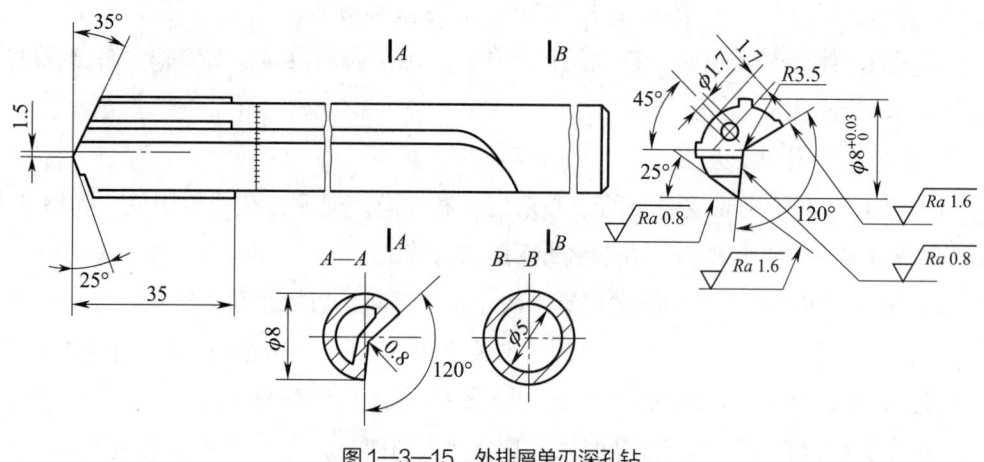

图1—3—15　外排屑单刃深孔钻

2）内排屑深孔钻——油压头结构（见图1—3—16）。

3. 盲孔（不通孔）加工

（1）盲孔加工特点。盲孔加工排屑困难，钻头容易折断，深度难以控制。

（2）盲孔加工方法

1）普通盲孔加工。钻盲孔时要注意掌握钻孔深度，以免将孔钻深出现质量事故。控制钻孔深度的方法，一是调整好钻床上的深度标尺挡块，二是安置控制长度量具。钻盲孔时应注意排屑的时间，钻进深度达到直径3倍以上就需要排屑一次，以后每钻进一定深度就需要排屑，以防切屑堵塞折断钻头。

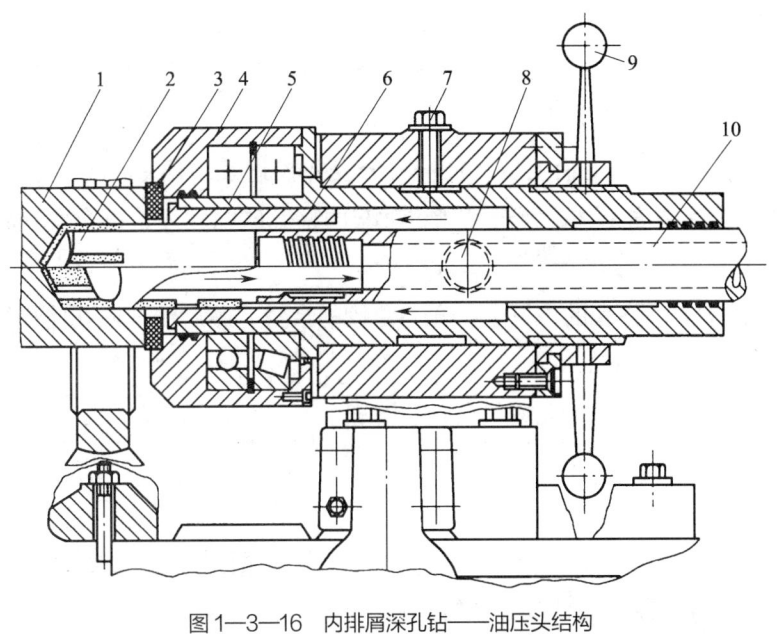

图1—3—16 内排屑深孔钻——油压头结构
1—工件 2—头部 3—密封圈 4—切削液箱 5—连接套 6—钻套
7—螺杆 8—注油孔 9—压力表 10—钻杆

2）平底盲孔加工。先采用普通麻花钻钻出盲孔（注意控制深度），然后用改制的麻花钻加工出平底。

4. 孔系钻削加工

孔系加工是指在同一平面钻削较多轴线平行的孔，且对孔距有较高要求。该类孔系常在钻床上用钻、扩、镗或钻、扩、铰的方法加工。在现代加工技术下，常用数控机床加工孔系，加工效率和精度更高。

（1）精度要求不高的孔系的加工方法。

1）做好钻孔前的基准校正，划线误差控制在0.1 mm范围内。直径较大的孔，须划出孔的圆周线和检查圆。

2）按划线钻出0.5倍孔径的预加工孔。

3）利用待加工孔的圆周线、检查圆或已钻出的预加工孔找正基准，然后边扩孔或镗孔，边测量和调整，使孔距符合图样要求。

（2）孔径和孔距精度要求较高的孔系的加工方法。

1）在工件上划出待加工孔的十字中心线。

2）分别在工件待加工孔的十字线中心钻小孔和攻出螺纹（一般螺纹孔小于M6）。

3）制作与孔数相同、外径磨至同一尺寸的校正圆柱套。

4）将圆柱套用螺钉分别装在各螺纹孔中心位置，并用量具校正各圆柱套的中心距至符合孔距尺寸精度要求，然后紧固各圆柱套。复核尺寸，若孔距有变化，则重新进行调整校正，直至完全符合图样要求。

5）钻孔前，在钻床主轴上装上杠杆百分表并校正其中任一个圆柱套，使之与钻床主轴同轴，然后紧固工件，复查钻床主轴与圆柱套的同轴度，符合要求后拆去该圆柱套。

6）在工件拆去圆柱套的位置上扩孔并留铰削余量，最后铰削该孔使孔径符合精度要求。

7）依照上述方法，逐个完成其余各孔的加工。

5. 相交孔加工

有些工件上有相交孔。相交孔有正交、斜交、偏交等情况。钻削相交孔，除保证孔径精度外，还应保证各孔轴线交叉角准确。

（1）加工特点。装夹、校正困难；各孔轴线交叉，钻削时易偏斜；钻头容易折断。

（2）加工方法。

1）准确划线。按图样要求正确划出加工线。

2）正确打样冲眼，保证起始位置正确。

3）先加工其中一个孔。

4）再钻另一个孔，注意快与第一个孔相交时一定要减小进给量或改用手动进给。

（3）加工注意事项。

1）某些具有相交孔的工件外形复杂，给装夹、校正带来困难，因此，工件找正基准要求划线清晰、准确。

2）要重视钻孔顺序。对不等径相交孔，应先钻大孔，后钻小孔。钻削第二孔即将穿过交叉部位时，须减小进给量或改用手动进给，避免造成孔歪斜和折断钻头。

3）每次切削深度不能太大，一般应该分2~3次钻孔、扩孔直至完成孔的加工。

学习单元 2 铰孔加工

一、铰刀的切削特点和研磨方法

1. 铰刀的切削特点

（1）铰削过程是一个复杂的切削、挤压、摩擦过程。铰刀如图 1—3—17 所示。

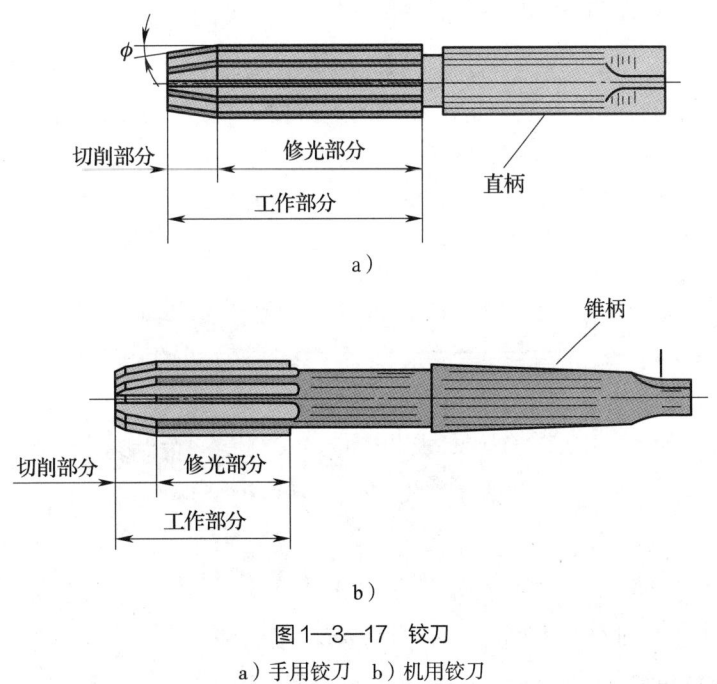

图 1—3—17 铰刀
a）手用铰刀　b）机用铰刀

（2）加工质量高，加工余量小，如图 1—3—18 所示。粗铰余量为 0.15～0.25 mm，精铰余量为 0.05～0.15 mm。

（3）铰刀是定直径的精加工刀具，适应性差，一把刀只能加工一种尺寸的孔。铰削时刃口的工作情况如图 1—3—19 所示。

（4）铰削通常用于加工中小直径的孔，孔径一般小于 80 mm。

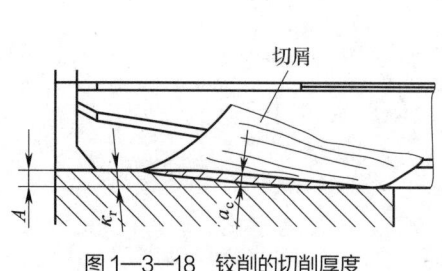

图1—3—18 铰削的切削厚度

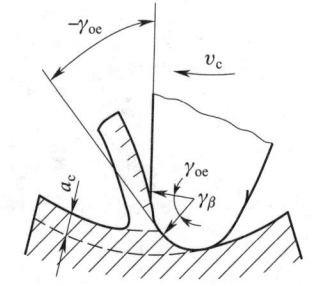

图1—3—19 铰削时刃口的工作情况

2. 铰刀的研磨

（1）研磨铰刀的研具。新的标准圆柱铰刀，直径上留有研磨余量，而且棱边的表面粗糙度值也不够低，所以铰削IT8以上精度的孔时，先要将铰刀直径研磨到所需的尺寸精度。研磨铰刀的研具有径向调整式研具、轴向调整式研具和整体式研具。

1）径向调整式研具。如图1—3—20所示，径向调整式研具由壳套、研套和调整螺钉组成。孔径尺寸是由镗刀或铰刀加工出来的。研套的尺寸胀缩是依靠开有斜缝后的弹性变形，由调整螺钉控制。这种研具制造方便，但因研套胀缩不均匀而导致孔径精度不太高。

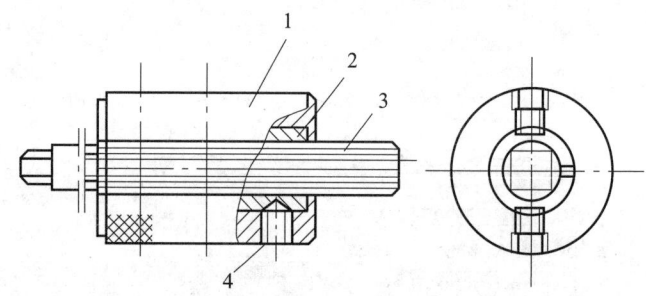

图1—3—20 径向调整式研具
1—壳套 2—研套 3—铰刀 4—调整螺钉

2）轴向调整式研具。如图1—3—21所示，轴向调整式研具由壳套、研套、调整螺母和限位螺钉组成。旋转两端的调整螺母，使带槽的研套在限位螺钉的控制下沿轴向位移，就可使研套的孔径得到调整。这种研具由于研套的胀缩均匀、准确，能使尺寸误差控制在很小的范围内，所以适用于研磨精密铰刀。

3）整体式研具。如图1—3—22所示，整体式研具是在铸铁棒上钻小于铰刀直径0.2 mm的孔，然后用需要研磨的铰刀铰出。这种研具制造最为方便，但由于没有调整量，所以只适用于单件生产时研磨不太精确的铰刀。

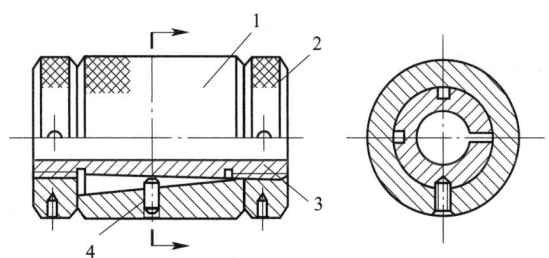

图1—3—21 轴向调整式研具
1—壳套 2—调整螺母 3—研套 4—限位螺钉

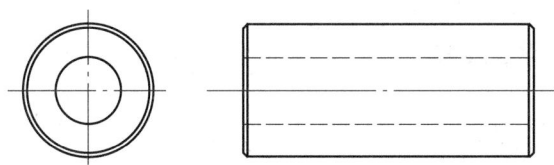

图1—3—22 整体式研具

（2）铰刀手工研磨方法。铰刀在各种使用情况下的手工研磨方法如下。

1）铰刀的切削部分与校准部分因磨损而破坏了刃口之后，应在工具磨床上进行刃磨，如图1—3—23所示。后面磨损高度规定如下：高速钢铰刀 $h=0.6\sim0.8$ mm，硬质合金铰刀 $h=0.3\sim0.7$ mm，加工淬火工件的铰刀 $h=0.3\sim0.35$ mm。

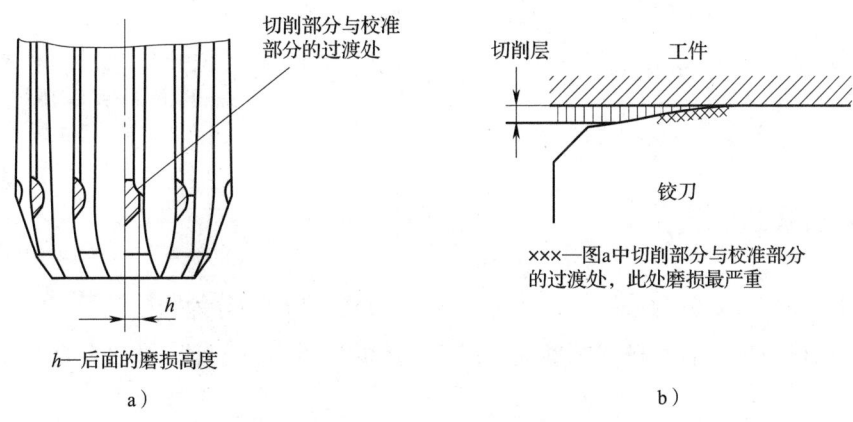

图1—3—23 铰刀的磨损情况

2）研磨或修磨后的铰刀需用油石仔细地将过渡处的尖角修成小圆弧，以使切削刃顺利地过渡到校准部分。操作时，要做到各齿大小一致。

3）铰刀刃口有毛刺或黏结切屑时，要用油石细心地磨掉。

4）切削刃后面磨损不严重时，可用油石沿切削刃的垂直方向轻轻推磨，并加以修光，如图1—3—24所示。

5）当铰刀刃带过宽欲将刃带宽度磨窄时，可将刃带研出1°左右的斜面，如图1—3—25所示，以保持所需的刃带宽度。但在研磨后面时，不能将油石沿切削刃方向推动。

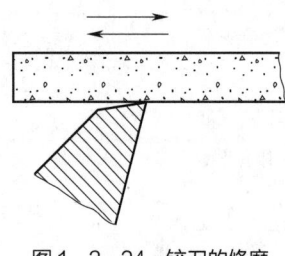 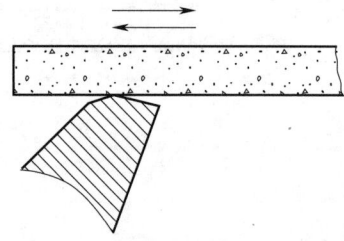

图1—3—24　铰刀的修磨　　　　图1—3—25　磨窄铰刀的刃带

6）当刀齿前面需要研磨时，应将油石紧贴在前面上，并沿齿槽方向轻轻推动。

7）在研磨铰刀时，不要将刃口研凹，务必保持铰刀原有的几何形状。

8）研磨高速钢铰刀时，用白色氧化铝油石；研磨硬质合金铰刀时，可用碳化硅油石。

9）当铰刀直径小于允许的磨损极限尺寸不能继续使用时，可用挤压刀齿的方法恢复铰刀直径尺寸，以延长铰刀的使用寿命，如图1—3—26所示。用此种方法修复铰刀，可使铰刀直径增大0.005~0.01 mm，一般铰刀可挤压2~3次。

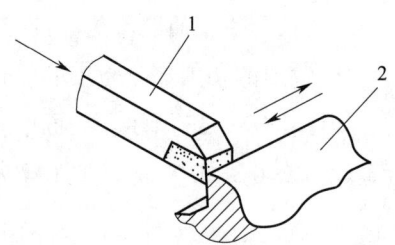

图1—3—26　用硬质合金车刀挤压铰刀前面
1—车刀　2—铰刀刀齿

二、铰孔加工方法

铰刀按使用方式分为手用铰刀和机用铰刀，按铰孔形状分为圆柱铰刀和圆锥铰刀。铰刀的容屑槽方向，有直槽和螺旋槽。铰刀常用的材质为高速钢、硬质合金镶片。

1. 手用铰刀铰孔加工方法

（1）按照铰孔加工余量确定底孔直径，加工出底孔。

（2）将工件夹持在台虎钳上，注意一定要夹正。

（3）铰削过程中，两手用力要平衡。

（4）铰刀退出时不能反转，因铰刀有后角，铰刀反转会使切屑塞在铰刀刀齿后面和孔壁之间将孔壁划伤，同时铰刀易磨损。

（5）铰刀使用完毕，要擦干净，涂上机油，装盒，以免碰伤刃口。
（6）铰削中必须合理使用切削液。

2. 铰孔加工中常见问题

在铰孔加工过程中，经常出现孔径超差、内孔表面粗糙度值高等诸多问题。

（1）孔径增大，误差大。铰刀外径尺寸设计值偏大或铰刀刃口有毛刺；切削速度过高；进给量不当或加工余量过大；铰刀主偏角过大；铰刀弯曲；铰刀刃口上黏附着切屑瘤；刃磨时铰刀刃口摆差超差；切削液选择不合适；安装铰刀时锥柄表面油污未擦干净或锥面有磕碰伤；锥柄的扁尾偏位，装入机床主轴后锥柄圆锥干涉；主轴弯曲，主轴轴承过松或损坏；铰刀浮动不灵活，与工件不同轴；手动铰孔时两手用力不均匀，使铰刀左右晃动。

（2）孔径缩小。铰刀外径尺寸设计值偏小；切削速度过低；进给量过大；铰刀主偏角过小；切削液选择不合适；刃磨时铰刀磨损部分未磨掉，弹性恢复使孔径缩小；铰钢件时，余量太大或铰刀不锋利，易产生弹性恢复，使孔径缩小。

（3）铰出的内孔不圆。铰刀过长，刚度不足，铰削时产生振动；铰刀主偏角过小；铰刀刃带窄；铰孔余量偏大；内孔表面有缺口，或为交叉孔；孔表面有砂眼、气孔；主轴轴承松动，无导向套，或铰刀与导向套配合间隙过大；由于薄壁工件装夹过紧，卸下后工件变形。

（4）孔的内表面有明显的棱面。铰孔余量过大；铰刀切削部分后角过大；铰刀刃带过宽；工件表面有气孔、砂眼；主轴摆差过大。

（5）内孔表面粗糙度值高。切削速度过高；切削液选择不合适；铰刀主偏角过大，铰刀刃口不在同一圆周上；铰孔余量太大；铰孔余量不均匀或太小，局部表面未铰到；铰刀切削部分摆差超差，刃口不锋利，表面粗糙；铰刀刃带过宽；铰孔时排屑不畅；铰刀过度磨损；铰刀碰伤，刃口留有毛刺或崩刃；刃口有积屑瘤；由于材料关系，不适于使用零度前角或负前角铰刀。

（6）铰刀的使用寿命低。铰刀材料不合适；铰刀在刃磨时烧伤；切削液选择不合适，切削液未能顺利地流至切削处；铰刀刃磨后表面粗糙度值太高。

（7）铰出的孔位置精度超差。导向套磨损，导向套底端距工件太远，导向套长度短、精度差；主轴轴承松动。

（8）铰刀刀齿崩刃。铰孔余量过大；工件材料硬度过高；切削刃摆差过大，切削负荷不均匀；铰刀主偏角太小，使切削宽度增大；铰深孔或盲孔时，切屑太多又未及时清除；刃磨时刀齿已磨裂。

（9）铰刀柄部折断。铰孔余量过大；铰锥孔时，粗、精铰削余量分配及切削用量选择不合适；铰刀刀齿容屑空间小，切屑堵塞。

（10）铰孔后孔的中心线不直。铰孔前钻孔偏斜，特别是孔径较小时，由于铰刀刚度较差，不能纠正原有的弯曲度；铰刀主偏角过大；导向不良，使铰刀在铰削中易偏离方向；切削部分倒锥过大；铰刀在断续孔中部间隙处位移；手动铰孔时，在一个方向上用力过大，迫使铰刀向一端偏斜，破坏了铰孔的垂直度。

学习单元3　螺 纹 加 工

一、在盲孔上攻制螺纹

1. 底孔直径、深度及倒角的确定

（1）底孔直径的确定。丝锥在攻螺纹过程中，切削刃的作用主要是切削金属，但还有挤压金属的作用，因而造成金属凸起并向牙尖流动，所以攻螺纹前，钻削的孔径（底孔）应大于螺纹小径。底孔的直径可查手册或按下面的经验公式计算。

脆性材料（铸铁、青铜等）：

$$钻孔直径\ d_{孔}=d（螺纹大径）-1.1P（螺距）$$

塑性材料（钢、紫铜等）：

$$钻孔直径\ d_{孔}=d（螺纹大径）-P（螺距）$$

普通螺纹底孔直径简单计算可按要攻螺纹的尺寸乘以0.85。

（2）钻孔深度的确定。攻盲孔（不通孔）的螺纹时，因丝锥不能攻到底，所以孔的深度要大于螺纹的长度。盲孔的深度可按下面的公式计算：

$$孔的深度 = 所需螺纹的深度 +0.7d$$

（3）孔口倒角。攻螺纹前要在钻孔的孔口进行倒角，以利于丝锥的定位和切入。倒角的深度应大于螺纹的螺距。

2. 攻制盲孔螺纹

（1）加工特点。螺纹深度不易控制，丝锥容易折断。

（2）加工方法。

1）将工件装夹在台虎钳上，注意夹持时一定要夹正，要使孔中心线垂直于钳口，防止螺纹攻歪。

2）根据工件上螺纹孔的规格正确选择丝锥，先头锥、后二锥，不可颠倒使用。

3）用头锥攻螺纹时，先旋入1~2圈后，检查丝锥是否与孔端面垂直（可目测或用直角尺在互相垂直的两个方向检查）。当切削部分已切入工件后，每转1~2圈应反转1/4圈，以便切屑断落，同时不能再施加压力（只转动不加压），以免丝锥崩牙或攻出的螺纹齿较瘦。

4）在丝锥上做好深度标记，经常退出丝锥，排除孔中的切屑。将要攻到孔底时，应及时排出孔底积屑，以免攻到孔底丝锥被卡住。

5）加机油润滑，可使螺纹光洁、省力和延长丝锥使用寿命；攻铸铁上的内螺纹可不加润滑剂，或者加煤油；攻铝及铝合金、紫铜上的内螺纹，可加乳化液。

二、攻制小螺纹

如图1—3—27所示，在材料为45钢的钢板上攻制M4螺纹。

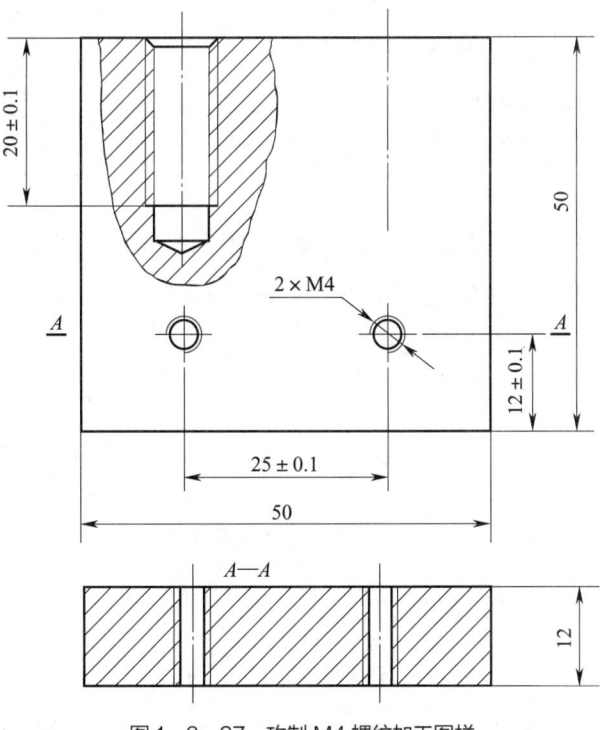

图1—3—27　攻制M4螺纹加工图样

1. 加工特点

（1）底孔直径较小。

（2）螺纹直径较小，加工难度较大。

（3）精度不易控制。

2. 加工方法

（1）按图样要求划出各孔加工线。

（2）确定底孔直径及底孔深度。

（3）用麻花钻加工底孔，达到精度要求；孔口倒角。

（4）在台虎钳上夹持好工件，注意夹正。

（5）起攻。丝锥放正，用右手掌按住铰杠中部沿丝锥中心线用力加压，此时左手配合做顺向旋进；或两手握住铰杠两端平衡施加压力，并将丝锥顺向旋进，保持丝锥中心与孔中心线重合，不能歪斜，如图1—3—28所示。

（6）当切削部分切入工件1~2圈时，目测或用直角尺检查、校正丝锥的位置。当切削部分全部切入工件时，应停止对丝锥施加压力，只需平稳地转动铰杠靠丝锥上的螺纹自然旋进。应经常将丝锥反方向转动1/2圈左右，使切屑碎断后容易排出，避免切屑过长咬住丝锥。

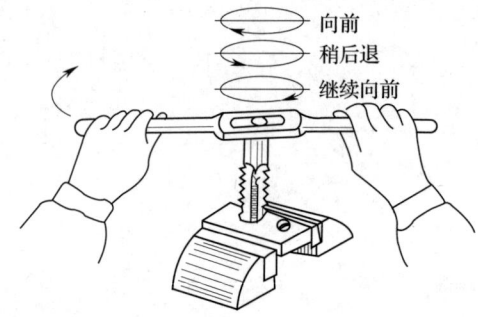

图1—3—28 攻螺纹方法

（7）退出丝锥。先用铰杠带动丝锥平稳地反向转动，当能用手直接旋动丝锥时，应停止使用铰杠，以防铰杠带动丝锥退出时产生摇摆和振动，破坏螺纹表面质量。

三、磨损丝锥的修磨

丝锥发生磨损和崩刃以后，可以通过修磨恢复它的锋利性。一般情况下，主要是修磨刀齿前后角，如图1—3—29所示。

1. 切削刃前面的修磨

当丝锥的切削刃因钝化或粘屑而降低其锋利性时，可以用柱形油石研磨切削刃的

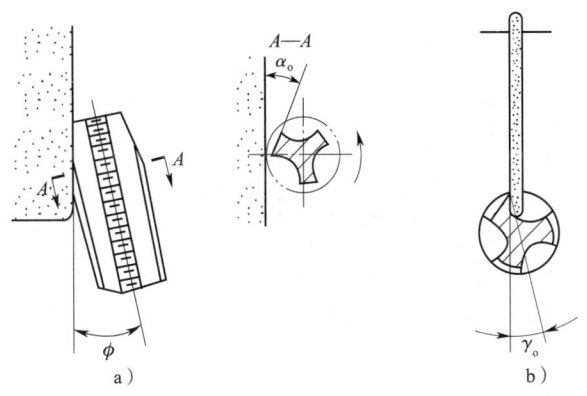

图1—3—29 修磨丝锥

前面。研磨时,在油石上涂一些机油,油石掌握平稳,注意不要将刀齿的小圆角磨掉。研磨后将丝锥清洗干净。当丝锥的刀齿磨损到极限或刀齿崩刃时,可在砂轮机上用片状砂轮修磨刀齿的前面。修磨好后,用柱形油石进行研磨,降低刀齿前面和容屑槽的表面粗糙度值。

2. 切削刃后角的修磨

当丝锥的切削刃损坏时,可在一般砂轮上修磨切削刃后角。修磨时要注意切削锥的一致性。转动丝锥时,下一条刃齿的刃尖不要接触砂轮,以免将刃尖磨掉。

【综合实训】

钻、锪、铰孔及攻螺纹综合训练

一、实训准备

1. 材料准备

材料为35钢的钢板一件。图1—3—30所示为钻、锪、铰孔及攻螺纹综合训练图。

2. 工具准备

台钻、钻头若干(根据图样要求选用)、锤子、样冲、划线工具、丝锥(根据图样要求选用)。

二、实训步骤

(1) 按图样要求划出全部加工位置线。

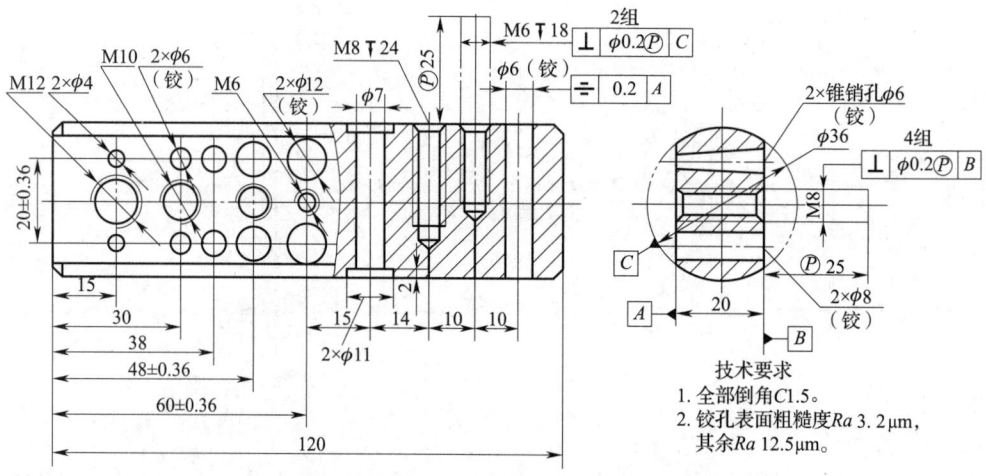

图 1—3—30　钻、锪、铰孔及攻螺纹综合训练图

（2）完成所需钻头的刃磨。

（3）用平口钳装夹工件，按划线钻平面上各孔，达到位置尺寸要求。

（4）钻圆弧面上各孔，并在 $\phi 7$ mm 孔口用柱形锪钻锪出沉孔。

（5）用手用铰刀铰削有关孔。

（6）攻制各螺纹，达到图样要求。

（7）修毛刺，复查。

课程 1—4　刮削和研磨

学习内容

学习单元	课程内容	培训建议	课堂学时
（1）刮削加工	1）标准平尺、方箱、方尺和直角尺的使用与维护 2）机床导轨的种类和特点 3）机床导轨精度检验要求和检验方法 4）平台刮削 5）方箱刮削 6）燕尾形导轨刮削 7）轴瓦刮削	（1）方法：讲授法、演示法、讨论法 （2）重点：平面刮削加工 （3）难点：圆弧面刮削加工	20

续表

学习单元	课程内容	培训建议	课堂学时
（2）轴孔研磨加工	1）圆柱体研磨 ①圆柱表面研磨的研具 ②圆柱表面的研磨方法 2）轴孔的研磨	（1）方法：讲授法、演示法、练习法 （2）重点与难点：圆柱表面研磨加工	10

学习单元 1 刮削加工

一、标准平尺、方箱、方尺和直角尺的使用与维护

1. 平尺的使用与维护

平尺主要作为测量的基准，用来检验工件的直线度和平面度误差，也可作为机床导轨刮研的基准，有时还可用来检验机床零部件的相互位置精度。

使用前，应用纯净的汽油对其进行清洗，并用纱布擦净。使用后，应清洗并擦干净，防止锈蚀。

（1）桥形平尺。桥形平尺只有一个高精度加工面，用优质铸铁经稳定处理和去磁后制成，刚度好，但使用时受温度影响较大。桥形平尺如图 1—4—1 所示。

图 1—4—1　桥形平尺

（2）平行平尺。平行平尺有两个平行的高精度加工面，用优质铸铁经稳定处理和去磁后制成，使用时受温度影响较小、轻便。平行平尺如图 1—4—2 所示。

（3）角形平尺。角形平尺有三个相互垂直的高精度加工面，用优质铸铁经稳定处理和去磁后制成，用于检查燕尾导轨的直线度、平面度和与其他表面的相互位置精度。角形平尺如图 1—4—3 所示。

2. 方箱的使用与维护

方箱是由相互垂直的平面组成的矩形基准器具，又称为方铁。它是用铸铁或钢材

图1—4—2 平行平尺

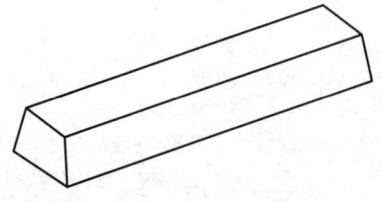
图1—4—3 角形平尺

制成的具有六个工作面的空腔正方体。在其中一个工作面上有一个V形槽，有的还有两个垂直的V形槽，供安装轴类工件使用。

方箱根据用途可分为划线方箱、检验方箱、磁性方箱、T形槽方箱、万能方箱等。方箱是机械制造中零部件检测、划线等的基础设备，常用于零部件平行度、垂直度的检验和划线。方箱可分为1级、2级和3级三种，1级和2级为检验方箱，3级为划线方箱。

划线方箱用于检验或划精密工件的任意角度线，如图1—4—4所示。

（1）使用前，应用纯净的汽油对方箱进行清洗，并用纱布擦净，同时检查方箱的各工作面是否有影响质量的锈迹、划痕、裂纹、磕伤、凹陷、砂眼和杂质等，以防影响测量精度。

图1—4—4 划线方箱

（2）方箱的各工作面经过精密加工，保持相互垂直和平行，因此方箱主要用于工件的紧固和定位。它为被测工件提供了垂直于基准面（如平台工作面、机床导轨）的辅助基准，通过翻转，使被测尺寸垂直于平台的工作面，实现平台测量。因此使用时，方箱应安放在清洁的平台、机床导轨等基准平面上。

（3）使用后，应清洗并擦干净，涂防锈油。

3. 方尺和直角尺的使用与维护

检查机床部件垂直度，常用的有方尺、平角尺、宽底座直角尺和直角平尺四种，如图1—4—5所示。

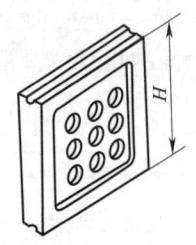 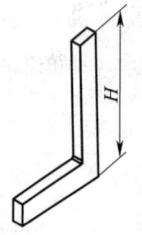 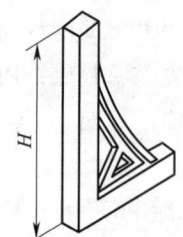

图1—4—5 方尺和直角尺

使用前，应先检查尺子各工作面和边缘是否被碰伤［角尺长边的左、右面和短边的上、下面都是工作面（内外直角）］，将直角尺工作面和被检工作面擦净。使用时，将直角尺靠放在被测工件的工作面上，用光隙法鉴别工件的角度是否正确。使用时注意轻拿、轻靠、轻放，防止变曲变形。

二、机床导轨的种类和特点

1. 机床导轨的作用与要求

机床导轨的功用是起导向及支承作用，即保证运动部件在外力（运动部件本身的重量、工件重量、切削力及牵引力等）作用下能准确地沿着一定方向运动。对导轨的要求如下：

（1）一定的导向精度。导向精度是指运动件沿导轨移动的直线性，以及导轨与有关基准面间相互位置的正确性。

（2）运动轻便平稳。工作时，应轻便省力、速度均匀，低速时无爬行现象。

（3）良好的耐磨性。导轨的耐磨性是指导轨长期使用后能保持一定的使用精度。导轨在使用过程中会磨损，但应使磨损量小，且磨损后能自动补偿或便于调整。

（4）足够的刚度。运动件所受的外力是由导轨面承受的，故导轨应有足够的接触刚度。为此，常加大导轨面宽度以降低导轨面的压力，或设置辅助导轨以承受外载。

（5）温度变化影响小。应保证导轨在工作温度变化的条件下仍能正常工作。

（6）结构工艺性好。在保证导轨其他要求的条件下，应使导轨结构简单，便于加工、测量、装配和调整，降低成本。

2. 导轨的种类和特点

导轨按运动轨迹可分为直线运动导轨和圆运动导轨，按工作性质可分为主运动导轨、进给运动导轨和调整导轨，按接触面的摩擦性质可分为滑动导轨、滚动导轨和静压导轨。滑动导轨的基本形式见表1—4—1。

（1）滑动导轨。滑动导轨是一种滑动摩擦的普通导轨。滑动导轨的优点是结构简单，使用维护方便；缺点是未形成完全液体摩擦时低速易爬行，磨损大，寿命短，运动精度不稳定。滑动导轨一般用于普通机床和冶金设备上。

1）三角形导轨。凹三角形导轨也称为V形导轨，凸三角形导轨也称为棱形导轨。该导轨磨损后能自动补偿，故导向精度高。它的截面角度由载荷大小及导向要求确定，

表1—4—1 滑动导轨的基本形式

	棱形				圆形
	对称三角形	不对称三角形	矩形	燕尾形	
凸形	45°　45°	90°　15°~30°		55°　55°	
凹形	90°~120°	65°~70°　90°		55°　55°	

一般为90°。为增加承载面积，减小负荷，在导轨高度不变的条件下，采用较大的顶角（110°~120°）；为提高导向性，采用较小的顶角（60°）。若导轨上所受的力在两个方向上的分力相差很大，应采用不对称三角形，以使力的作用方向尽可能垂直于导轨面。

2）矩形导轨。矩形导轨也称为平导轨。其优点是结构简单，制造、检验和修理方便，导轨面较宽，承载力较大，刚度高，故应用广泛。但它的导向精度没有三角形导轨高；导轨间隙需用压板或镶条调整，且磨损后需重新调整。

3）燕尾形导轨。燕尾形导轨的调整及夹紧较简便，用一根镶条可调节各面的间隙，且高度小，结构紧凑；但制造检验不方便，摩擦力较大，刚度较低。燕尾形导轨用于运动速度不高，受力不大，高度尺寸受限制的场合。

4）圆形导轨。圆形导轨制造方便，外圆采用磨削，内孔珩磨可达精密的配合，但磨损后不能调整间隙。为防止转动，可在圆柱表面开键槽或加工出平面，但不能承受大的扭矩。圆形导轨宜用于承受轴向载荷的场合。

（2）滚动导轨。其优点是：摩擦阻力小，运动轻便灵活；磨损小，能长期保持精度；动、静摩擦因数差别小，低速时不易出现爬行现象，故运动均匀平稳。缺点是：导轨面和滚动体是点接触或线接触，抗振性差，接触应力大，故对导轨的表面硬度要求高；对导轨的形状精度和滚动体的尺寸精度要求高。因此，滚动导轨在要求微量移动和精确定位的设备上获得广泛的运用。

（3）静压导轨。静压导轨利用液压力让导轨和滑块之间形成油膜，使滑块有0.02~0.03 mm的浮起，从而大大减小了滑块和导轨之间的摩擦因数，但其依然属于滑动导轨副。静压导轨的缺点是结构复杂，且需配置一套专门的供油系统。

3. 常用滑动导轨的组合形式

（1）三角形导轨和矩形导轨组合。这种组合形式以三角形导轨为导向面，导向精度较高，而矩形导轨的工艺性好，因此应用最广。这种组合有V—平组合、棱—平组合两种形式。V—平组合导轨易储存润滑油，低、高速都能采用；棱—平组合导轨不能储存润滑油，只用于低速移动。三角形导轨和矩形导轨组合如图1—4—6所示。

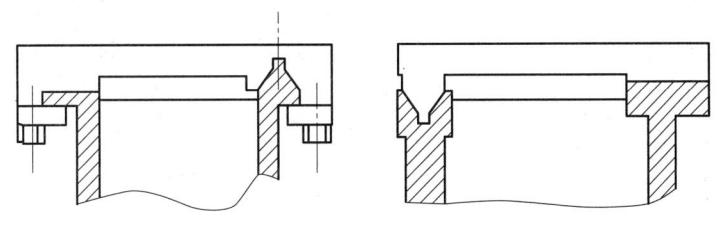

图1—4—6　三角形导轨和矩形导轨组合

为使导轨移动轻便省力和两导轨磨损均匀，驱动元件应设在三角形导轨之下，或偏向三角形导轨。

（2）矩形导轨和矩形导轨组合。这种组合方式，承载面和导向面分开，因而制造和调整简单。导向面的间隙用镶条调整，接触刚度低。矩形导轨和矩形导轨组合如图1—4—7所示。

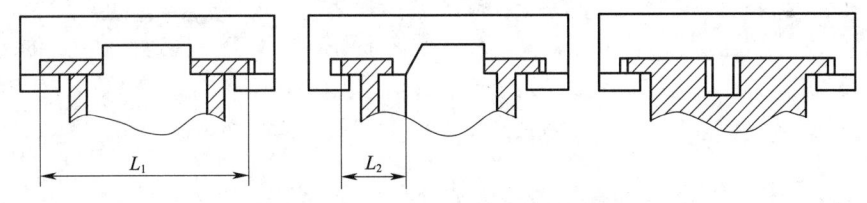

图1—4—7　矩形导轨和矩形导轨组合

（3）双三角形导轨。由于采用对称结构，两条导轨磨损均匀，磨损后对称位置不变，故加工精度影响小；接触刚度高，导向精度高。缺点是工艺性差，四个表面刮削或磨削也难以完全接触，假如运动部件热变形不同，也不能保证四个面同时接触，故不宜用在温度变化大的场合。

三、机床导轨精度检验要求和检验方法

1. 导轨的精度检验要求

（1）导轨的几何精度。此精度包括导轨本身的几何精度（导轨在垂直平面和水平

平面内的直线度，见图 1—4—8），以及导轨与导轨之间或导轨与其他结合面之间的相互位置精度（导轨之间的平行度和垂直度）。

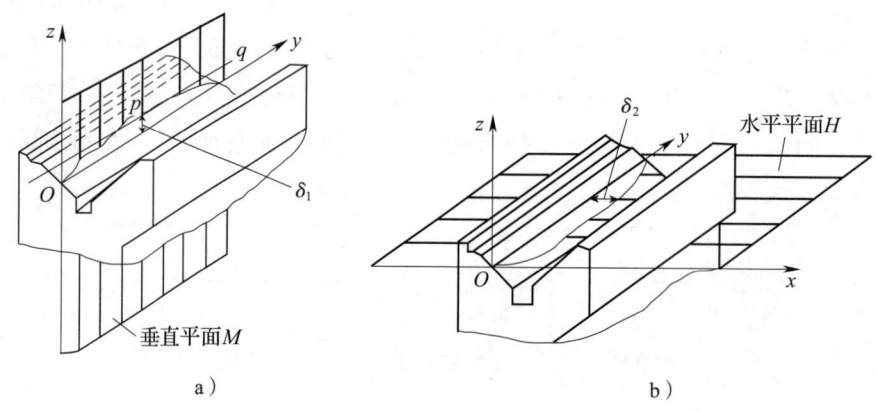

图 1—4—8　导轨在垂直平面和水平平面内的直线度
a）垂直平面内的直线度　b）水平平面内的直线度

（2）刮削导轨表面的接触精度（见表 1—4—2）。

表 1—4—2　刮削导轨表面的接触精度（边长 25 mm 正方形内接触点数）

机床类别	导轨		镶条、压板
	≤ 250 mm	> 250 mm	
高精度机床	20		12
精密机床	16	12	10
普通机床	10	6	6

（3）导轨的表面粗糙度。一般的刮削导轨表面粗糙度值在 $Ra1.6\ \mu m$ 以下，磨削导轨和精刨导轨表面粗糙度值应在 $Ra0.8\ \mu m$ 以下。导轨表面粗糙度值见表 1—4—3。

表 1—4—3　导轨表面粗糙度值　　　　　　　　　　　　　　　　μm

机床类别		表面粗糙度值 Ra	
		支承导轨	动导轨
普通精度	中小型	0.8	1.6
	大型	1.6~0.8	1.6
精密机床		0.8~0.2	1.6~0.8

2. 导轨几何精度的检测方法

（1）框式水平仪使用方法。用 200 mm × 200 mm、精度为 0.02 mm/1 000 mm 的框式水平仪测量一长度为 2 000 mm 的平导轨在垂直面内的直线度，采用的水平仪垫铁长度为 250 mm。

1）将水平仪置于被测导轨的中间及两端，复查导轨的安放水平状态。将水平仪连同垫铁放置在被测导轨的一端，移动水平仪垫铁（水平仪放置在垫铁上）进行测量，每次移动距离为 250 mm，首尾相接，既不能出现间隔，也不能重叠。依次对导轨进行测量（规定气泡的偏移方向和水平仪移动方向相同时读数为正，反之为负），测得各段的水平仪读数为：+3、0、-1、0、-1、+3、+1、-1（单位格）。

2）作曲线图。依据测量的各段读数作出误差曲线图，如图 1—4—9 所示（纵坐标为水平仪气泡偏移量的逐段叠加值，横坐标为被测导轨的长度）。

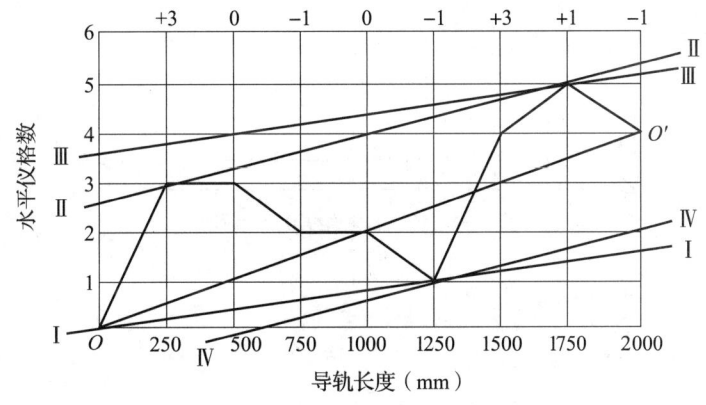

图 1—4—9 导轨直线度误差曲线分析

3）误差分析。采取以下两种方法进行误差分析。

①首尾连接法。将误差曲线的首尾两点用一条直线连接起来，如图 1—4—9 的中 O-O′ 线。由图上可见，曲线位于连接线的两端，以两侧纵坐标最大值的绝对值相加作为该导轨的直线度误差。图中 250 mm 处的 +2.5 格、1 250 mm 处的 -1.5 格为最大，即 2.5+1.5=4 格。

②包容法。为了准确确定误差值，可采取包容法，即在图中找出两条平行直线，这两条平行直线不仅包容导轨曲线，而且它们之间的坐标距离为最小。作图步骤是：首先在曲线上找出两个距离最远的最高（或最低）拐点，如图 1—4—9 中 O 点与 1 250 mm 点连接Ⅰ—Ⅰ，250 mm 处点与 1 750 mm 处点连接Ⅱ—Ⅱ；在连线上面最高点即 1 750 mm 拐点处作Ⅰ—Ⅰ的平行线Ⅲ—Ⅲ，这一组平行线间的坐标距离为 3.6

格；在Ⅱ—Ⅱ线下 1 250 mm 拐点处作Ⅱ—Ⅱ的平行线Ⅳ—Ⅳ，其差值为 3.3 格。导轨直线度最大值为 3.3 格。

计算出此导轨的直线度误差：

$$\Delta h = nli = 3.3 \times 250 \times 0.02/1\,000 = 0.016\,5 \text{ mm}$$

（2）导轨直线度的检测方法。通常用水平仪或光学平直仪来检测导轨的直线度。用水平仪只能检测导轨在垂直面的直线度误差，其检查方法为：设导轨长度为 1 600 mm，将被测导轨放在可调的支承垫铁上，置水平仪于导轨的中间或两端位置，初步找正导轨的水平位置；将导轨分为 8 段，用尺寸为 200 mm×200 mm、精度为 0.02 mm/1 000 mm 的框式水平仪进行均匀分段（每段长 200 mm）检查，测得各段的读数依次为：+1、+2.5、+1.5、+2、+1、0、-1.5、-2.5，如图 1—4—10 所示。

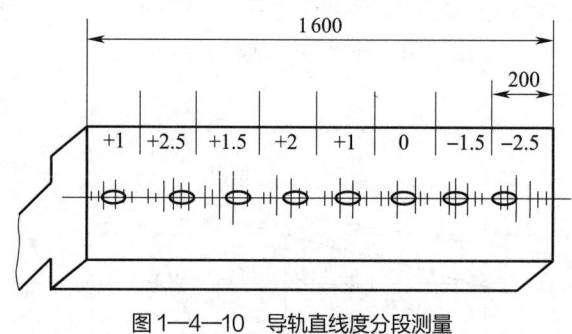

图 1—4—10　导轨直线度分段测量

按此读数作出误差曲线，如图 1—4—11 所示。

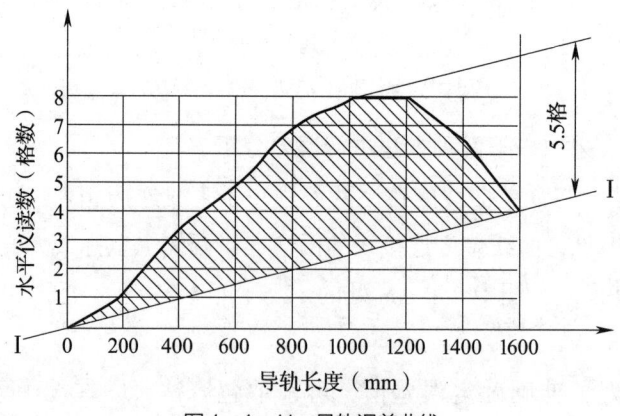

图 1—4—11　导轨误差曲线

读数的平均值为 4/8=0.5。把原读数分别减去平均值，得：+0.5、+2、+1、+1.5、+0.5、-0.5、-2、-3。然后逐次累计，得：+0.5、+2.5、+3.5、+5、+5.5、+5、+3、0。可看出，最大读数误差为 5.5 格，换算成直线度误差为：

$$\varDelta = 5.5 \times \frac{0.02}{1\,000} \times 200 = 0.022 \text{ mm}$$

（3）导轨平行度的检测方法。将测量桥板横跨在两条导轨上（在V形和平导轨上分别垫放合适的圆柱和平行铁），在垂直于导轨的方向上放水平仪，如图1—4—12所示。桥板沿导轨移动，分段检查，读出水平仪上每段误差值，水平仪读数的最大代数差值即为导轨的平行度误差。

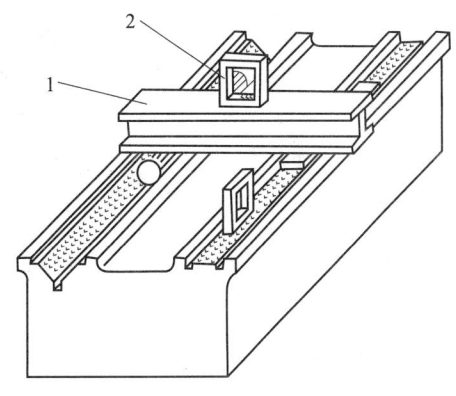

图1—4—12　用水平仪测量导轨的平行度
1—桥板　2—水平仪

例如，用精度为0.02 mm/1 000 mm的框式水平仪测量V—平导轨的平行度，测量桥板长度为250 mm，导轨长度为2 000 mm。水平仪读数依次为：+0.4、+0.2、+0.3、0、+0.2、-0.3、-0.5、-0.4，则导轨全长内的平行度误差为：

$$\varDelta = [0.4-(-0.5)] \times \frac{0.02}{1\,000} \times 250 = 0.004\,5 \text{ mm}$$

四、平台刮削

1. 刮削单块平台的方法

（1）标准平台研点刮削法。将精度不低于被刮平台精度、规格不小于被刮平台规格的标准平台，放在涂有很薄一层显示剂的被刮平台上进行研点，然后进行刮削。

（2）信封式刮削平台的方法。在刮削前用水平仪测出平台四条边和对角线在垂直平面内的直线度误差，再用平行平尺、等高垫块、百分表配合测出平台的最凹区域，然后用标准平尺刮研沿四条边和对角线方向的带状区域，形成六条带状的基准平面，并使其和平台最凹区域处于同一平面内。

2. 刮研1 000 mm×750 mm平台（2级精度）

（1）将精刨过的平台安装到适合刮研操作的高度（600~800 mm），用油石将平台表面刀纹磨光并清洗干净。测量平台刮削前的最低点。

（2）平行平尺、等高垫块和百分表配合使用，测出平台最低部位并做好记录，同时在平台表面上做出标记。

（3）测量平台沿四条边和对角线方向的直线度误差，并作出直线度误差曲线，如图1—4—13所示。

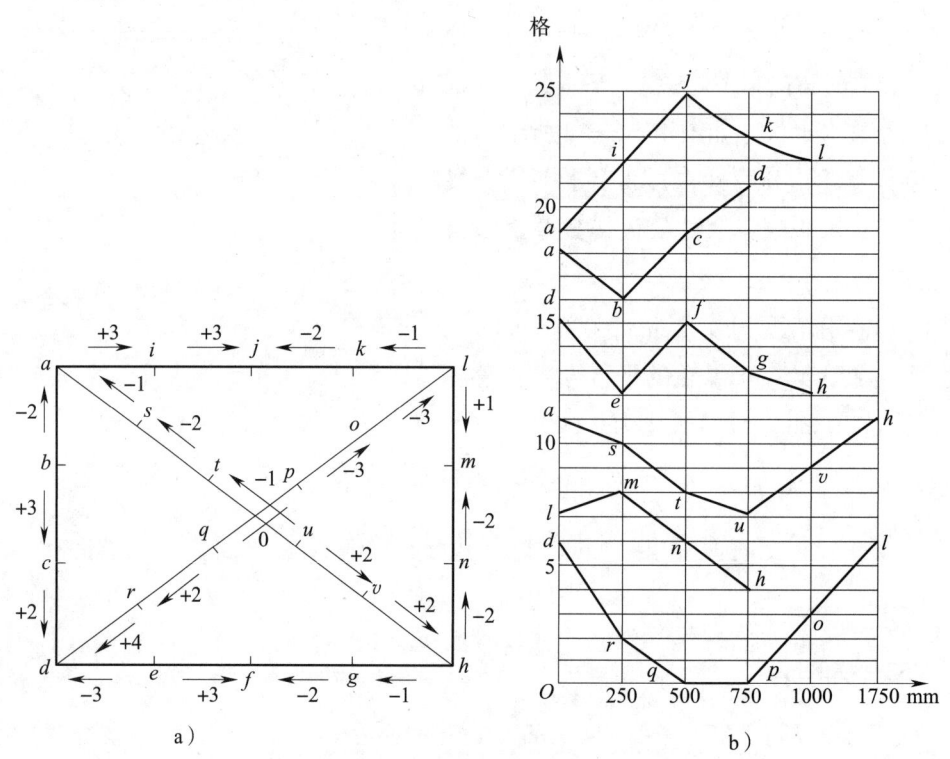

图1—4—13　用水平仪测量平台给定方向的直线度误差
a）测量结果　b）直线度误差曲线

（4）按"先刮研短边，后刮研长边；先刮研直线度较好的边，后刮研直线度较差的边"的原则，确定刮研基准面的顺序。

1）因为要消除精刨的刀纹，必须刮研 $l-m-n-h$ 至低于平台最低位置，并保持水平（可用平行平尺、等高垫块、水平仪配合使用进行测量）；刮研 $a-b-c-d$ 平行于 $l-m-n-h$，也低于平台最低位置并保持水平。用标准平尺研点达到全长每处20点/（25mm×25mm）。

2）以已刮好的 d、h 为基准，刮研 $d-e-f-g-h$；以已刮好的 a、l 为基准，刮研 $a-i-j-k-l$。用标准平尺研点达到全长每处20点/（25mm×25mm）。

3）以已刮好的 a、h 为基准，刮研 $a-s-t-u-v-h$；以已刮好的 d、l 为基准，刮研 $d-r-q-p-o-l$。用标准平尺研点达到全长每处20点/（25mm×25mm）。

4）在长边、短边上各放置一水平仪，将平台调好水平。

5）用小平台拖研整个平台，并刮削其余四个区域。

6）最后再用1级精度的小平台研点，进行精刮，以增加研点数。

五、方箱刮削

图1—4—14所示为一个400 mm的方箱，要求刮六个平面接触点在任意25 mm×25 mm范围内不少于25点，垂直度为0.01 mm，面与面之间的平行度为0.005 mm，V形槽在垂直方向和水平方向的平行度为0.01 mm。方箱刮削方法与步骤如下：

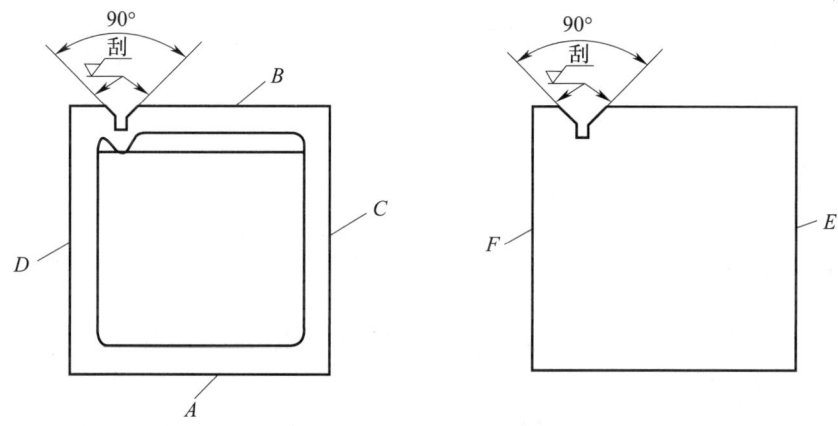

图1—4—14 方箱刮削

（1）先粗、细、精刮A面达到接触点数和平面度要求，平面度误差应达到0.003 mm以下。可用1级精度平台着色检查，或用千分表测量。

（2）再以A面为基准，刮其平行平面B，除达到接触点数和平面度要求外，还要用千分表检查其对A面的平行度误差不大于0.006 mm。

（3）以A、B两面为基准，精刮侧面C，除达到自身的平面度要求外，还应保证其对A、B面的垂直度误差不大于0.01 mm。

（4）刮D面，保证上述要求，刮法同C面。

（5）以A、B面为基准，刮垂直面E，保证接触点数及垂直度、平面度要求。

（6）刮F面，保证上述要求，刮法同E面。

（7）刮V形槽。刮削前，用合适的心轴和千分表测量出V形槽中心线对底面A和侧面C或E的平行度误差大小及方向，再进行刮削，如图1—4—15所示。应先消除V形面的位置误差，在此基础上，再用V形量具显点刮削，使接触点和平行度都达到要求。

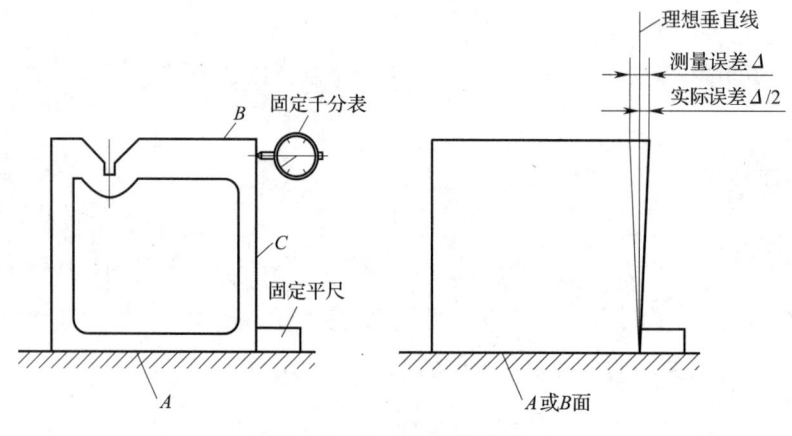

图1—4—15 方箱刮削检查

六、燕尾形导轨刮削

1. 导轨刮削的一般原则

（1）首先要选择基准导轨。通常选择比较长的、限制自由度比较多的、比较难刮的支承导轨作为基准导轨。

（2）刮削一组导轨。先刮基准导轨，后刮与其相配的另一导轨。刮削基准导轨时，先进行精度检验；刮削另一导轨时只需进行配刮，达到接触要求即可，可不进行单独的精度检验。

（3）选择好组合导轨上各个表面的刮削程序。应先刮大表面、后刮小表面，这样刮削量小，容易达到精度，而且可减少刮削时间；先刮较难刮的表面、后刮容易刮的表面，这样测量方便，容易保证精度；先刮刚度较高的表面，以保证刮削精度和稳定性。

（4）应以工件上其他已加工面或孔为基准来刮削导轨表面，这样可以保证导轨位置精度。

（5）刮削导轨时，一般应将工件放在调整垫铁上，以便调整导轨的水平（或垂直）位置，这样可保证刮削时精度稳定和测量方便。

2. 燕尾形导轨的刮削方法

（1）选择刮削工作量最大、最难刮的溜板三角形导轨面5、6（见图1—4—16）作为刮削时的基准。

（2）刮削平面1，如图1—4—16a所示。

（3）刮削尾座平面4，使其达到自身的精度和对平面1的平行度要求，如图1—4—16b所示。

（4）刮削导轨面2和3，如图1—4—16c所示。

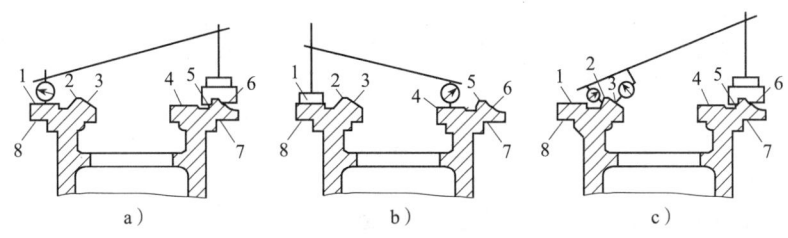

图1—4—16　燕尾形导轨刮削时的检测

七、轴瓦刮削

刮削轴瓦，就是将精车后的瓦片与所装配的轴研合（轴要涂上色粉），用三角刮刀刮去瓦片上所附的粉色，随研随刮，直到瓦片上附色面积超过全瓦面的85%。瓦片上存在的刀痕是瓦片储存润滑油的微型储油槽。

1. 轴瓦与瓦座和瓦盖的接触要求

（1）受力轴瓦的瓦背与瓦座的接触面积应大于70%且分布均匀，其接触范围角α应大于150°，允许有间隙部分的间隙b应不大于0.05 mm，如图1—4—17所示。

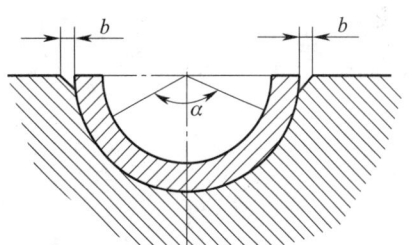

（2）不受力轴瓦与瓦盖的接触面积应大于60%且分布均匀，其接触范围角α应大于120°，允许有间隙部位的间隙量b应不大于0.05 mm。

图1—4—17　轴瓦与瓦座和瓦盖的接触要求

（3）如达不到上述要求，应以瓦座与瓦盖为基准，用着色法（涂以红丹粉）检查接触情况，用细锉锉削瓦背进行修研，直到达到要求为止。接触斑点达到每25 mm×25 mm 3~4点即可。

（4）轴瓦与瓦座、瓦盖装配时，固定滑动轴承的固定销（或螺钉）端头应埋入轴承体内2~3 mm；两半瓦合缝处垫片应与瓦口面的形状相同，其宽度应小于轴承内侧1 mm，垫片应平整无棱刺，瓦口两端垫片厚度应一致；瓦座、瓦盖的连接螺栓应紧固且受力均匀。装配时所有零件应清洗干净。

2. 轴瓦刮削面使用性能要求

轴瓦刮削面使用性能要求，主要是接触范围角 α 与接触面、接触斑点要求。轴瓦的接触范围角 α 与接触面要求见表1—4—4。在特殊情况下，接触范围角 α 也有要求为 60° 的。对于接触范围角 α 的大小和接触斑点要求，通常由图样明确地给出。如图样中无标注，也无技术文件要求的，可按通用技术标准规定执行（参照表1—4—4）。轴瓦的接触斑点要求，可参照表1—4—5。

表1—4—4　轴瓦的接触范围角 α 与接触面要求

接触范围角 α				接触面要求
通用技术要求		重载及其他要求		
上瓦	下瓦	上瓦	下瓦	接触面积要求分布均匀
120°	120°	90°	90°	

表1—4—5　滑动轴承每 25 mm × 25 mm 内的研点数

轴承直径（mm）	机床或精密机械主轴轴承			锻压设备、通用机械轴承		动力机械、冶金设备轴承	
	高精度	精密	普通	重要	普通	重要	普通
≤ 120	25	20	16	12	8	8	5
> 120		16	10	8	6	6	2

3. 剖分式轴瓦的刮削过程

（1）粗刮轴瓦。

1）将上、下瓦的机械加工刀痕轻刮一遍，要求瓦面应全部刮到，刮削均匀，将加工痕迹刮掉。

2）轴上涂色，与上、下瓦研点粗刮几遍（见图1—4—18a），然后将上、下瓦分别镶入瓦座与瓦盖上，瓦上涂色，用轴研点粗刮，待接触面积与研点分布均匀后，可转入细刮。粗刮时应注意，不可将瓦口部分刮亏了，要求 180° 范围全面接触。

（2）细刮轴瓦（见图1—4—18b）。细刮轴瓦时，上、下瓦应加垫（瓦口结合面）装配后刮削两端轴瓦，在瓦上涂色，用轴研点。开始压紧装配时，压紧力应均匀，轴不要压得过紧，能转动即可，随刮随撤垫随压紧。此时也应注意不要将瓦口刮亏了。经多次刮削后，瓦接触面斑点分布均匀、较密即可。

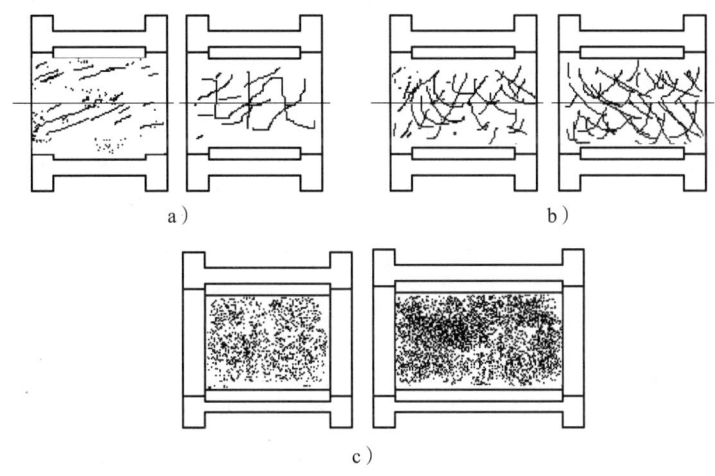

图1—4—18 剖分式滑动轴承（轴瓦）的刮削
a）粗刮 b）细刮 c）精刮

（3）精刮轴瓦（见图1—4—18c）。精刮的目的是使接触斑点及接触面积达到图样规定的要求，研点方法与粗刮相同，点子由大到小，由深到浅，由疏到密。大的点子在刮削过程中可用刮刀破开变成密集的小点子，经过多次刮削，逐渐刮至符合要求。在精刮将要结束时，将润滑油楔（开瓦口）、侧间隙刮削出来，使其达到轴瓦的使用性能，这一点非常重要。

刮削轴瓦，在粗刮与细刮时要考虑与轴相关件的情况，如中心距偏差、齿轮齿面的接触状况等，以便使轴的位置准确。由机械加工造成的微小累积误差，可通过刮削得到进一步消除；对于较大误差，刮削是无法解决的。

学习单元2 轴孔研磨加工

一、研磨圆柱外表面（轴）

1. 圆柱外表面研磨的研具

研磨环主要用来研磨外圆柱表面。经过一段时间研磨后，研磨环的内径增大，这时可通过拧紧调节螺钉使孔径缩小,以保持所需的间隙。研磨环如图1—4—19所示。

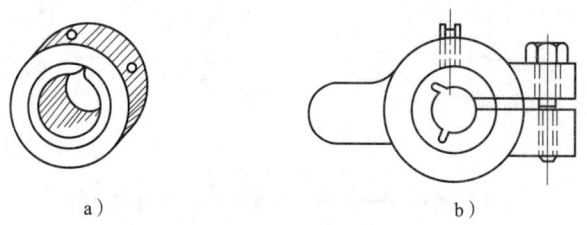

图1—4—19 研磨环

2. 圆柱外表面的研磨方法

(1)准备好研磨环。研磨外圆柱面一般是在车床或钻床上用研磨环对工件进行研磨。研磨环的内径应比工件的外径大0.025~0.05 mm,研磨环的长度一般为其孔径的1~2倍。在研磨外圆柱面时,工件可由车床或钻床带动。

(2)在工件上均匀地涂上研磨剂,套上研磨环并调整好研磨间隙(其松紧程度应以用力能转动为宜)。

(3)通过工件的旋转运动和研磨环在工件上沿轴线方向的往复运动进行研磨。一般工件转速在直径小于80 mm时为100 r/min,直径大于100 mm时为50 r/min。研磨环往复运动的速度,可根据工件上出现的网纹来控制。当出现45°交叉网纹时,说明研磨环的移动速度适宜。圆柱表面的研磨如图1—4—20所示。

(4)研磨完成后将工件取下,擦拭干净。

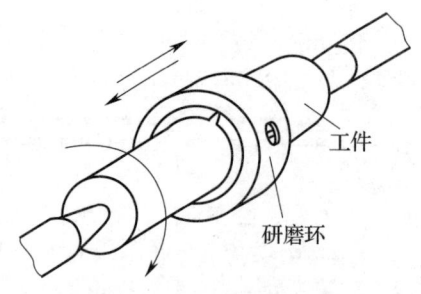

图1—4—20 圆柱表面的研磨

二、研磨圆柱内表面（孔）

1. 圆柱内表面研磨的研具

研磨棒主要用来研磨圆柱孔，有固定式和可调式两种。固定式研磨棒制造容易，但磨损后无法补偿。因此对工件上某一孔位的研磨，需要 2～3 个预先制好的有粗、半粗、精研磨余量的研磨棒来完成。固定式研磨棒如图 1—4—21a、b 所示，有槽的用于粗研，光滑的用于精研。固定式研磨棒多用于单件研磨或机修中。可调式研磨棒（见图 1—4—21c）因为能在一定的尺寸范围内进行调整，适于成批生产中工件孔位的研磨，可延长使用寿命，应用较广。

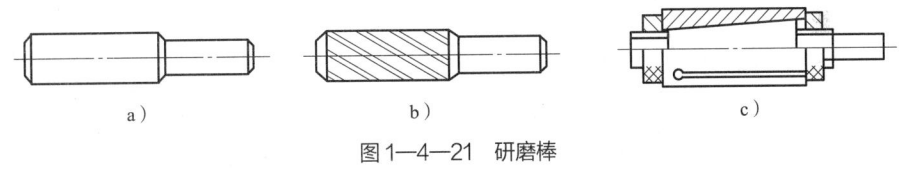

图 1—4—21　研磨棒
a) 光滑研磨棒　b) 带槽研磨棒　c) 可调式研磨棒

2. 圆柱内表面的研磨方法

（1）准备好研磨棒。内圆柱面与外圆柱面的研磨恰恰相反，是将工件套在研磨棒上进行。研磨棒的外径应比工件内径小 0.01～0.025 mm；研磨棒工作部分的长度应大于工件长度，但不宜太长，否则会影响工件的研磨精度（一般情况下，是工件长度的 1.5～2 倍）。

（2）将研磨棒夹在车床卡盘内，或两端用顶尖顶住，把工件套在研磨棒上进行研磨。

（3）研磨时应调节研磨棒与工件的松紧程度，一般以手推工件时不十分费力为宜。研磨时如工件的两端有过多的研磨剂被挤出，应及时擦掉，否则会将孔研磨成喇叭口形状。如孔口要求很高，可将研磨棒的两端用砂布磨得略小一些，避免孔口扩大。

（4）研磨后，因工件有热量，应待其冷却至室温后再进行测量。

三、研磨注意事项

（1）研磨场地的温度一般应控制在（20±5）℃。如条件有限，精度要求不很高的工件，也可在常温下进行研磨。

（2）研磨场地要求干燥，一般相对湿度在 40%～60%，避免湿度大引起工件加工表面锈蚀。

（3）注意研磨时的清洁工作，包括工作场地的空气清洁、工件及研具表面的清洁、操作者自身的清洁等。

（4）研磨场地应避免振动，防止由于振动而影响加工和测量精度。

（5）研磨过程中，研磨的压力与速度对研磨效率及质量有很大影响。压力大、速度快则研磨效率高，但压力太大、速度太快会使工件表面粗糙，工件容易发热变形。一般对较小的硬工件或粗研时，可用较大压力、较低的速度进行。

模块 2 机械装配

- 课程 2—1 零件粘接
- 课程 2—2 固定连接装配
- 课程 2—3 传动机构装配
- 课程 2—4 轴承和轴组装配
- 课程 2—5 液压传动装配
- 课程 2—6 部件和整机装配

课程设置

课程	学习单元	课堂学时
2—1 零件粘接	零件粘接	2
2—2 固定连接装配	（1）花键连接的装配与拆卸 （2）圆锥销连接的定位安装	8
2—3 传动机构装配	（1）圆锥齿轮传动机构的装配与调整 （2）蜗轮蜗杆传动机构的装配与调整	16
2—4 轴承和轴组装配	（1）滚动轴承的装配与调整 （2）对开式滑动轴承的装配与调整 （3）离合器的装配与调整	24
2—5 液压传动装配	（1）液压泵的装配 （2）液压缸的装配	24
2—6 部件和整机装配	（1）旋转体静平衡试验 （2）通用机械设备整机装配	48

课程 2—1 零件粘接

学习内容

学习单元	课程内容	培训建议	课堂学时
零件粘接	1）粘接的特点 2）胶粘剂 3）粘接的接头 4）粘接表面处理 5）零件的粘接 6）其他粘接技术	（1）方法：讲授法、讨论法 （2）重点：零件粘接 （3）难点：粘接表面处理	2

学习单元 零件粘接

粘接是利用胶粘剂把两种性质相同或不同的物质牢固地粘合在一起的连接方法。采用粘接达到修复目的的技术就是粘接修复技术。胶粘剂之所以能够把两种物质牢固地粘接在一起,主要因为胶粘剂能通过本身在被粘接材料的连接面上产生机械、物理和化学作用而具有粘附力。

粘接是连续的面际连接,可以减小应力集中,保证被粘物的强度,提高结构件的抗疲劳强度。粘接特别适用于不同材质、不同厚度,尤其是超薄材料和复杂结构件的连接。

一、粘接的特点

1. 粘接的优点

(1)粘接对材料的适应性强,既可用于各种金属、非金属的连接,也可用于金属与非金属之间的连接,不会有电化学腐蚀。

(2)粘接处外形平滑,粘接结构质量很小,特别适用于航空、航天产品。采用粘接可省去很多螺钉、螺栓等连接件,粘接比铆接、焊接减轻结构质量25%～30%。

(3)与铆接、螺栓连接相比,不需要预先钻孔。与焊接相比,不经受高温,不破坏金属材料的金相组织,不影响其力学性能,不易造成零件变形。粘接能部分代替焊接、铆接、螺栓连接和过盈连接。

(4)被连接件的连接处不需要很高的加工精度。

(5)粘接接头的应力分布均匀,应力集中较小,因此它的耐疲劳性能好。

(6)粘接接头的密封性能好,并具有耐磨蚀和绝缘等性能。

(7)粘接可用于螺纹连接防松,其可靠性优于弹簧垫圈、双螺母,可以拆卸。

(8)粘接工艺简单,设备简单,操作容易,效率高,成本低。

2. 粘接的缺点

（1）粘接接头抗剥离强度和抗冲击强度比较低，一般仅能达到金属母材强度的10%～50%。粘接接头的承载能力主要依赖于较大的粘接面积。

（2）多数粘接剂耐热性不高，使用温度低，一般长期工作温度只能在150℃以下，仅有少数可在200～300℃范围内使用。

（3）粘接接头长期与空气、热和光接触时，易老化变质。

（4）粘接质量因受多种因素影响不够稳定，而且质量难以检验及控制。

二、胶粘剂

人们一看到"胶粘剂"这三个字，首先想到的是胶水。胶水的确是胶粘剂大家族中的一员，但胶粘剂产品种类丰富，应用范围广。胶粘剂如图2—1—1所示。

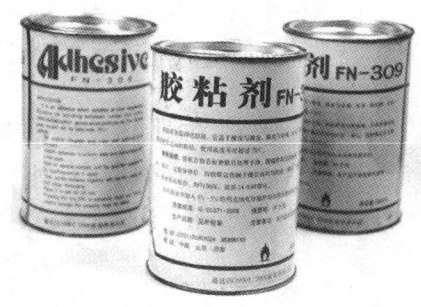

图2—1—1　胶粘剂

1. 胶粘剂的分类

胶粘剂又名粘合剂、粘接剂，俗称胶。它是能使一个物体的表面与另一物体的表面结合在一起的物质。胶粘剂可粘接各种相同或不同的材料，特别适用于粘接弹性模量与厚度反差比较大、不宜采用其他方法连接的材料，以及薄片或薄膜材料等。胶粘剂品种繁多，常见的分类有如下几种。

（1）按基料或化学成分分类。以无机化合物为基料的称无机胶粘剂，以聚合物为基料的称有机胶粘剂。

（2）按物理形态分类。有胶液［包括溶液、乳液（膜乳）、无溶剂液体］、胶糊（糊状）、胶粉、胶棒、胶膜等。

（3）按固化方式分类。有水基蒸发型、溶剂挥发型、热熔型、化学反应型、压敏型等。

（4）按受力情况分类。有结构胶粘剂和非结构胶粘剂。

（5）按用途分类。有金属、塑料、橡胶、织物、纸品、制鞋、包装、木工、建筑、机械设备、车辆制造与维修、舰船、航空航天、医疗、日用等用胶，以及特种功能胶和多用途胶。

2. 胶粘剂的组成

胶粘剂种类繁多，组成不一，但通常都是一种混合料，由基料、固化剂、促进剂、填料、增塑剂或增韧剂、稀释剂和其他辅料配合而成。

（1）基料。又称粘料、胶料或主剂，是粘接剂的基本成分，起胶粘的作用，要求有良好的粘附性和湿润性。

（2）固化剂与促进剂。固化剂又称硬化剂，是胶粘剂中最主要的配合材料。它的作用是使低分子化合物或线型高分子化合物交联成网状结构，使液态基料转变成不熔的坚固胶层，从而使粘接面具有一定的力学强度和稳定性。促进剂又称催化剂，是加速胶粘剂中树脂与固化剂反应过程，缩短固化时间，降低固化温度，以及调节胶粘剂中树脂固化加速的组分。

（3）填料。加入适量的填料，可以提高胶粘剂的粘接强度、耐热性和尺寸稳定性等性能，还可降低产品的成本。

（4）增韧剂与增塑剂。增韧剂是能够提高胶粘剂的柔韧性、改善胶层抗冲击性的物质。增塑剂是一种高沸点液体或低熔点固体化合物，与基料有混容性，但不参加固化反应，能增加胶液的流动性，有利于浸润和扩散。

（5）稀释剂。稀释剂是用于降低胶粘剂黏度，增加流动性，便于涂胶操作的物质。稀释剂可分为活性与非活性两类。

（6）其他辅料。又称其他助剂。为了改善胶粘剂的某一性能，有时还要加入一些特定的其他添加剂。如为了提高耐大气老化性，常在基料中加入防老剂；为了提高胶粘剂和被粘物表面的粘接力，通常加入少量偶联剂；为了提高原来不粘或难粘的材料之间的胶接强度，加入增粘剂；为使胶层不易燃烧，加入阻燃剂；为防止细菌霉变，加入防霉剂；有时还加入染料或颜料等着色剂，可以改善胶粘剂的色调。

3. 胶粘剂的选择

胶粘剂的基本功能，是涂覆在被粘物表面间使被粘物连接起来。在粘接时，首先要考虑从不同类型的胶粘剂中挑选适宜的胶粘剂。如果仅凭使用者早先的经验，而不考虑粘接件的所有条件、要求，那么将可能得不到最适宜的制品粘接件，这就提出了根据什么标准来挑选胶粘剂的问题。

（1）熟悉胶粘剂的性能。选择胶粘剂，其性能是重要依据。不同类型的胶粘剂，由于性能不同，所以用途也大相径庭。只有认真了解、熟悉胶粘剂各项性能指标，才能更好地选用胶粘剂。

（2）清楚被粘物的性质，依据被粘物的具体特性去选择合适的胶粘剂。

（3）明确粘接的用途和目的（连接、紧固、密封、耐油等），以便做到有的放矢。

（4）注意胶粘剂使用时的工作条件。胶粘剂都需在一定条件下使用，为此在选择时，应注意其温度、湿度、化学介质等要求，具体可参见相关产品说明。

（5）考虑工艺实施的可能性。不同的胶粘剂需要不同的工艺条件，选用时，必须考虑工艺条件是否允许，尤其是现场维修中。例如，连续生产的流水线上，为减少停机损失，一般不允许有很长的固化时间，这时就需要选用快速固化的胶粘剂；又如，对于大型设备、易燃易爆场合、野外作业等情况，因加热困难，无法实现高温固化，这时就不宜选用高温固化胶粘剂。

（6）尽量兼顾经济性。由于不存在能满足所有材料、所有应用条件和所有粘接条件的万能胶粘剂，所以经常需要将所期望的粘接性能及所要求的粘接条件折中一下。对每种粘接件，要判定哪些性能或条件是最重要的，哪些是不重要的。在保证性能的前提下，尽量选用经济的胶粘剂。

三、粘接的接头

1. 搭接粘接接头的形式

通常接头类型有单面搭接、下陷式搭接、斜棱形单面搭接、切口斜接、单面盖板搭接、单面斜棱形盖板搭接、双面盖板搭接、双面斜棱形盖板搭接等，如图2—1—2所示。

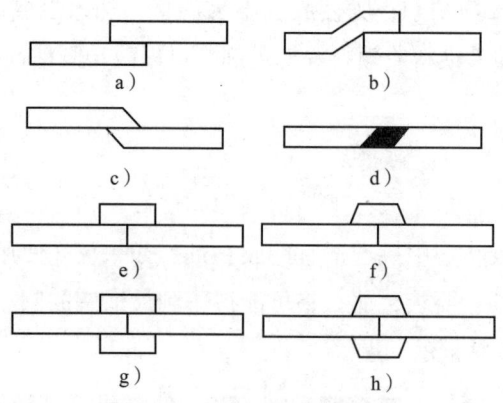

图2—1—2 搭接粘接接头的形式

a）单面搭接 b）下陷式搭接 c）斜棱形单面搭接 d）切口斜接 e）单面盖板搭接
f）单面斜棱形盖板搭接 g）双面盖板搭接 h）双面斜棱形盖板搭接

2. 粘接接头设计

粘接接头设计是指粘接部位尺寸大小和几何形状的设计。与高强度的被粘材料相比，胶粘剂的力学强度一般要小得多。为了使粘接接头的强度与被粘物的强度有相同的数量级，保证粘接成功，必须根据接头承载特点认真地选择接头的几何形状和尺寸大小，设计合理的粘接接头。

粘接接头设计的一般原则如下：

（1）力求使粘接接头与被连接件等强度。

（2）尽可能使接缝胶层承受剪切力和拉伸力，避免承受剥离力和弯曲力。

（3）合理地增大粘接面积，以提高接头部位的承载能力。在一定范围内，增加搭接宽度优于增加搭接长度。

（4）对有机胶接头表面粗糙度以 $Ra2.5 \sim 6.3\ \mu m$ 为宜，对无机胶接头表面粗糙度以 $Ra25 \sim 100\ \mu m$ 为宜。

（5）薄而均匀的胶层接头抗剪强度高。

四、粘接表面处理

粘接强度取决于附着力和凝聚力。附着力是胶粘剂层对被连接表面的粘合强度，它可通过表面处理来提高。而凝聚力是粘接层的强度，为已固化胶粘剂分子间的粘合力的总和，粘接剂的凝聚力来自粘接剂自身的分子间和原子间的作用力。粘接接头的强度不会大于这两个影响因素中的较弱者，因此，粘接接头必须尽量使附着力和凝聚力彼此接近。当附着力大于凝聚力时，承载时粘接接头的破裂将发生在粘接层。当凝聚力大于附着力时，粘接接头的破坏形式是粘接层完整无缺而整体地从被连接材料上脱开。当附着力和凝聚力相等时，就会产生良好的粘接接头。

通过表面处理去除材料表面影响粘接强度的面层，使胶粘剂和被粘接零件表面分子间的接触得到优化，并通过增加粘接表面的粗糙度，提高粘接接头的机械锁固程度；通过表面处理还可以在粘接操作开始前保护被粘接表面。

粘接表面处理方法随被粘材料及对接头的强度要求而异。对金属材料表面，可通过溶剂、碱液或超声波等方法进行除油脱脂，通过手工除锈、喷砂除锈等机械除锈法、化学或电化学除锈法去除锈蚀和氧化皮。若要进一步提高粘接强度，还可以对金属表面进行化学活化处理，使表面呈现高表面能状态。对非金属材料，可通过机械法处理、物理处理（如火焰、电晕、等离子处理等）、化学处理、辐射接枝等，除去表面污物及疏松层，增加表面积，提高表面能，改善表面性质，以提高粘接质量。

五、零件的粘接

金属零件粘接的一般工艺规程是：确定接头—选择胶粘剂—表面处理—配胶—涂胶—晾置—叠合—清理—初固化—固化—后固化—检查—整修。

1. 确定接头

在粘接金属件时，工件的接头形式对粘接强度有很大影响。在选择粘接接头形式时，必须考虑粘接技术结构设计的特殊要求，使粘接接头能发挥其最佳粘接强度，能尽可能大地承受和传递载荷，并应尽量避免应力集中，减少产生剥离、劈开和弯曲的可能性。因此，粘接结构必须设计成只承受剪切载荷、压缩载荷和拉伸载荷，而要避免承受偏心拉伸载荷、剥离载荷和劈裂载荷。

2. 配胶

配胶质量直接影响胶接件的胶接性能，必须准确称取各成分的质量（误差不超过5%）。胶粘剂配制量应根据涂敷量确定，且在活性期内用完。配制过程中，应由专人负责，做好详细的批号、质量、配胶温度及其他工艺参数记录，胶液必须搅拌均匀。

3. 涂敷

涂敷前可通过稀释降低胶粘剂黏度改善胶液涂敷性，但会延长胶接周期，使固化时间延长，甚至导致固化不便而影响胶接质量；添加填料，可提高胶液黏度和胶接强度等；如果配制时气温降低，可以采用水浴加热或烘和预热的办法使搅拌均匀，便可降低胶液自身的黏度。

（1）常用涂敷方法。

1）刷涂法。一般用于使胶粘剂涂于复杂形状的被粘接物上，或者用于表面的局部区域而无须使用遮盖物将其余部位盖住。这种方法的优点是易于掌握，投资很小，可使用在任何场合。其缺点是胶粘剂膜宽度不易控制，膜厚度不均且会起泡，易造成胶粘剂溢出和剩余胶粘剂干结。一般通过刷柄向刷子提供胶粘剂，并通过压力容器与储存器连接起来。为防止工作间休息时胶粘剂干结，必须将刷子放在溶剂的上方，且最好是封闭的地方。建议涂敷稀薄的胶粘剂时,使用软的长毛刷;涂敷稠厚的胶粘剂时,使用硬的短毛刷。

2)刀刮法。将胶液倒在胶接表面上,用平刀片或玻璃棒制胶,胶层厚度凭经验来控制。这种方法的涂敷质量不够稳定,只能在平面胶接面上施工。

3)滚涂法。这是用胶辊使胶接件均匀地涂上胶液的方法。调节胶辊间隙或压力可以控制胶层厚度,胶辊越光滑,胶层越均匀、越薄。

4)喷涂法(静电喷涂法)。在高压静电场内,使带电胶液从喷枪的放电边缘落在胶接面上。胶液黏度控制在 $15 \sim 40 \ Pa \cdot s$;胶液具有介电性,体积电阻为 $10^6 \sim 10^7 \ \Omega \cdot cm$。此法可保证胶层厚度一致,胶液损失小。

5)熔融法。将热熔胶加热进行刷涂。

(2)涂敷胶粘剂时的常见错误。

1)零件清洗不干净,或零件清洗后保存不当。

2)设计粘接接头时,没有将其他载荷转换成剪切载荷。

3)胶粘剂的抗剥离强度不足,所以不适用于有缝隙的场合。

4)认为"表面越大,强度也越高",往往胶粘剂粘合表面过大,导致浪费和无效粘接。

5)未向胶粘剂供应商充分咨询,或充分注意使用说明,导致使用不当。

6)对于粘接材料的膨胀系数估计不足。

7)对于载荷估计过高,以致设计过于复杂,提高成本。

8)对于操作者的实际能力估计过高。

9)对于水蒸气的影响估计过低。

(3)涂敷胶粘剂时的安全注意事项。胶粘剂中含有使一些人过敏的物质,在操作胶粘剂时应避免胶粘剂接触操作者皮肤,避免吸入胶粘剂的挥发气体。因此,必须在防护、安全等方面采取一些预防措施,主要有以下方面:

1)在开始工作前彻底清洗双手,并涂抹防护膏。

2)每次工休前要清洗双手。

3)当胶粘剂溅到皮肤上后,必须用微温的肥皂水或专用的清洗膏尽快将其清洗掉。严禁使用涂胶稀释剂、溶剂或其他易使皮肤脱脂的物品。

4)使用一次性纸巾。

5)手工混合胶粘剂时,应使用纸质混合杯和抹刀,使用后应将其废弃。

6)工作台上要用清洁纸张覆盖,并定期换用新纸。

7)工作室应装有排气装置,必要时装有强制式排气装置。

8)穿工作服,戴防护眼镜。

9)定期更换工作服。

10)经常保持工具清洁。

4. 晾置

溶剂型胶粘剂涂胶后需晾置,其目的是使溶剂挥发,黏度增大,促进固化。对于无溶剂的环氧胶粘剂,一般无须晾置,涂胶后即可叠合。

5. 粘合

粘合是将涂胶后或适当晾置的已粘胶表面叠合在一起的过程。粘合后适当按压、锤压或滚压,以赶出空气,使胶层密实。粘合后以挤出微小胶圈为好,表示不缺胶。如果发现有缝隙或缺胶应补胶填满。

6. 固化

固化是使胶粘剂通过溶剂挥发、熔体冷却、乳液凝聚的物理作用,或因交联、缩聚、加聚的化学作用变为固体并具有一定强度的过程。固化方法分室温固化和加热固化两种。

工业上常用的固化设备有三种:热压机,由加热平台传递压力和热量,适用于平面零件的固化;热压罐,由空气传递热量和压力,适用于大型复杂制品的固化;固化专用夹具,适用于特定部件的粘接固化。

六、其他粘接技术

橡胶与钢管之间的粘接,是以普通钢管作为钢架材料,以耐磨、防腐、耐热等性能优异的橡胶作为衬里层,将金属特性和橡胶特性合二为一。

表面粘涂技术是指以高分子聚合物与特殊填料(如石墨、二硫化钼、金属粉末、陶瓷粉末和纤维)组成的复合材料胶粘剂涂敷于零件表面,实现特定用途(如耐磨、抗蚀、绝缘、导电、保温、防辐射等)的一种表面工程技术。表面粘涂技术是由粘接技术发展而来。粘接主要是通过胶粘剂实现各种零件的连接,表面粘涂则是指通过特种胶粘剂在零件表面形成功能涂层。

课程 2—2 固定连接装配

学习内容

学习单元	课程内容	培训建议	课堂学时
（1）花键连接的装配与拆卸	1）花键连接的组成 2）花键的类型和特点 3）花键连接的强度计算 4）花键的公差与配合	（1）方法：讲授法、演示法、练习法 （2）重点：花键连接的装配	4
（2）圆锥销连接的定位安装	1）销的基本形式 2）销连接的应用 3）销的标准代号	（1）方法：讲授法、演示法、练习法 （2）重点：圆锥销连接的装配 （3）难点：圆锥销连接的配钻、配铰	4

学习单元 1 花键连接的装配与拆卸

键是用来连接轴和轴上零件，用于周向固定以传递转矩的一种机械零件。它有结构简单、工作可靠、装拆方便等优点，因此获得广泛应用。根据结构特点和用途不同，键连接可分为松键连接、紧键连接和花键连接，如图 2—2—1 所示。

一、花键连接的组成

花键连接由内、外花键组成。外花键是带有多个键齿的轴（见图 2—2—2a），内花键是带有多个键槽的毂孔（见图 2—2—2b），两零件上的键齿在圆周上均匀分布且齿数相同，是传递转矩或运动的同轴偶件，如图 2—2—2c 所示。

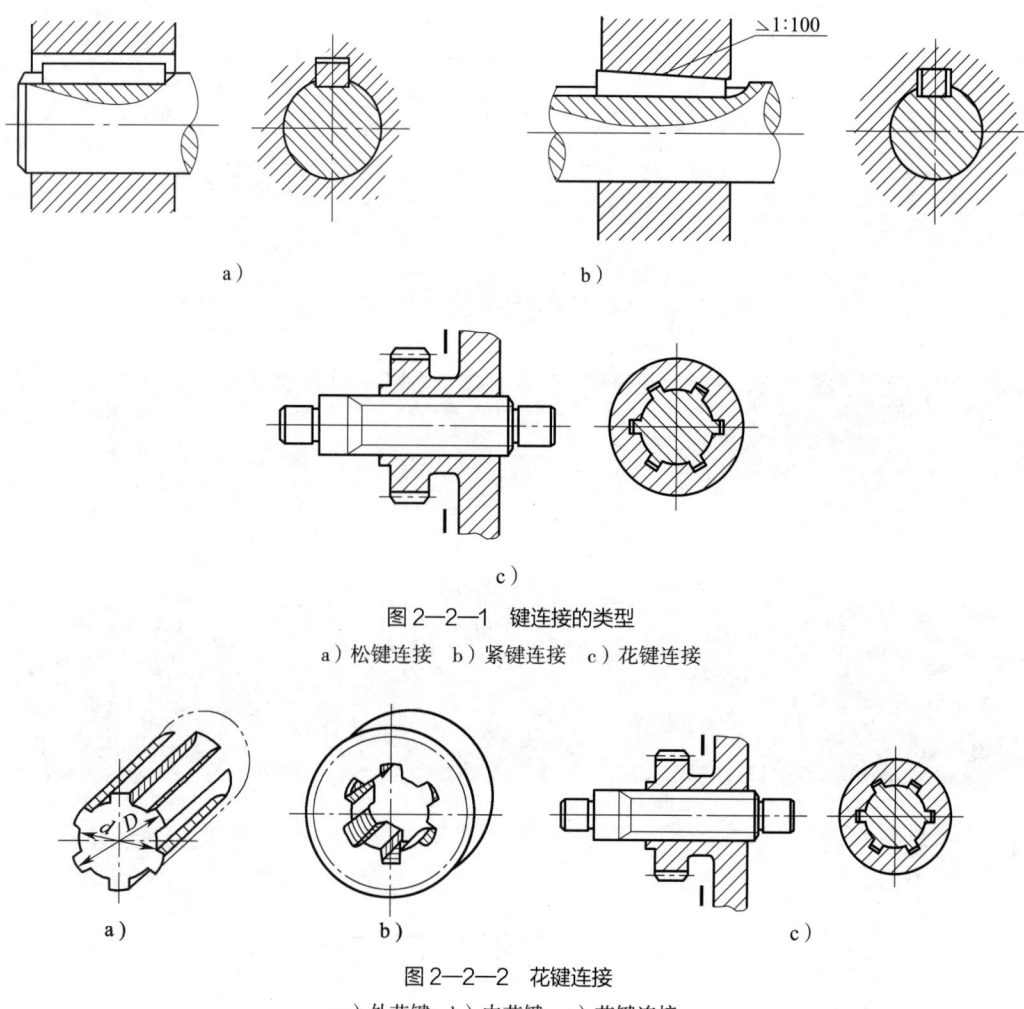

图 2—2—1 键连接的类型
a）松键连接 b）紧键连接 c）花键连接

图 2—2—2 花键连接
a）外花键 b）内花键 c）花键连接

二、花键的类型和特点

按工作方式分，花键连接有静连接和动连接两种，动连接主要用于滑移齿轮变速机构。按齿廓形状分，花键可分为矩形花键和渐开线花键两类（见图 2—2—3），均已标准化，矩形花键加工方便，应用更广泛。

花键连接由于花键齿均匀分布且键槽较浅，因而具有定心性好、导向性好、承载能力强等优点；而且由于键槽深度较小，故齿根处的应力集中较小，对轴和毂的强度削弱少。但花键加工需要专门的设备和工具，故成本高。因此，花键连接适用于定心精度要求高、载荷大或经常滑移的连接。

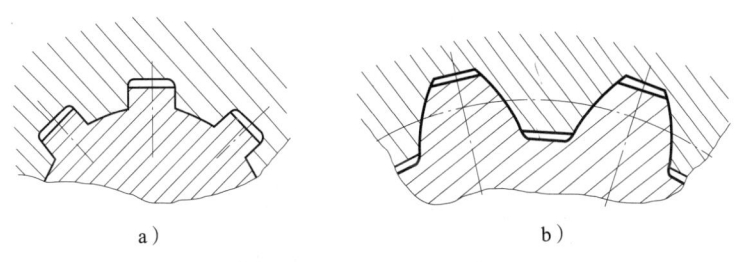

图 2—2—3 花键种类
a）矩形花键　b）渐开线花键

1. 矩形花键

矩形花键（见图 2—2—3a）的齿廓为矩形，加工容易，承载能力强，应力集中较小，应用广泛，如用于航空发动机、汽车、燃气轮机、机床、工程机械、农业机械及一般机械传动装置等。

矩形外花键可用铣削加工制成，内花键一般用拉削或插削加工制成。

矩形花键配合的定心方式有内径定心、外径定心和键侧定心三种方式，如图 2—2—4 所示。内径定心方式定心精度高，稳定性好，配合面均要研磨，磨削消除热处理变形，应用广泛。

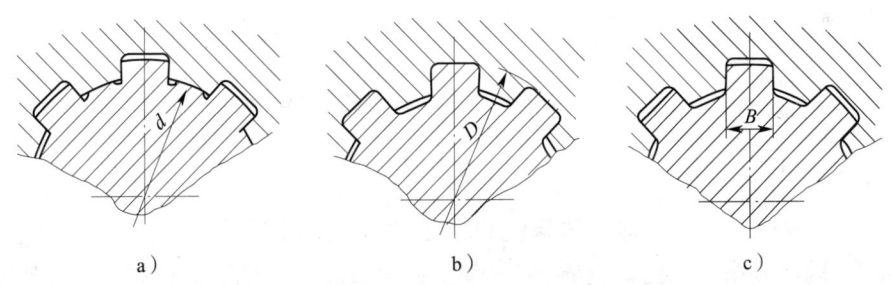

图 2—2—4 矩形花键连接的定心方式
a）内径定心　b）外径定心　c）键侧定心

矩形花键的标注代号按顺序表示为键齿数 N、小径 d、大径 D、键齿（键槽）宽 B，其各自的公差带代号或配合代号标注在各公称尺寸之后。

例如：某矩形花键连接，键数 $N=8$；小径 $d=40$ mm，配合为 H6/f6；大径 $D=54$ mm，配合为 H10/a11；键齿（键槽）宽 $B=9$ mm，配合为 H9/d8。其标注如下：

花键规格：$N \times d \times D \times B$——$8 \times 40 \times 54 \times 9$。

花键副：在装配图上标注花键规格和配合代号 8×40（H6/f6）$\times 54$（H10/a11）$\times 9$（H9/d8）。

内花键：在零件图上标注花键规格和尺寸公差带代号 8×40H6×54H10×9H9。
外花键：在零件图上标注花键规格和尺寸公差带代号 8×40f6×54a11×9d8。

2. 渐开线花键

渐开线花键（见图2—2—5）的齿廓为渐开线，受载时齿上有径向分力，能起自动定心作用，有利于各齿均载。渐开线花键可利用加工齿轮的设备及刀具进行加工，制造精度高，互换性好，应用于航空发动机、燃气轮机、汽车等。

渐开线花键的分度圆压力角有30°（见图2—2—5a）和45°（见图2—2—5b）两种。压力角为30°的渐开线花键，齿根强度高，应力集中小，易于定心，适用于传递转矩较大的场合。压力角为45°的渐开线花键，由于齿比较小，对连接件的削弱较小，但承载能力较低，故多用于轻载和直径较小的静连接，特别适用于轴和薄壁零件的连接。

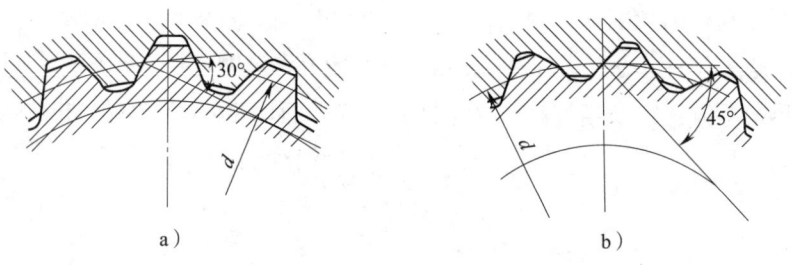

图2—2—5 渐开线花键
a）30°渐开线花键 b）45°渐开线花键

渐开线花键的标注，应符合表2—2—1的规定。

表2—2—1 渐开线花键的标注（GB/T 3478.1—2008）

内花键	INT
外花键	EXT
花键副	INT/EXT
齿数	z（前面加齿数值，如25z表示齿数为25）
模数	m（前面加模数值，如3m表示模数为3 mm）
30°平齿根	30P
30°圆齿根	30R
37.5°圆齿根	37.5

续表

45°圆齿根	45
45°直线齿形圆齿根	45ST
公差等级	内花键：H（前面加公差等级，如6H：基本偏差H，公差等级6级） 外花键：k、js、h、f、e或d（前面加公差等级）
标准编号	GB/T 3478.1—2008

例如，某渐开线花键连接，齿数 z=20，模数 m=2.5；内花键为45°直线齿形圆齿根，公差等级为6级；外花键为45°渐开线齿形圆齿根，公差等级为7级；配合类别为H/h。其标注如下：

花键副：INT/EXT 20z × 2.5m × 45ST × 6H/7h GB/T 3478.1—2008

内花键：INT 20z × 2.5m × 45ST × 6H GB/T 3478.1—2008

外花键：EXT 20z × 2.5m × 45 × 7h GB/T 3478.1—2008

三、花键连接的强度计算

1. 失效形式

（1）静连接：键齿压溃。

（2）动连接：工作面磨损。

2. 强度计算

假定载荷在键的工作面上均匀分布，且压力的合力 F 作用在平均直径 d_m 处（见图2—2—6），并引入载荷分布不均匀系数 ψ（0.7 ~ 0.8），则花键连接的强度校核公式为：

静连接

$$\sigma_p = \frac{2\,000T}{zlhd_m\psi} \leq [\sigma_p] \quad (2—1)$$

动连接

$$P = \frac{2\,000T}{zlhd_m\psi} \leq [P] \quad (2—2)$$

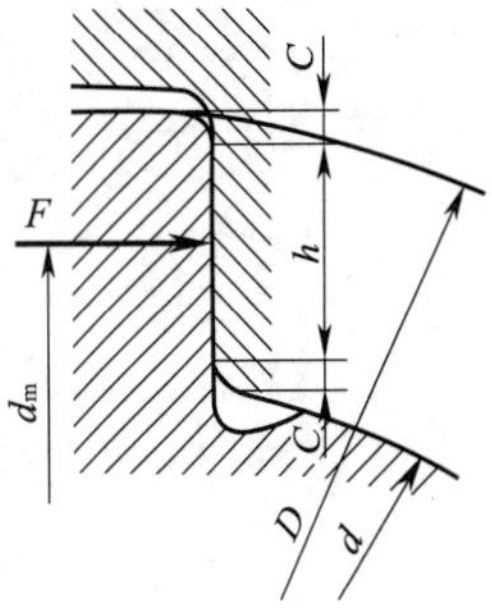

式中　T——传递转矩，N·m；

　　　z——花键齿数；

图2—2—6　花键受力分析

l——键齿工作长度，mm；

d_m——花键的平均直径，mm；

ψ——载荷分布不均匀系数；

h——键齿侧面工作高度 [$h=(D-d)/2-2C$]，mm；

C——齿顶倒圆半径；

D、d——大、小径。

四、花键的公差与配合

内花键和外花键的尺寸公差带见表2—2—2。

表2—2—2 内花键和外花键的尺寸公差带（GB/T 1801—2009）

内花键				外花键			装配形式
d	D	\multicolumn{2}{c}{B}	d	D	B	
		拉削后不热处理	拉削后热处理				
\multicolumn{8}{c}{一般用}
H7	H10	H9	H11	f7	a11	d10	滑动
				g7		f9	紧滑动
				h7		h10	固定
\multicolumn{8}{c}{精密传动用}
H5	H10	H7, H9		f5	a11	d8	滑动
				g5		f7	紧滑动
				g5		h8	固定
H6				f6		d8	滑动
				g6		f7	紧滑动
				h6		h8	固定

注：（1）精密传动用的内花键，当需要控制键侧配合间隙时，槽宽可选H7；一般情况下可选H9。

（2）d为H6和H7的内花键，允许与提高一级的外花键配合。

【综合实训一】

花键连接的装配

一、操作准备

1. 材料准备

清洗零件用的煤油或柴油，润滑用的润滑油。

2. 工具准备

锤子或铜棒，修毛刺用的锉刀。

二、装配要求

1. 花键静连接的装配

（1）清理花键轴和套件花键孔内的污物和毛刺，并用煤油或柴油清洗待装配的零件，并加注润滑油。

（2）当配合过盈量较小时，可用铜棒将套件敲至花键轴上，敲套件时要注意用力均匀，不使其偏斜，以防将配合表面拉伤。

（3）当配合过盈量较大时，应采用热装方法进行装配。具体方法是把套件放入80～120℃的热油中加热，待达到热平衡时迅速将套件取出擦净，然后将套件套入花键轴的正确位置。

2. 花键动连接的装配

（1）清理花键轴和套件花键孔内的污物和毛刺，并用煤油或柴油清洗待装配的零件。

（2）装配后应能滑动自如。

（3）外花键装配前须用油石将棱边倒角，内花键经试装后须用油石或整形锉进行修整。

（4）采用涂色法进行修整，将齿轮夹在台虎钳上，双手托起外花键，对准伸入内花键中，找到配合误差最小的位置，同时在齿轮和外花键端面做出标记，以后须按此标记位置装配，不得误装。拉出外花键后，在齿轮内花键表面涂色，再将外花键用锤子轻轻敲入退出轴后，根据色斑分布状况来修整键槽两侧，反复数次直到合格为止。

（5）将花键轴和套件清洗干净，加润滑油后将套件装到花键轴上。

三、操作步骤

（1）根据花键连接装配图，了解装配关系、技术要求和配合性质。

（2）可选择花键推刀（见图 2—2—7），也可用涂色法检查，而后用油石或整形锉进行修整。

（3）将花键推刀的前端（锥体部分）塞入花键孔中，并用铜棒敲击花键推刀的柄部，使花键推刀的轴线与花键孔的轴线保持一致，满足垂直度要求，如图 2—2—8 所示。

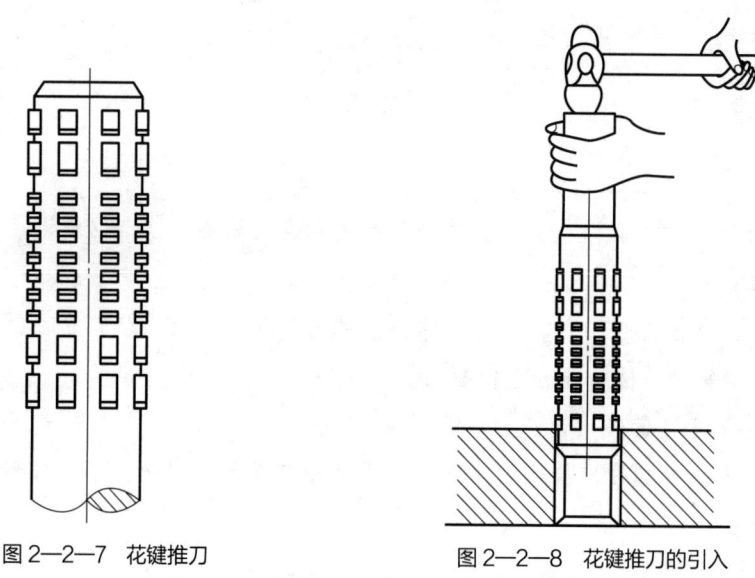

图 2—2—7　花键推刀　　　　　图 2—2—8　花键推刀的引入

（4）把装有花键推刀的花键放在压力机的工作台中间，将花键孔与工作台的孔对齐，按下压力机的启动按钮，将花键推刀从花键孔的上端面压入，从下端面压出，如图 2—2—9 所示。

（5）将花键推刀转换一个角度，再次从花键孔的上端面压入，从下端面压出，重复 2～4 次，使花键孔达到要求。

（6）将花键轴的花键部位与花键装配，并来回抽动花键轴，要求滑动自如，但又不能有晃动现象，如图 2—2—10 所示。

（7）如有阻滞现象，应在花键轴上涂红丹粉，用铜棒敲入，以检查接触点。

（8）用刮削的方法将接触点刮去，刮削 1～2 次，使花键轴达到要求。

（9）将花键轴清洗、加油并装入花键内。

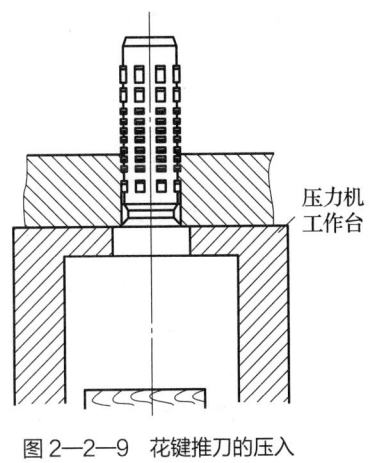
图2—2—9 花键推刀的压入

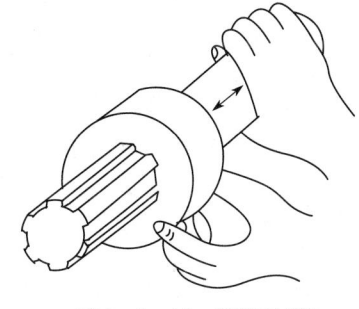
图2—2—10 花键的试装

四、注意事项

（1）花键的键齿在圆周上是均匀分布的，如果制造精度足够高，无论哪个方向装配，都能够顺利装入。但往往由于制造误差，键齿在圆周上的分布并不是完全对称的，所以在装配时应该选择一个最合适的方位装入，特别是有滑移要求的动连接花键。

（2）花键连接装配后，应检测花键轴与套件的同轴度和垂直度误差。

【综合实训二】

花键连接的拆卸

一、操作准备

1. 材料准备

清洗零件用的煤油或柴油，润滑用的润滑油。

2. 工具准备

锤子或铜棒，拉卸工具。

二、拆卸要求

1. 花键静连接的拆卸

（1）清理花键连接装配件上的污物。

（2）当配合过盈量较小时，使用拉卸工具，以防损坏花键。

(3)当配合过盈量较大时,可用铜棒将花键轴从套件中敲出。敲花键轴时要注意用力均匀,不使其偏斜,以防将配合表面拉伤。

2. 花键动连接的拆卸

(1)清理花键连接装配件上的污物。

(2)外花键和内花键多为间隙配合,可用铜棒将花键轴从套件中敲出。敲花键轴时要注意用力均匀,不使其偏斜,以防将配合表面拉伤。

三、操作步骤

(1)根据花键连接装配图,了解装配关系、技术要求和配合性质。

(2)可选择拉卸工具或铜棒进行拆卸。

(3)将齿轮夹在台虎钳中,用铜锤敲击花键轴柄部,使花键轴的轴线与套件的轴线保持一致。敲击时要注意用力均匀,不使其偏斜,以防将配合表面拉伤。

敲击时如有阻滞现象,应调整花键轴与套件轴线的同轴度,切不可硬敲。

(4)将花键轴、套件清洗、去毛刺,待干燥后涂上机油,防止生锈。

四、注意事项

花键连接拆卸后,应检查花键轴与套件的质量及误差。

五、花键的修复

1. 花键磨损的修复

花键磨损会造成间隙过大,可采用镀铬的方法增大花键齿的齿宽,然后用铣削或磨削的方法使花键达到技术要求。当花键磨损严重时,要用堆焊方法加厚花键齿,然后再用铣削或磨削的方法使花键达到技术要求。

2. 花键损坏的修复

当花键局部损坏时,可采用堆焊的方法修复,即先在损坏处堆焊,然后进行热处理,最后采用铣削或磨削的方法使其达到技术要求。

注意用堆焊法修复花键时,焊层不能太厚,否则将增加铣削或磨削的工作量。

学习单元 2　圆锥销连接的定位安装

一、销的基本形式

销按外形不同主要有圆柱销和圆锥销两种，如图 2—2—11 所示。其他形式的销都是由它们演化而来的。销是标准件，其规格用直径和长度表示，在使用时，按标准选择其形式和规格尺寸即可。销的制造材料通常是软钢，如 08F、Y15 等；对于要求比较高、受力较大的销，会使用中碳钢或弹簧钢，如内燃机的活塞销。

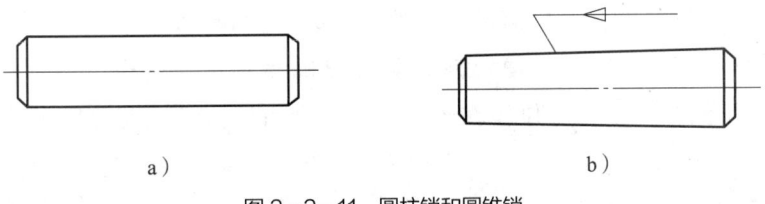

图 2—2—11　圆柱销和圆锥销
a）圆柱销　b）圆锥销

根据使用场合和具体情况的不同，销会有一些不同的细节结构，如为了减轻质量的空心销、具有弹性的圆柱销、为拆卸方便带有内螺纹的圆柱销或圆锥销等，如图 2—2—12 所示。

图 2—2—12　弹性圆柱销和带内螺纹孔的圆柱销
a）弹性圆柱销　b）带内螺纹孔的圆柱销

二、销连接的应用

销连接的应用有定位、连接和作为安全销三种形式，如图2—2—13所示。

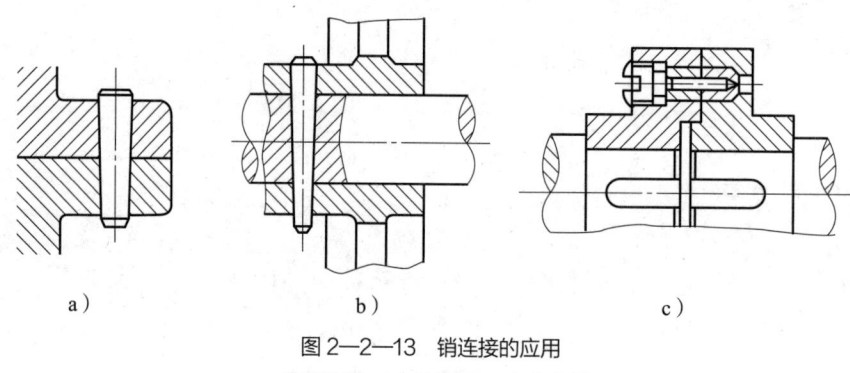

图2—2—13 销连接的应用
a）定位销 b）连接销 c）安全销

1. 定位销

用来确定零件之间相互位置的销，通常称为定位销。定位销常采用圆锥销，因为圆锥销具有1:50的锥度，使连接具有可靠的自锁性，且多次装拆也不影响连接零件的相互位置精度。定位销在连接中一般不承受或只承受很小的载荷。定位销的直径可按结构要求确定，使用数量不少于两个。圆柱销用于定位时，多次装拆会降低连接的可靠性和影响定位精度，因此多用于不经常拆卸的定位连接中。

2. 连接销

用来传递动力或转矩的销称为连接销，可采用圆柱销或圆锥销，销孔应经铰制。连接销工作时受剪切和挤压作用，其尺寸应根据结构特点和工作情况按经验和标准选取，必要时应做强度校核。

3. 安全销

当传递的动力或转矩过载时，用于连接的销首先被剪断，从而保护被连接零件免受损坏，这种销称为安全销。销的尺寸通常以过载20%~30%时即折断为依据确定。使用时，应考虑销切断后不易飞出和易于更换，因此，必要时可在销上切出槽口。

通常在实际应用中还会见到一种销——开口销（见图2—2—14），外形像发卡。这种销一般不能传递动力，也不用于定位，主要用于防松结构。

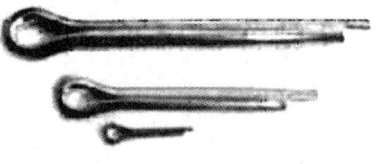

图2—2—14 开口销

三、销的标准代号

销是标准件，在国家标准中对各种形式的销都有规定的标准。如 GB/T 91—2000 用于开口销，GB/T 117—2000 用于圆锥销，GB/T 118—2000 用于内螺纹圆锥销，GB/T 119.1—2000 用于圆柱销等。

例如："销 B10×50 GB/T 119—2000"，表示公称直径 10 mm、长 50 mm 的 B 型圆柱销；"销 A10×60 GB/T 117—2000"，表示公称直径 10 mm、长 60 mm 的 A 型圆锥销。

【综合实训一】

圆锥销连接的装配

一、工作准备

1. 材料准备

圆锥销、机油、清洗零件用的煤油或柴油。

2. 工具准备

锤子和铜棒，锥铰刀和铰杠，钻头。

3. 设备准备

手电钻或台式钻床。

二、工作步骤

（1）首先将被连接件找正并固定在一起。

（2）按销的小端直径选择钻头，将两被连接件钻孔。如果是盲孔，应注意钻孔深度比销的长度略长一些。

（3）配铰两个定位销孔。注意铰孔直径的大小，以锥销长度的 80% 左右能自由插入为宜。

（4）清洁销孔和锥销，将销用铜棒敲入或用锤子加垫块敲入，如图2—2—15所示。装配前可在配合面上加少许机油。

（5）检查装配后的高度，以锥销的大端（倒角部分）可稍露出或与被连接件相平为准，如图2—2—16所示。

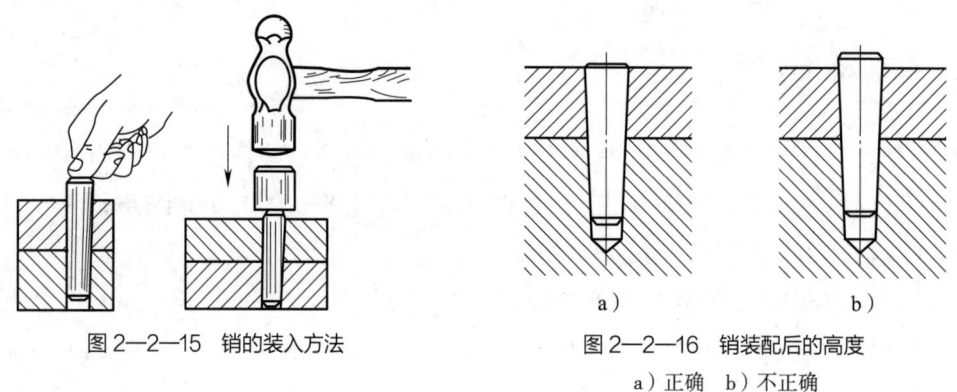

图2—2—15　销的装入方法　　　　图2—2—16　销装配后的高度
　　　　　　　　　　　　　　　　　　　　　a）正确　b）不正确

三、注意事项

通过圆锥销定位时，通常要求销装入被连接件并按规定力度打紧后，销应与被连接件表面基本平齐，高出部分不超过销的倒角大小。为保证这一要求，配铰时应特别注意所铰锥孔的直径大小，即控制锥铰刀铰入的深度。另外，被连接的材料不同，其变形量也不同，在试配时自由插入后预留的长度也应不同，塑性材料留多些，脆性材料留少些。

【综合实训二】

销连接的拆卸

一、工作准备

1. 材料准备

销连接装配件、机油、清洗零件用的煤油或柴油。

2. 工具准备

锤子和铜棒、拔销器、扳手等。

二、工作步骤

销连接的拆卸方法如图2—2—17所示。

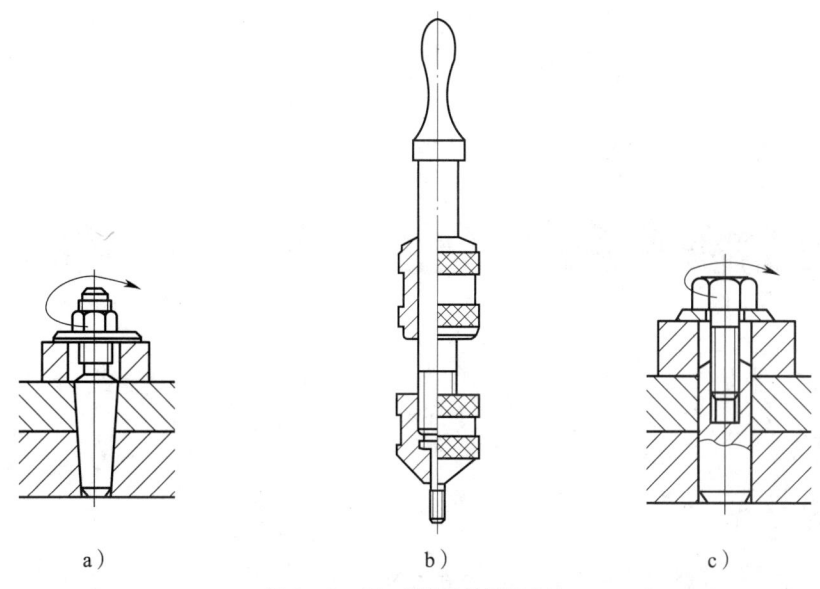

图2—2—17 销连接的拆卸方法

（1）拆卸普通圆柱销和圆锥销时，可用锤子和冲棒轻轻敲击（圆锥销从小端向大端敲击）的方法。

（2）带螺纹的圆锥销拆卸方法一般有两种，一种是用带有内螺纹拔销头的拔销器拔出，另一种是用螺母旋入拔出。

（3）带内螺纹的圆锥销可用拔销器或螺栓直接拔出。

课程 2—3　传动机构装配

学习内容

学习单元	课程内容	培训建议	课堂学时
（1）圆锥齿轮传动机构的装配与调整	1）圆锥齿轮传动的特点和应用 2）圆锥齿轮传动机构的装配 3）圆锥齿轮传动机构的调整	（1）方法：讲授法、讨论法 （2）重点：圆锥齿轮传动机构装配 （3）难点：圆锥齿轮传动机构调整	8
（2）蜗轮蜗杆传动机构的装配与调整	1）蜗轮蜗杆传动的特点和应用 2）蜗轮蜗杆传动机构的装配 3）蜗轮蜗杆传动机构的调整	（1）方法：讲授法、练习法、讨论法 （2）重点与难点：蜗轮蜗杆传动机构装配	8

■ 学习单元1　圆锥齿轮传动机构的装配与调整

一、圆锥齿轮传动的特点和应用

1. 圆锥齿轮传动的特点

圆锥齿轮传动用于传递两相交轴之间（多为 $\Sigma=90°$）的运动和动力。圆锥齿轮的轮齿分布在圆锥面上，有直齿、斜齿和曲齿三种，其中直齿圆锥齿轮应用最为广泛，如图 2—3—1 所示。

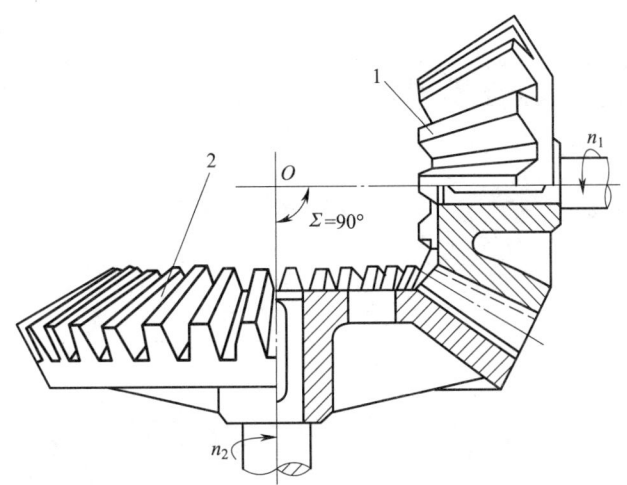

图 2—3—1　圆锥齿轮传动用于两相交轴之间的传动
1—主动齿轮　2—从动齿轮

圆锥齿轮的轮齿分布在截圆锥上，齿形由大端到小端逐渐减小。直齿圆锥齿轮传动的几何尺寸以大端为准，大端模数为标准模数。直齿圆锥齿轮几何尺寸如图 2—3—2 所示。

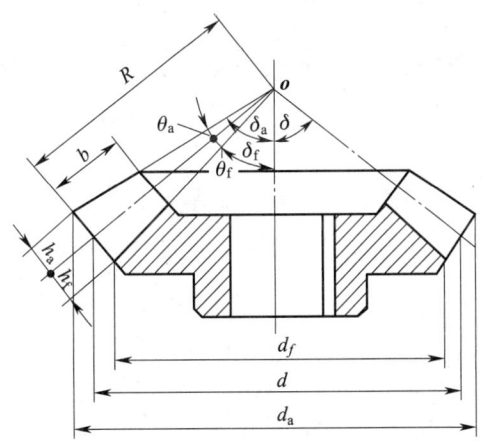

图 2—3—2　直齿圆锥齿轮几何尺寸

（1）基本参数。规定大端参数为标准值 m、z、α、h_a、c、δ，见表 2—3—1。

表 2—3—1　直齿圆锥齿轮基本参数

名称	符号	计算公式及参数选择
大端模数	m	按 GB/T 12368—1990 取值
传动比	i	$i=z_2/z_1=\tan\delta_2=\cot\delta_1$

续表

名称	符号	计算公式及参数选择
分度圆锥角	δ_1、δ_2	$\delta_2=\arctan(z_2/z_1)$，$\delta_1=90°-\delta_2$
齿顶高	h_a	$h_a=m$
齿根高	h_f	$h_f=1.2m$
全齿高	h	$h=2.2m$
顶隙	c	$c=0.2m$
齿顶圆直径	d_{a1}、d_{a2}	$d_{a1}=d_1+2m\cos\delta_1$，$d_{a2}=d_2+2m\cos\delta_2$
齿根圆直径	d_{f1}、d_{f2}	$d_{f1}=d_1-2.4m\cos\delta_1$，$d_{f2}=d_2-2.4m\cos\delta_2$
外锥距	R	$R=\sqrt{r_1^2+r_2^2}=(m\sqrt{z_1^2+z_2^2})/2=d_1/2\sin\delta_1=d_2/2\sin\delta_2$
齿宽	b	$b=R/3$，$b=10m$
齿顶角	θ_a	$\theta_a=\arctan(h_a/R)$（收缩顶隙），$\theta_a=\theta_f$（等顶隙）
齿根角	θ_f	$\theta_f=\arctan(h_f/R)$
根锥角	δ_{f1}、δ_{f2}	$\delta_{f1}=\delta_1-\theta_f$，$\delta_{f2}=\delta_2-\theta_f$
顶锥角	δ_{a1}、δ_{a2}	$\delta_{a1}=\delta_1+\theta_a$，$\delta_{a2}=\delta_2+\theta_a$

（2）正确啮合条件。一对直齿圆锥齿轮的啮合相当于一对当量直齿轮的啮合，所以一对直齿圆锥齿轮正确啮合的条件为两轮大端的模数和压力角分别相等，即：

$$m_1=m_2=m$$

$$\alpha_1=\alpha_2=\alpha$$

2. 圆锥齿轮传动的应用

直齿圆锥齿轮由于设计、制造、安装都较方便，故在两轴相交传动中应用最广泛。圆锥斜齿轮由于传动平稳，承载能力强，常用于高速重载的传动，如汽车、飞机、拖拉机的传动机构中。

直齿圆锥齿轮应用于两轴相交的传动，两轴间的交角可以任意，在实际应用中多采用两轴垂直的传动形式。由于圆锥齿轮的轮齿分布在圆锥面上，所以轮齿的尺寸沿着齿宽方向变化，大端轮齿的尺寸大，小端轮齿的尺寸小。为了便于测量，并使测量时的相对误差缩小，规定以大端参数作为标准参数。

二、圆锥齿轮传动机构的装配

圆锥齿轮传动要求传动平稳、准确，冲击与振动小，噪声低，除了控制齿轮本身精度要求以外，还要严格控制轴、轴承及箱体等有关零件的制造精度和装配精度。

1. 确定装配顺序

确定装配顺序应遵循以下原则：

（1）预处理工序，如零件的倒角、去毛刺、清洗、防锈、防腐处理等，应安排在装配前进行。

（2）先下后上，使机器的中心在装配过程中处于最稳定的状态。

（3）先内后外，即先装配产品内部的零部件，使先装部分不妨碍后续的装配。

（4）先难后易。在开始装配时，基准件上有较开阔的安装、调整和检测空间，较难装配的零部件应安排先装配。

（5）可能损坏前面装配质量的工序应先安排。如冲击性质的装配、压力装配、加热装配、补充加工工序等，应安排在装配初期。

（6）及时安排检测工序。在完成对装配质量有较大影响的工序后，应及时进行检测，检测合格后方可进行后续工序。

（7）使用相同设备、工艺装备及具有特殊环境的工序应集中安排，这样可减少产品在装配地的迂回。

（8）处于基准件同一方位的装配工序应尽可能集中连续安排。

2. 圆锥齿轮轴组件装配

圆锥齿轮轴组件装配顺序如图2—3—3所示，装配工艺规程见表2—3—2。

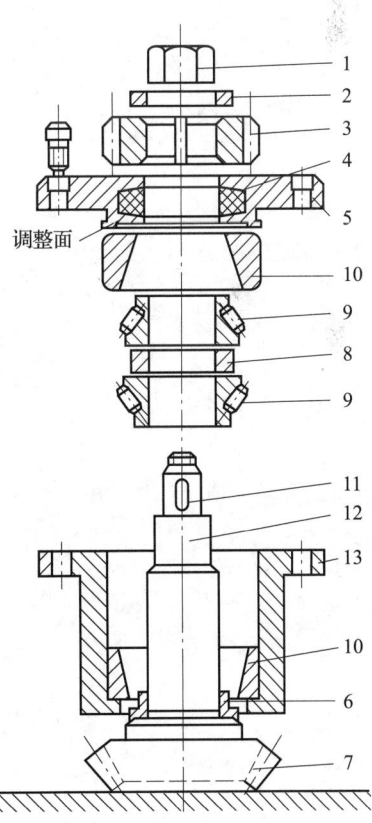

图2—3—3　圆锥齿轮轴组件装配顺序
1—螺母　2—垫圈　3—齿轮　4—毛毡圈
5—轴承盖　6—衬垫　7—圆锥齿轮
8—隔圈　9—轴承滚动体　10—轴承外环
11—键　12—圆锥齿轮轴　13—轴承套

表2—3—2　圆锥齿轮轴组件装配工艺规程

操作步骤	标准操作	解释
工作准备	熟悉任务	图样和零件清单
		装配任务
	初检	检查文件和零件的完备情况
	选择工、量具	工、量具准备
	整理工作场地	选择工作场地
		备齐工具和材料
	清洗	用清洁布清洗零件
装配衬垫	定位	将衬垫套装在圆锥齿轮轴上
装配毛毡圈	定位	将已剪好的毛毡圈塞入轴承盖槽内
装配轴承外圈	润滑	在配合面上涂上润滑油
	压入	以轴承套为基准,将轴承外圈压入孔内至底面
装配轴承套	定位	以圆锥齿轮轴组件为基准,将轴承套分组件套装在轴上
装配轴承内圈	润滑	在配合面上涂上润滑油
	压入	将轴承内圈压装在轴上,并紧贴衬垫
装配隔圈	定位	将隔圈装在轴上
装配轴承内圈	润滑	在配合面上涂上润滑油
	压入	将另一轴承内圈压装在轴上,直至与隔圈接触
装配轴承外圈	润滑	在轴承外圈涂润滑油
	压入	将轴承外圈压至轴承套内
装配轴承盖	定位	将轴承盖放置在轴承套上
	紧固	用手拧紧三个螺钉
	调整	调整端面的高度,使轴承间隙符合要求
	固定	用内六角扳手拧紧三个螺钉
装配圆锥齿轮	压入	将键压入齿轮轴键槽内
	压入	将齿轮压至轴肩
	检查	用塞尺检查齿轮与轴肩的接触情况
	定位	套装垫圈
	紧固	用手拧紧螺母
	固定	用扳手拧紧螺母
检查	最后检查	检查齿轮转动的灵活性及轴向是否窜动

齿轮与轴的连接形式有固定连接、空套连接和滑动连接三种。固定连接主要有键连接、螺栓法兰盘连接和固定铆接等。滑动连接主要采用花键连接。

三、圆锥齿轮传动机构的调整

齿轮传动的稳定性、可靠性、承载能力和使用寿命，主要受齿轮的材质、加工工艺及加工质量、使用维护等因素影响。除此之外，还取决于齿轮装置的装配质量。

1. 装配质量检验

齿轮传动机构装配质量检验包括齿侧间隙检验和接触精度检验。

（1）齿侧间隙检验。

1）用压铅丝法检查侧隙（见图2—3—4）。在齿面沿齿宽两端平行放置两条铅丝（宽齿可以放3～4条），铅丝直径不宜超过最小侧隙的4倍。转动相啮合的两个齿轮挤压铅丝，铅丝被挤压后最薄处的尺寸，即为齿侧间隙。

2）用百分表检查侧隙（见图2—3—5）。将百分表的测头与一个齿轮分度圆处的齿面接触，另一个齿轮固定。将接触百分表的齿轮从一侧啮合转到另一侧啮合，百分表的最大读数与最小读数之差，即为齿侧间隙。

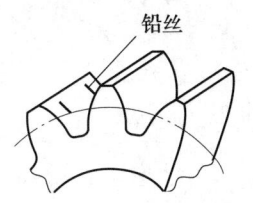

图2—3—4 用压铅丝法检查侧隙

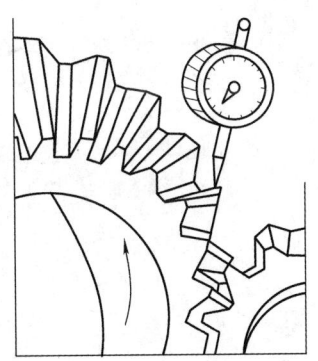

图2—3—5 用百分表检查侧隙

（2）接触精度检验（见图2—3—6）。将红丹粉均匀地涂于大齿轮的齿面上，转动齿轮，从动轮稍微制动（主要是为了增大摩擦力）。对于双向工作的齿轮，正反两个方向都要检查。一般的齿轮，在齿廓高度上接触斑点不少于30%，在齿廓宽度上接触斑点不少于40%，其分布的位置应以分度圆为基准，上下对称分布，如图2—3—6a所示。

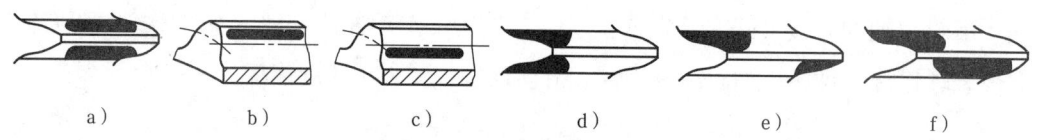

图 2—3—6 接触精度的检查
a）啮合正确 b）中心距太大 c）中心距太小 d）两齿轮轴线不平行
e）两齿轮轴线歪斜 f）两齿轮轴线不平行且歪斜

当啮合齿轮接触不良时（见图 2—3—6b、c、d、e、f），可以在中心距允差范围内，采用刮削轴孔或调整轴承座位置的方法来解决。

（3）接触斑点检验。接触斑点检验一般用涂色法。在无载荷时，接触斑点应靠近轮齿小端，以保证工作时轮齿在全宽上能均匀地接触。满载荷时，接触斑点在齿高和齿宽方向应不少于40%（随齿轮精度而定）。接触斑点检验及调整见表 2—3—3。

表 2—3—3 接触斑点检验及调整

接触斑点	状况分析	调整方法
正常接触	接触区在齿宽中部偏小端	—
上、下齿面接触（下齿面接触／上齿面接触）	接触区小齿轮在上（下）齿面，大齿轮在下（上）齿面，小齿轮轴向位置误差	小齿轮沿轴线向大齿轮的方向移出（移近），如侧隙过大（过小），将大齿轮朝小齿轮方向移近（移出）
同向偏接触（小端接触）	齿轮副同在小端或大端处接触，齿轮副轴线交角太大或太小	不能用一般方法调整，必要时修刮轴瓦或返修箱体
异向偏接触（大端接触／小端接触）	齿轮副分别在轮齿一侧大端接触，另一侧小端接触，齿轮副轴线偏移	检查零件误差，必要时修刮轴瓦

2. 装配调整

齿轮装置的基本装配要求是装配位置正确，齿间间隙合适，齿面接触良好。

(1) 齿轮的修理。由于齿轮结构上的特殊性，齿轮的失效往往涉及多个轮齿。齿轮的修理难度大、费用高、工时长，因而，随着机械制造技术的发展，齿轮修理逐步被更换所取代。当齿轮磨损和损坏达到一定程度时，应当更换。

1) 齿轮严重磨损或轮齿断裂时，一般都应更换新的齿轮。当一个大齿轮和一个小齿轮啮合时，因小齿轮磨损较快，应先更换小齿轮。更换齿轮时，新齿轮的齿数、模数和压力角必须与原齿轮相同。

2) 对于大模数齿轮或一些传动精度要求不高的齿轮，当轮齿局部损坏时，可采用焊补法或镶齿法修复。

① 焊补法修复（见图 2—3—7）。

a) 根据齿轮材料选用相应的焊条，放在 50 ~ 200℃ 的电炉中烘干 40 ~ 60 min。

b) 堆焊（见图 2—3—8）。在零件适当位置上放置引弧和落弧的紫铜板，通过引弧堆焊于齿轮崩齿处，直到堆满齿为止。锤击焊口，清除熔渣。

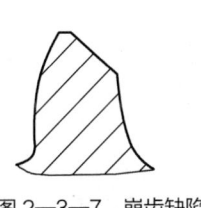

图 2—3—7　崩齿缺陷

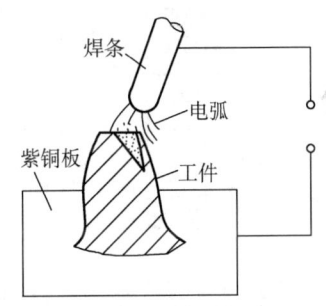

图 2—3—8　堆焊方法

c) 立即向堆焊处浇一遍冷水，然后迅速将零件放入 50 ~ 60℃ 电炉中，关闭电炉，让其随炉冷却或立刻进行低温回火处理。

d) 待零件冷却至室温后即可进行切齿加工修复。

e) 检查修复后的轮齿是否符合有关技术要求，焊缝热影响区有无明显的退火现象。修复后的齿形如图 2—3—9 所示。

② 镶齿法修复。镶齿法修复的一般步骤如下。

a) 将损坏的轮齿切掉。

b) 根据修复齿的形状和尺寸镶配新的轮齿。

c) 焊接固定，如图 2—3—10a 所示；螺钉固定，如图 2—3—10b 所示。

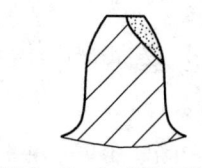
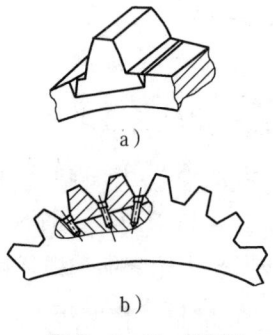

图2—3—9 修复后的齿形

图2—3—10 镶齿法
a）焊接固定 b）螺钉固定

3）更换轮缘修复法（见图2—3—11）。
①将损坏的齿轮轮齿切掉。
②按原齿轮外圆和车掉轮齿后的直径配制一个新的轮缘。
③将新轮缘压入齿坯，用焊接、铆接或螺钉固定的方法将新的轮缘固定。
④在加工齿轮的机床上按技术要求加工出新的齿轮。

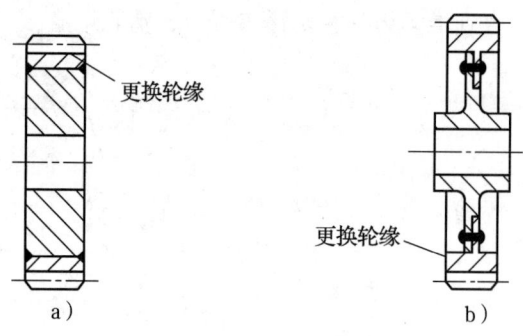

图2—3—11 更换轮缘修复法
a）焊接固定 b）铆接固定

（2）齿轮轮缘、轮毂、轮箍的修理。对轮缘、轮毂破裂的齿轮，用于较小负荷或者没有焊接条件时，可直接用固定夹板连接的方法处理；当负荷较大时，应采用焊接修理，但焊修后应力较大，必要时应进行整体或局部预热再进行焊接，焊后进行热处理以消除内应力。

轮箍上的裂纹，可采用焊接或配制钢套的方法进行修复。

（3）齿轮传动机构的修复。
1）齿轮磨损严重或轮齿断裂时，应更换新的齿轮。
2）如果是小齿轮与大齿轮啮合，一般小齿轮比大齿轮磨损严重，应及时更换小齿轮，以免加速大齿轮磨损。

3）大模数、低转速的齿轮，个别轮齿断裂时，可用镶齿法修复。

4）大型齿轮轮齿磨损严重时，可采用更换轮缘法修复，会具有较好的经济性。

5）圆锥齿轮因轮齿磨损或调整垫圈磨损而造成侧隙增大时，应进行调整。

学习单元 2　蜗轮蜗杆传动机构的装配与调整

蜗轮蜗杆传动是利用蜗杆副传递运动和动力的一种机械传动。蜗杆与蜗轮的轴线在空间垂直交错成 90°，即轴交角 Σ =90°，如图 2—3—12 所示。通常情况下，蜗杆是主动件，蜗轮是从动件。

图 2—3—12　蜗轮蜗杆传动

一、蜗轮蜗杆传动的特点和应用

1. 蜗轮蜗杆传动的特点

（1）传动比大。蜗轮蜗杆传动中，由于蜗杆的头数 Z_1=1～4，蜗轮的齿数 Z_2 较多，单级传动就能得到很大的传动比。

（2）传动平稳，噪声小。蜗杆的齿为连续不断的螺旋面，传动时与蜗轮间的啮合是沿螺旋面逐渐进入和退出，且同时啮合的齿数较多，因此传动平稳，没有冲击，噪声小。

(3)容易实现自锁。单头蜗杆的导程角较小,一般小于5°,大多具有自锁性。

(4)承载能力大。

(5)传动效率较低,工作时发热量大,需要良好的润滑。

2. 蜗轮蜗杆传动的应用场合

蜗轮蜗杆传动常用于转速需要急剧降低,大传动比(通常10～100),或需要自锁的场合(如卷扬机、轮船抛锚装置等)。

二、蜗轮蜗杆传动机构的装配

1. 蜗轮蜗杆传动机构的装配技术要求

(1)蜗杆轴线应与蜗轮轴线垂直。

(2)蜗杆轴线应在蜗轮轮齿的对称中心面内。

(3)蜗杆、蜗轮的中心距要准确(主要靠机械加工保证)。保证蜗轮蜗杆传动中心距极限偏差f_a和传动中间平面极限偏差f_x。

(4)要有适当的齿侧间隙和有正确的接触斑点(靠钳工的调试技能保证)。

(5)转动灵活。对于不同用途的蜗轮蜗杆传动机构,在装配时要加以区别对待。例如,用于分度机构中的蜗杆传动,应以提高其运动精度为主,尽量减小传动副在运动中的空程角度(即减小侧隙);而用于传递动力的蜗轮蜗杆传动机构,则以提高接触精度为主,增强耐磨性能和传递较大的转矩。

蜗轮蜗杆传动装配不符合要求的几种情况如图2—3—13所示。

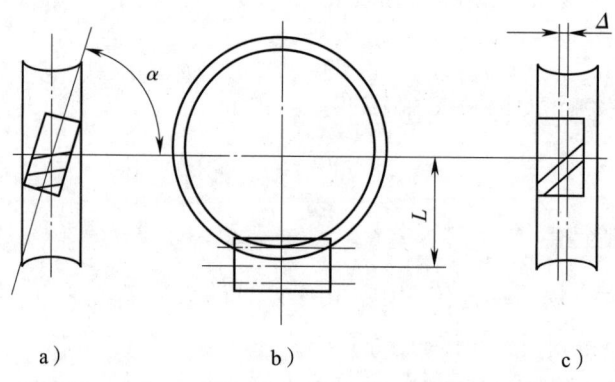

图2—3—13 蜗轮蜗杆传动装配不符合要求的几种情况
a)$\alpha \neq 90°$ b)$L \neq A$ c)$\Delta \neq 0$

2. 蜗轮蜗杆传动机构箱体的装配前检验

为了确保蜗轮蜗杆传动机构的装配要求,通常是先对箱体上蜗杆轴孔中心线与蜗轮轴孔中心线间的中心距和垂直度误差进行检验,然后进行装配。

(1)箱体孔中心距的检验。检验箱体孔的中心距可按图2—3—14所示方法进行。将箱体用三只千斤顶支承在平台上。测量时,将检验心轴1和2分别插入箱体蜗轮和蜗杆轴孔中,调整千斤顶,使其中一个心轴与平台平行后,再分别测量两心轴至平台的距离,即可计算出中心距 A:

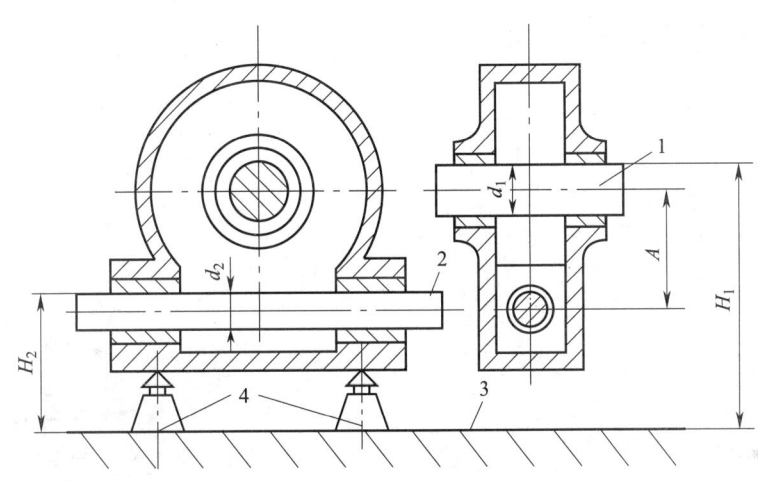

图2—3—14 蜗杆轴孔与蜗轮轴孔中心距的检查
1、2—心轴 3—平台 4—千斤顶

$$A=(H_1-d_1/2)-(H_2-d_2/2)$$

式中 H_1——心轴1至平台的距离,mm;
 H_2——心轴2至平台的距离,mm;
 d_1、d_2——心轴1和2的直径,mm。

(2)箱体孔轴线间垂直度误差的检验。检验箱体孔轴线间的垂直度误差可按图2—3—15所示方法进行。检验时,先将蜗轮孔心轴和蜗杆孔心轴分别插入箱体上蜗轮和蜗杆的安装孔内。在蜗轮孔心轴上的一端套装有百分表的尺架,并用螺钉紧定,百分表测头抵住蜗杆孔心轴。旋转蜗轮孔心轴,百分表在蜗杆孔心轴上 L 长度范围内的读数差,即为两轴线在 L 长度范围内的垂直度误差。

3. 蜗轮蜗杆传动机构的装配过程

蜗轮、蜗杆装配的先后顺序由传动机构的结构形式而定。一般情况下,先从装配蜗轮开始。

(1) 放油。清理外部油污,检查润滑油的油位并做记录,放出润滑油。

(2) 清洗零件。拆下箱盖螺钉,打开箱盖,清洗箱体、蜗轮蜗杆及所有零件。

(3) 组合蜗轮。组合式蜗轮齿圈压装在轮毂上(方法与过盈配合装配相同),并用螺钉加以紧固,如图2—3—16所示。

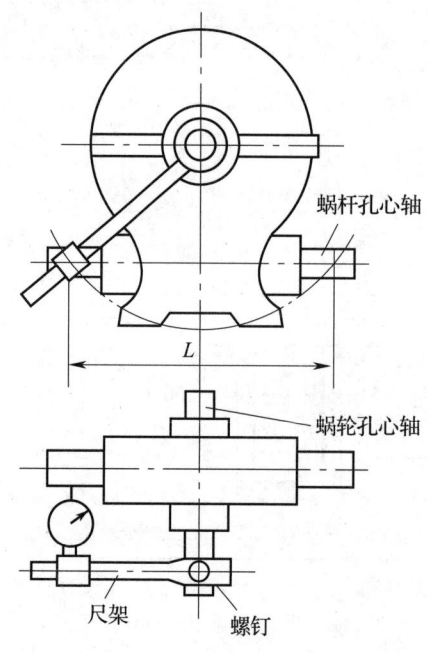

图2—3—15 箱体孔轴线间垂直度误差的检验

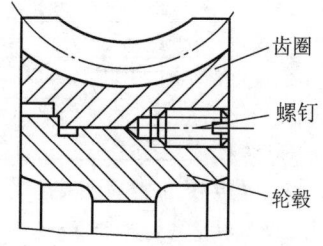

图2—3—16 组合式蜗轮

(4) 安装蜗轮。将蜗轮装在轴上,其安装及检验方法与圆柱齿轮相同。

(5) 装配蜗轮、蜗杆。先将蜗轮轴装入箱体,然后再装入蜗杆。因为蜗杆轴的位置已由箱体孔决定,要使蜗杆轴线位于蜗轮轮齿的对称中心面内,只能通过改变调整垫片厚度的方法调整蜗轮的轴向位置。

(6) 检验装配质量。安装蜗轮轴端盖螺钉,检查蜗轮、蜗杆及轴的装配质量。

三、蜗轮蜗杆传动机构的调整

1. 蜗轮蜗杆传动机构的检验

将蜗轮、蜗杆装入蜗杆箱后,首先要用涂色法来检验蜗杆与蜗轮的相互位置以及啮合的接触斑点。

（1）蜗轮轴向位置及接触斑点检验。用涂色法检验。先将红丹粉涂在蜗杆的螺旋面上，并转动蜗杆，可在蜗轮轮齿上获得接触斑点，如图2—3—17所示。图2—3—17a所示为正确接触，其接触斑点应在蜗轮中部稍偏于蜗杆旋出方向；图2—3—17b、图2—3—17c所示的接触斑点表示蜗轮轴向位置不正确，应配磨垫片来调整蜗轮的轴向位置。接触斑点的长度，轻载时为齿宽的25%～50%，满载时为齿宽的90%左右。

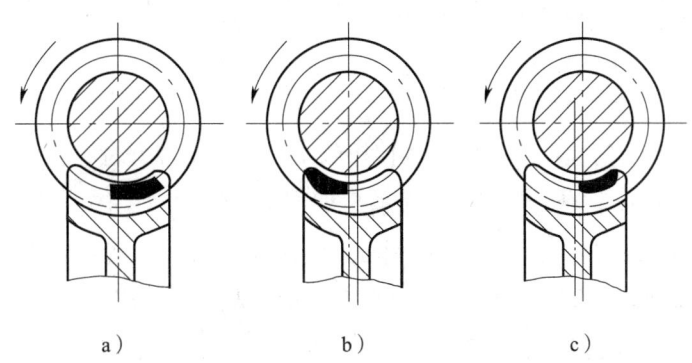

图2—3—17 用涂色法检验蜗轮齿面接触斑点
a）正确 b）蜗轮偏右 c）蜗轮偏左

（2）齿侧间隙检验。由于蜗杆传动的结构特点，其侧隙用塞尺或压铅丝的方法测量是有困难的。对于不太重要的蜗轮蜗杆传动机构，有经验的钳工是用手转动蜗杆，根据蜗杆的空行程量判断侧隙的大小。要求高的蜗轮蜗杆传动机构，要用百分表进行测量，如图2—3—18a所示。如果用百分表直接与蜗轮齿面接触有困难，可在蜗轮轴上装一测量杆，如图2—3—18b所示。

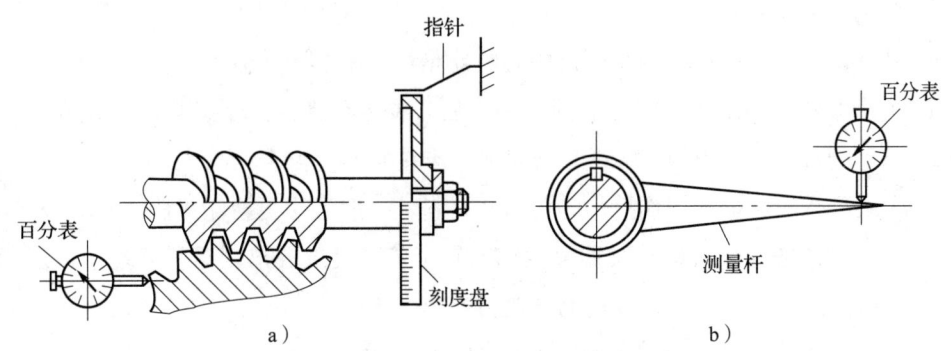

图2—3—18 齿侧间隙的检验
a）直接测量法 b）测量杆测量法

齿侧间隙与空程角的近似关系为：

$$\alpha = C_n \frac{360° \times 60}{1\,000\,\pi z_1 m} = 6.9 \frac{C_n}{z_1 m}$$

式中　C_n——侧隙，mm；
　　　z_1——蜗杆头数；
　　　m——模数，mm；
　　　α——空程角，(°)。

（3）转动灵活性检验。蜗轮在任何位置上，用手轻而缓慢地旋转蜗杆时，所需的转矩均应相同，而且没有忽松忽紧和咬住现象。

2. 蜗轮蜗杆传动机构安装调整注意事项

蜗杆副安装精度的高低直接影响其使用效果。安装蜗杆副时应注意以下几点：

（1）注意负荷的影响，考虑加上负荷后的变形及油膜对工作台有浮起作用，蜗杆安装中线应略高（或略低）于蜗杆中心平面，用以补偿变形及浮起量。

（2）注意蜗杆副齿面的润滑，使得蜗杆副齿承载面容易导入润滑油，以保证其寿命。为此，需要使蜗杆的螺纹开始滑入蜗轮齿沟的一侧，形成一个小的楔形。可依据蜗杆副的结构形式、蜗杆的螺旋方向和回转方向来实现这一要求。具体可采用使安装中心距稍大于加工中心距，或将蜗杆中心安装成稍高或稍低于蜗杆中心平面等方法。

（3）应将蜗轮进入啮合的齿端倒角，即将有效齿长的一端切去一部分，以利润滑油导入。此方法适用于蜗轮模数较大、正反向回转的蜗杆副。

3. 蜗轮蜗杆传动机构的修复

在使用过程中，蜗杆副的损坏一般有齿面烧伤、黏结、点蚀、低速磨损和精度下降等。其修理方法根据蜗杆副是固定中心距还是可调中心距而有所不同。

（1）一般传动的蜗轮、蜗杆磨损或划伤后，要更换新的。更换蜗轮、蜗杆时，尽量选用原厂配件和成对更换。装配输出轴时，要注意公差配合。

（2）大型蜗轮磨损或划伤后，为了节约材料，一般采用更换轮缘法修复。

（3）分度用的蜗杆机构（又称分度蜗轮副）传动精度要求很高，修理工作复杂和精细，一般采用精滚齿后剃齿或珩磨法进行修复。

（4）要使用防锈剂或红丹油保护空心轴，防止磨损生锈或配合面积垢，维修时难拆卸。

课程 2—4 轴承和轴组装配

学习内容

学习单元	课程内容	培训建议	课堂学时
（1）滚动轴承的装配与调整	1）滚动轴承的间隙 2）滚动轴承的装配 3）轴承和轴组的装配间隙调整	（1）方法：讲授法、演示法、练习法、讨论法 （2）重点：滚动轴承装配 （3）难点：滚动轴承间隙调整	8
（2）对开式滑动轴承的装配与调整	1）对开式滑动轴承的间隙 2）对开式滑动轴承的装配 3）对开式滑动轴承的装配间隙调整	（1）方法：讲授法、演示法、练习法、讨论法 （2）重点：对开式滑动轴承装配 （3）难点：对开式滑动轴承间隙调整	8
（3）离合器的装配与调整	1）常见离合器的种类和特点 2）离合器的装配 3）多片摩擦离合器间隙的调整	（1）方法：讲授法、演示法、讨论法 （2）重点：离合器装配 （3）难点：离合器间隙调整	8

学习单元 1 滚动轴承的装配与调整

滚动轴承一般由内圈、外圈、滚动体及保持架组成，如图 2—4—1 所示。内圈与轴颈采用基孔制配合，外圈与轴承座孔采用基轴制配合。工作时，滚动体在内、外圈的滚道上滚动，形成滚动摩擦。滚动轴承具有摩擦力小、轴向尺寸小、旋转精度高、润滑维修方便等优点，其缺点是承受冲击能力较差、径向尺寸较大、对安装的要求较高。

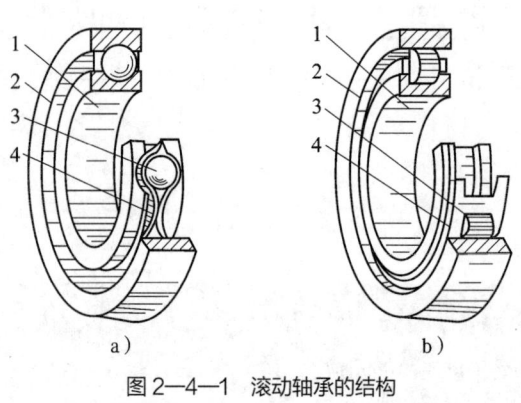

图2—4—1 滚动轴承的结构
a）深沟球轴承　b）圆柱滚子轴承
1—内圈　2—外圈　3—滚动体　4—保持架

一、滚动轴承的间隙

在滚动轴承装配过程中，有一项重要的工作就是滚动轴承间隙（又称游隙）的调整和预紧。所谓滚动轴承的游隙，就是将滚动轴承的一内圈或一外圈固定，另一套圈沿径向或轴向的最大活动量。轴承游隙分径向和轴向两种。沿径向最大活动量称径向游隙，沿轴向最大活动量称轴向游隙，如图2—4—2所示。而根据轴承所处状态的不同，径向游隙有原始游隙、配合游隙和工作游隙三种。其中，原始游隙是指轴承在未安装时自由状态下的游隙，配合游隙是指轴承安装到轴上和壳体孔内以后的游隙，工作游隙是指轴承在工作状态时的游隙。

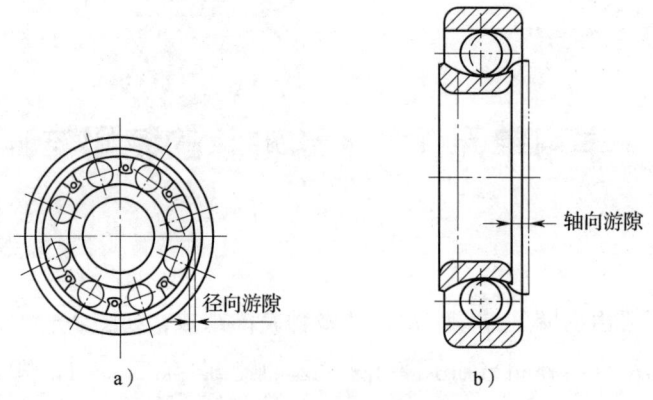

图2—4—2 滚动轴承的游隙

由于轴承存在游隙，在载荷作用下，内外圈就要产生相对移动，这就降低了轴承的刚度，引起轴的径向和轴向振动，同时还会造成主轴的轴线漂移，从而影响加工精度及机床、设备的使用寿命。对于高精度和高速运转的机械，在安装轴承时，往往采用预紧的方法，即在安装轴承时预先给予一定的载荷，以消除轴承的原始游隙和使内外圈滚道之间产生一定的弹性变形，使滚动体受力均匀，轴承刚度增加，达到提高轴的旋转精度和使用寿命，减小机器工作时轴的振动的目的。

1. 调整滚动轴承间隙的方法

滚动轴承间隙的调整方法主要有径向预紧和轴向预紧两种。表2—4—1给出了滚动轴承间隙的调整和预紧方法。

表2—4—1　滚动轴承间隙的调整和预紧方法

轴承类型	方法	图示
角接触球轴承70000	用轴承内外圈垫环厚度差实现预紧	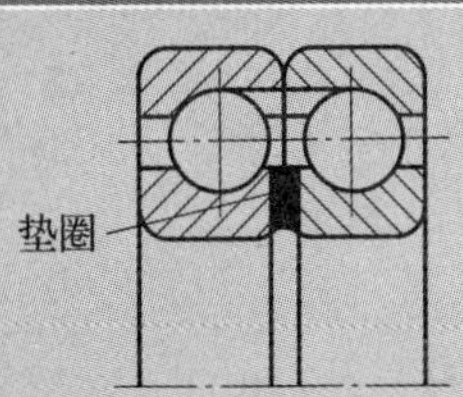
	用弹簧实现预紧	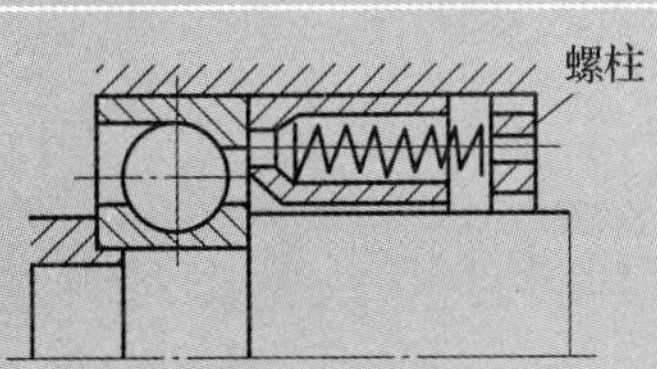
	磨窄内圈实现预紧	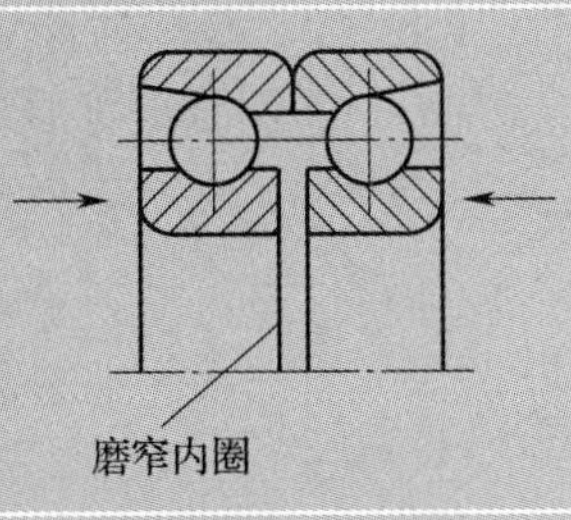
	磨窄外圈实现预紧	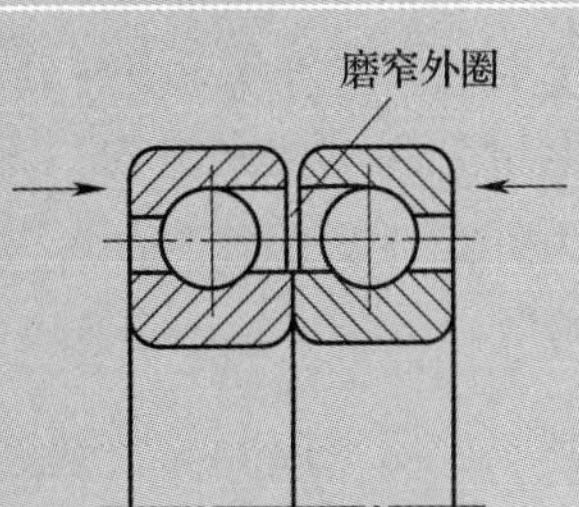

续表

轴承类型	方法	图示
角接触球轴承70000	外圈宽、窄两端相对安装实现预紧	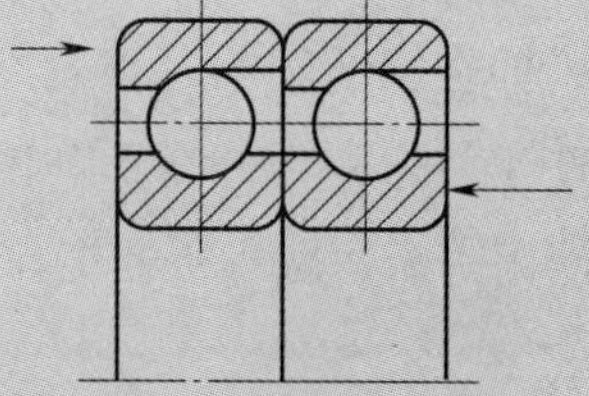
双列圆柱滚子轴承NN3000K	调节轴承内圈锥孔轴向位置实现预紧	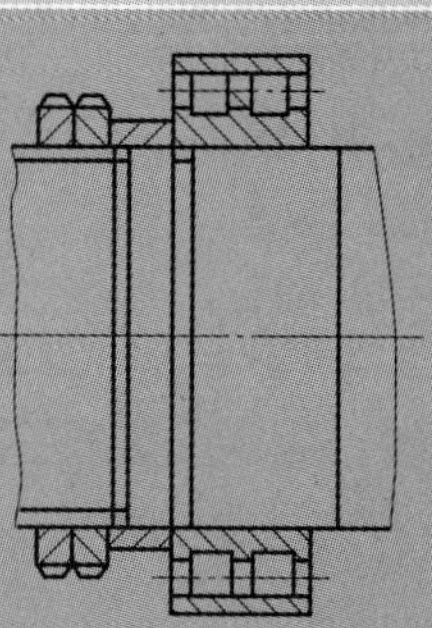
圆锥滚子轴承30000	将内圈装在轴上，外圈装在壳体孔中，用垫片（见图a）、螺钉（见图b）、螺母（见图c）调整	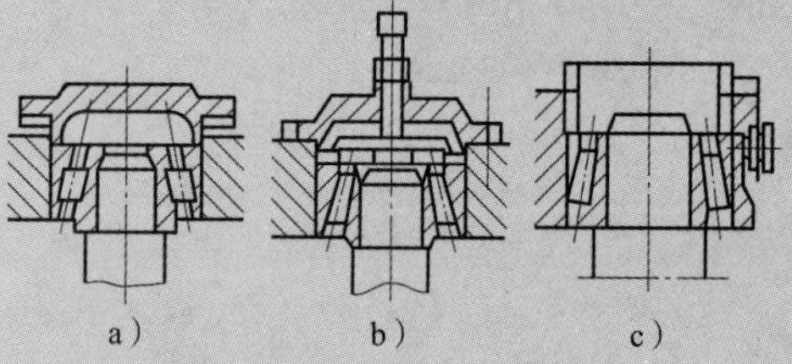 a) b) c)
推力球轴承50000	调节螺母实现预紧	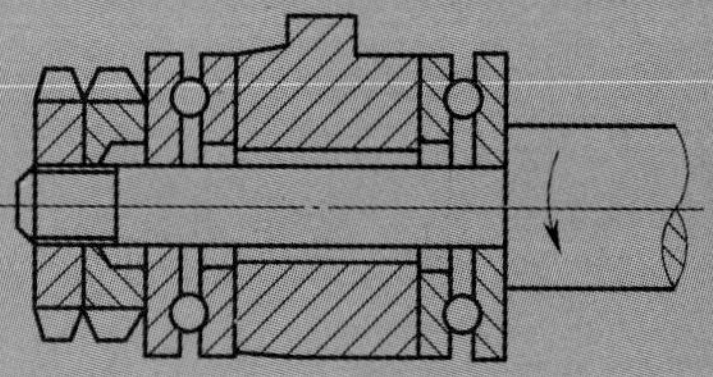

2. 滚动轴承预紧量的测定

轴承的预紧量是设计时确定的，安装时必须予以保证，为此在安装前必须准确地测定轴承的预紧量。轴承预紧量的测定应放置在平台上进行，目的是在规定的预紧负荷下测定轴承内外圈或弹簧装置的位移量，以便确定垫环的厚度。根据轴承安装形式的不同，可用以下几种方法测定其预紧量。

（1）外圈固定，调整内圈的位移量。如图2—4—3所示，将成对的滚动轴承外圈分别装入带有肩距 A 的外套上，在轴承内圈上分别装入两只压盖，在压盖上均匀地施加规定的轴向力 P（即预紧负荷），用量具（量块、塞尺等）测量出两轴承内圈之间的距离 B，此值即为垫环的厚度。测量时要均匀地选取三个测量位置（如互成120°），取其平均值。

（2）内圈固定，调整外圈的位移量。如图2—4—4所示，将成对的滚动轴承内圈分别装入带有肩距 A 的内套上，在轴承外圈上分别装入两只压盖，在压盖上均匀地施加预紧力 P，测量三个不同位置的外圈间距 B，取平均值，即为垫环厚度。

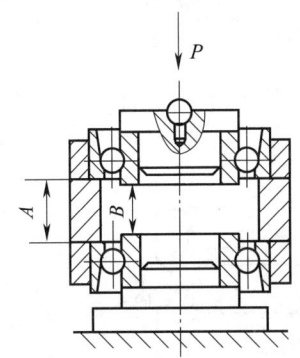
图2—4—3 外圈固定时内圈位移量

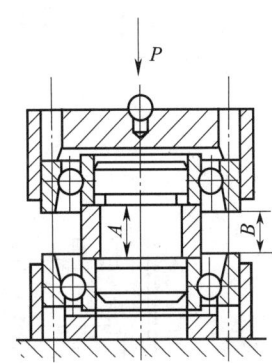
图2—4—4 内圈固定时外圈位移量

（3）滚动轴承内外圈同时移位时的预紧量。轴承的内外圈一面的给定值为 H_1 和 H_2，其位移量为 $K_1=H_2-H_1$。施加预紧力 P，轴承的另一面内外圈相对位移 $K_2=H_3-H_4$。测出 H_3、H_4 的值即可求得 K_2，如图2—4—5所示。

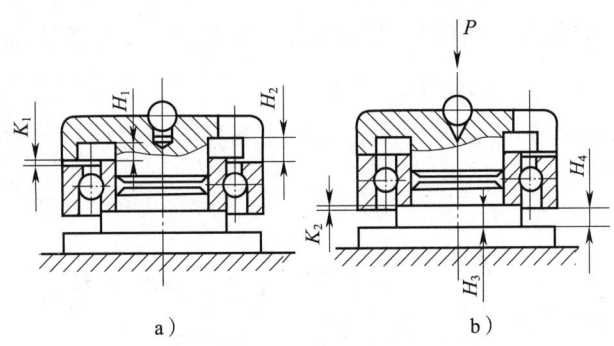
图2—4—5 内外圈同时移动时位移量

（4）通过测量弹簧的变形量确定。在平台上竖放着等待安装的弹簧组和套，测出其高度 H_1，加上预紧力，再测出其高度 H_2，得到差值 $\Delta H=H_1-H_2$。在安装轴承时只要保证弹簧组压缩量 ΔH，就能获得所需要预紧力。

（5）利用弹簧测量装置进行精密滚动轴承预紧量的测量。对于精密滚动轴承部件，可采用弹簧测量装置进行滚动轴承预紧量的测量。图2—4—6给出了当轴承外圈、轴承内圈间距分别为定值时，通过测量轴承内圈、外圈间距 B 来确定轴承预紧量的方法，轴承预紧量 $\Delta H = A - B$。其中，轴承的预紧力由弹簧尺寸 H 来确定。

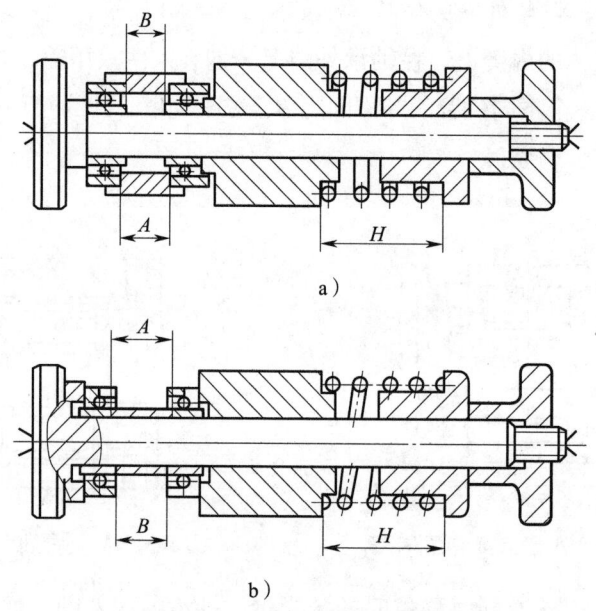

图2—4—6 精密滚动轴承预紧量的测量
a）外圈间距为定值时测内圈间距 b）内圈间距为定值时测外圈间距

（6）滚动轴承预紧量的感觉测量法。当预紧量较小或仅仅消除滚动轴承内部原始间隙时，可以凭手感得知。当两个轴承间的内外圈分别安装规定的隔套时，可以在上面用重物或手直接压住轴承内圈或外圈，另一只手拨动外隔套或内隔套，并随时修磨其厚度，直至感觉到其松紧程度一致，使隔套的厚度符合预紧的设计要求，如图2—4—7所示。

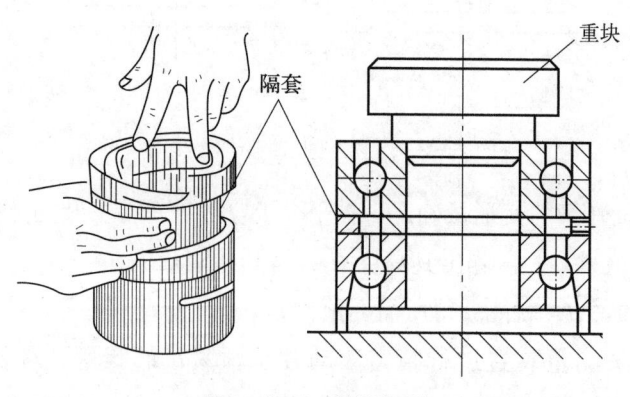

图2—4—7 感觉测量法

二、滚动轴承的装配

1. 滚动轴承的配合

（1）滚动轴承配合简介。滚动轴承是由专业企业大量生产的标准部件，其内径和外径出厂时均已确定，因此，滚动轴承内径与轴的配合采用的是基孔制，外径与外壳孔的配合采用的是基轴制，配合的松紧程度由轴和外壳体的尺寸公差来保证。轴和外壳体公差带与轴承内径和外径公差带的相对位置如图 2—4—8 所示。图中 Δd_{mp} 为轴承内径公差，ΔD_{mp} 为轴承外径公差。

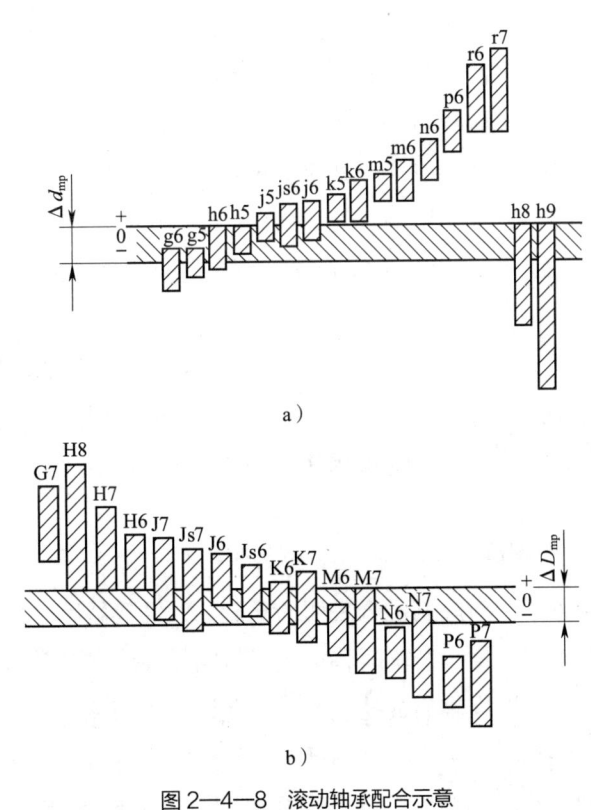

图 2—4—8　滚动轴承配合示意
a）轴承内径与轴配合　b）轴承外径与轴承座孔配合

按国家标准规定，轴承内径尺寸只有负偏差，其大小也与通用公差标准不同。

（2）滚动轴承配合选择的基本原则。

1）配合类型的选择。

①相对于负荷方向为旋转的套圈与轴外壳孔，应选择过渡配合或过盈配合，过盈

量的大小以轴承在负荷下工作时其套圈在轴上或外壳孔内的配合表面上不产生爬行现象为原则。

②对于重负荷场合，通常应比轻负荷和正常负荷场合紧些。负荷越重，其配合过盈量应越大。

2）公差等级的选择。

①选择公差等级应与轴或外壳孔的公差等级及轴承精度有关。如与P0级精度轴承配合的轴的公差等级一般为IT6，外壳孔一般为IT7。

②对旋转精度和运动平稳性有较高要求的场合（如电动机等），应选择轴为IT5，外壳孔为IT6。

3）公差带的选择。

①轴公差带的选择。在大多数场合，轴旋转且径向负荷方向不变，即轴承内圈相对于负荷方向为旋转的场合，一般应选择过渡配合或过盈配合。轻负荷（电气仪表、机床主轴、精密机械、泵等）采用h5、j6、k6、m6，正常负荷（一般通用机械、电动机、泵、内燃机变速箱、木工机械）采用j5、m5、m6、n6、p6，重负荷（铁路车辆和电车的轴箱、牵引电动机、轧机、破碎机等机械）采用n6、p6、r6、r7。静止轴且径向负荷方向不变，即轴承内圈相对于负荷方向是静止的场合，可选择过渡配合或较小的间隙配合。

②外壳孔公差带的选择。安装向心轴承，外圈相对于负荷方向为静止时，在轻负荷、正常负荷、重负荷工作条件下，采用G7、H7；当受冲击负荷时，采用J7；对于负荷方向摆动或旋转的外圈，应避免采用间隙配合。

2. 滚动轴承装配的技术要求

（1）装配前清洗轴承，清除其配合表面的毛刺、锈蚀等缺陷。

（2）为了更换时查对方便，装配时将标记代号的端面装在（外侧）可见方向。

（3）轴承安装时须紧贴在轴肩或孔肩上，不允许产生间隙或歪斜现象。

（4）同轴的两个轴承中，须有一个轴承在轴受热膨胀时留有轴向移动的余地。

（5）装配轴承时，作用力应均匀地作用在待配合的轴承环上，不允许通过滚动体承受压力。

（6）装配后的轴承应运转灵活、噪声小，温升不得超出规定值。

（7）与轴承相配零件的加工精度应与轴承精度相对应，轴承座孔的加工精度应取轴承同级精度或低一级精度，轴的加工精度应取轴承同级精度或高一级精度。

3. 滚动轴承装配前的准备工作

（1）按所要装配的轴承准备好需要的工具和量具。

（2）按图样要求检查与轴承相配零件是否有缺陷、锈蚀和毛刺等。

（3）用汽油或煤油清洗与轴承配合的零件，用干净的布擦净或用压缩空气吹干，然后涂上一层薄油。

（4）核对轴承型号是否与图样一致。

（5）用防锈油封存的轴承可用汽油或煤油清洗；用厚油和防锈油脂封存的轴承可用轻质矿物油加热溶解清洗，冷却后再用汽油或煤油清洗，擦拭干净待用；对于两面带防尘盖、密封圈或涂有防锈、润滑两用油脂的轴承则不需要进行清洗。

4. 滚动轴承的装配方法

滚动轴承的装配方法应根据轴承的结构、尺寸大小和轴承部件的配合性质而定。一般滚动轴承的装配方法有锤击法、压入法、热装法及冷缩法等。滚动轴承根据结构不同分为不可分离型轴承（如深沟球轴承、调心球轴承、调心滚子轴承、角接触轴承等）和可分离型轴承（如圆锥滚子轴承、圆柱滚子轴承、滚针轴承等）。

不可分离型轴承应按座圈配合的松紧程度决定其装配顺序。

可分离型轴承（如圆锥滚子轴承、圆柱滚子轴承、滚针轴承等）内、外圈可以自由脱开，装配时内圈和滚动体一起装在轴上，外圈装在壳体孔内，然后再调整它们之间的游隙。

（1）圆柱孔轴承的装配。

1）座圈安装顺序。

①内圈与轴颈配合较紧、外圈与壳体孔配合较松时，应先将轴承装在轴上。压装时，用软金属制作的套筒垫在轴承内圈上，然后连同轴一起装入壳体孔中，如图 2—4—9a 所示。

②轴承外圈与壳体孔为紧配合、内圈与轴颈为较松配合时，应先将轴承压入壳体孔中（见图 2—4—9b），然后把轴承与轴一起装入轴承座孔中。

③当轴承的内圈与轴、外圈与壳体孔都是紧配合时，装配套筒应能同时压紧轴承内、外圈端面的圆环（见图 2—4—9c），使压力同时作用在内、外圈上，将轴承同时压入轴上和轴承座孔中。

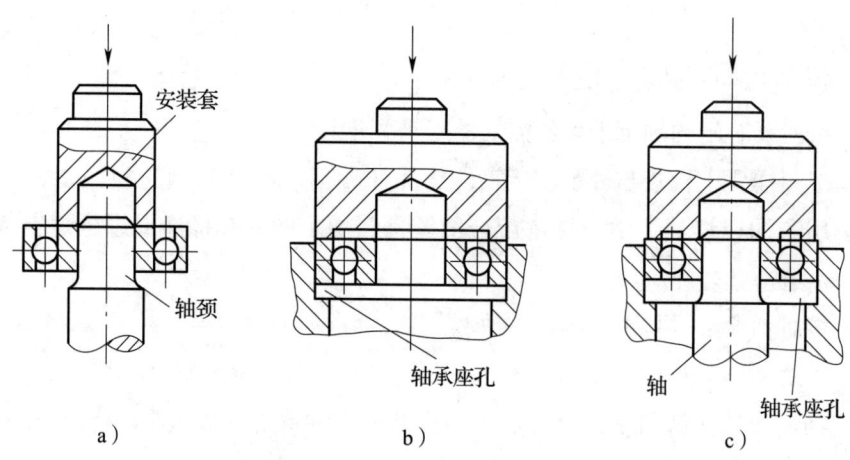

图2—4—9 压入法装配滚动轴承
a）将内圈装到轴颈上 b）将外圈装入轴承座孔中 c）将内、外圈同时压入轴承座孔中

2）座圈压装方法。

①当配合过盈量较小时，可采用套筒压装（见图2—4—10a）或用铜棒对称地在内圈（或外圈）端面均匀地敲入（见图2—4—10b），不能直接用锤子敲打轴承座圈。

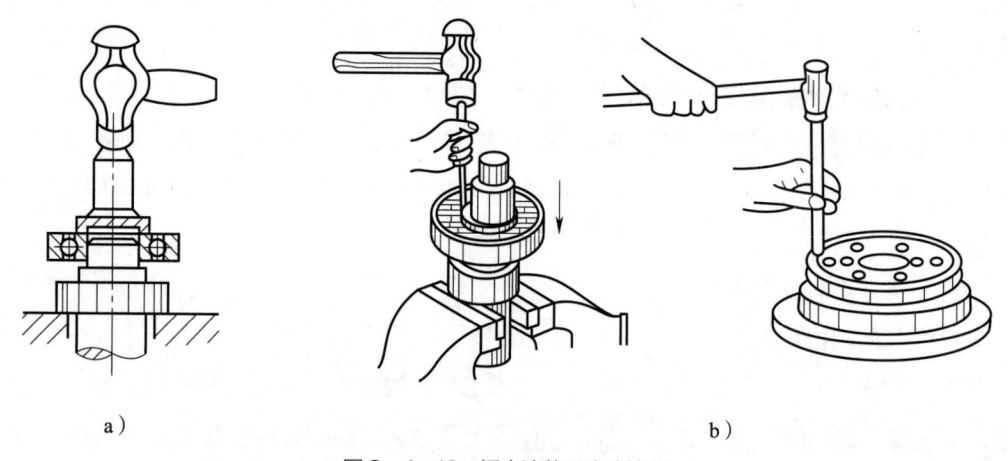

图2—4—10 锤击法装配滚动轴承
a）用特制套压入 b）用铜棒敲入

②当配合过盈量较大时，可用压力机械压装，常用杠杆齿条式或螺旋式压力机，如图2—4—11所示。若压力不能满足要求，还可以采用液压机压装轴承。

③当轴颈尺寸较大、过盈量也较大时，为装配方便，可用热装法，即将轴承放在温度为80～100℃的油中加热，然后与常温状态的轴配合。轴承加热时应搁在油槽内的网格上，如图2—4—12a所示，以避免轴承接触到比油温高得多的箱底，又

可防止与箱底沉淀污物接触。对于小型轴承,可以挂在吊钩上并浸在油中加热,如图 2—4—12b 所示。内部充满润滑油脂带防尘盖或密封圈的轴承,不能采用热装法装配。

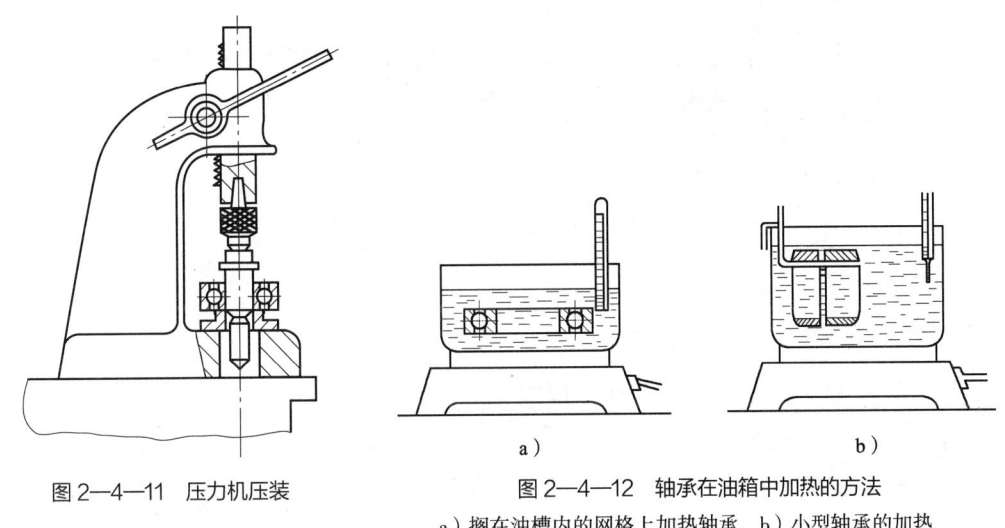

图 2—4—11 压力机压装

图 2—4—12 轴承在油箱中加热的方法
a)搁在油槽内的网格上加热轴承　b)小型轴承的加热

(2)圆锥孔轴承的装配方法。

1)当过盈量较小时,可直接装在有锥度的轴颈上,也可以装在紧定套或退卸套上,如图 2—4—13 所示。

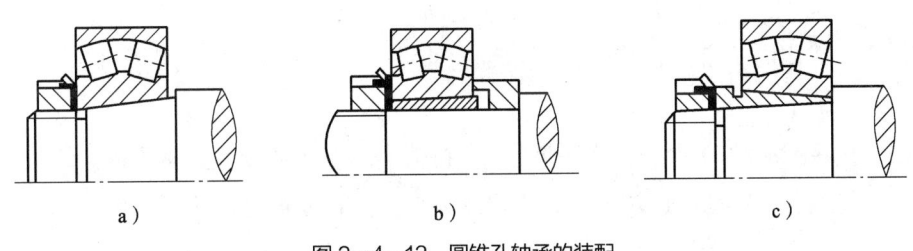

图 2—4—13 圆锥孔轴承的装配
a)直接装在锥轴颈上　b)装在紧定套上　c)装在退卸套上

2)对于轴颈尺寸较大或配合过盈量较大而又需经常拆卸的圆锥孔轴承,常采用液压套合法拆装,如图 2—4—14 所示。

(3)推力球轴承的装配。推力球轴承有松圈和紧圈之分,装配时应注意区分。松圈的内孔比紧圈的内孔大,与轴配合有间隙,能与轴相对转动;紧圈与轴取较紧的配合,与轴相对静止。装配时一定要使紧圈靠在转动零件的平面上,松圈靠在静止零件的平面上(见图 2—4—15),否则会使滚动体丧失作用,同时会加速配合零件间的磨损。

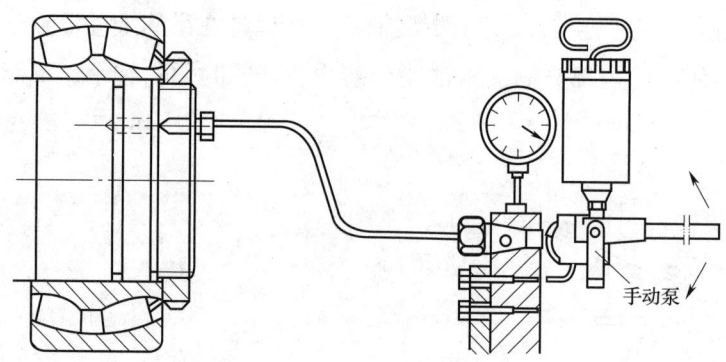

图2—4—14 液压套合法装配轴承

5. 滚动轴承装配的注意事项

（1）滚动轴承上标有代号的端面应装在可见的部位，以便于更换。

（2）轴颈或壳体台肩处的圆弧半径应小于轴承内、外圈端面的圆弧半径。

（3）滚动轴承装配在轴上和壳体孔中后，不能有歪斜和卡住现象。

（4）为了保证滚动轴承工作时有一定的热胀余地，在同轴的两个轴承中，必须有一个轴承的外圈（或内圈）可以在热胀时产生轴向移动，以免轴或轴承产生附加应力，甚至在工作时使轴承咬住。

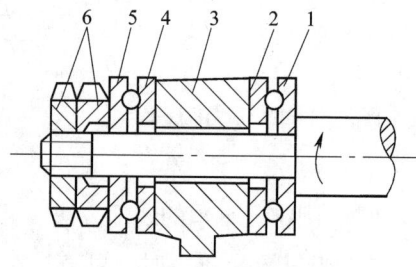

图2—4—15 推力球轴承的装配
1、5—紧圈 2、4—松圈 3—箱体 6—螺母

（5）在装配滚动轴承的过程中应严格保持清洁，防止杂物进入轴承内。

（6）装配后，轴承应运转灵活，无异常噪声，工作时温度不超过50℃。

三、轴承和轴组的装配间隙调整

轴组是指轴与轴上零件及两端轴承支座的组合。轴组的装配是指将装配好的轴组组件正确地安装在机器中，包括两端轴承固定、轴承游隙调整、轴承预紧、轴承密封和润滑装置的装配等，以保证其达到正常工作的要求。

1. 轴承的固定方式

轴正常工作时，不允许有径向圆跳动和较大的轴向移动，但又要保证不致因受热膨胀而卡死，所以要求轴承有合理的固定方式。轴承的径向固定是靠外圈与外壳孔的配合来解决的。轴承的轴向固定有以下两种基本方式。

（1）两端单向固定方式。如图2—4—16所示，在轴两端的支承点用轴承盖单向固定，分别限制两个方向的轴向移动。为避免轴受热伸长而使轴承卡住，在右端轴承外圈与端盖间留有0.5～1 mm的间隙，以便游动。

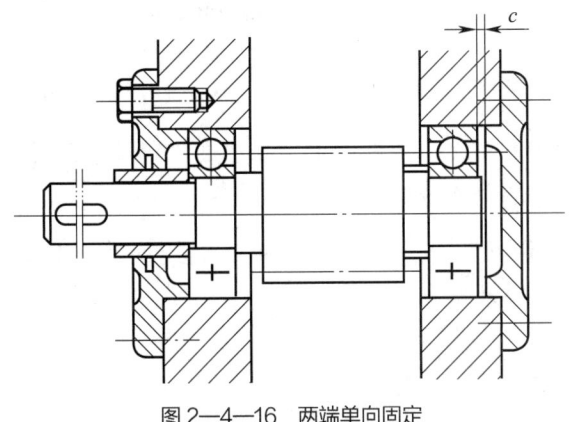

图2—4—16　两端单向固定

（2）一端双向固定方式。如图2—4—17所示，将右端轴承双向固定，左端轴承可沿轴向游动。这种固定方式工作时不会发生轴向窜动，受热膨胀时又能自由地向另一端伸长，不致卡死。若游动端采用内、外圈可分的圆柱滚子轴承，则轴承内、外圈均需双向轴向固定，当轴受热伸长时，轴带着内圈相对外圈游动，如图2—4—18所示。如果游动端采用内、外圈不可分离型深沟球轴承或调心球轴承，只需轴承内圈双向固定，外圈可在轴承孔内游动，轴承外圈与座孔之间应取间隙配合，如图2—4—19所示。

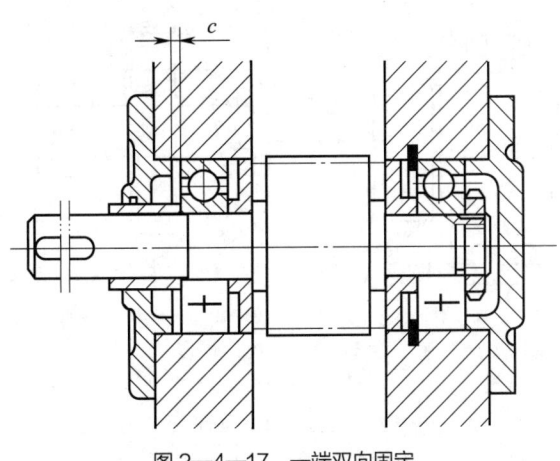

图2—4—17　一端双向固定

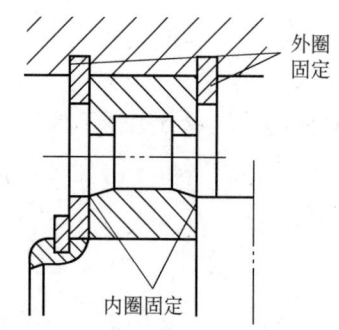 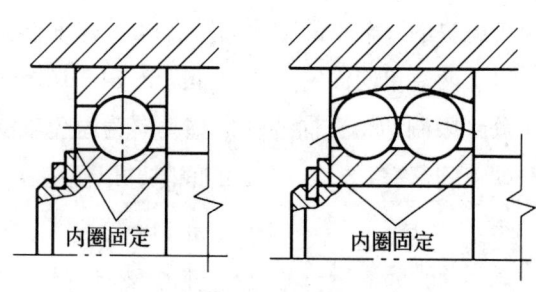

图2—4—18 轴承内、外圈均双向固定　　　　图2—4—19 轴承仅内圈双向固定

在轴上安装轴承内圈时，一般都由轴肩在一面固定轴承位置，另一面用螺母、止动垫圈和开口轴用弹性挡圈等固定。

在箱体孔内安装轴承外圈时，箱体孔一般由凸肩固定轴承位置，另一方向用端盖、螺纹环和孔用弹性挡圈等紧固。

2. 滚动轴承的定向装配

定向装配就是合理组合，人为地控制各装配件径向圆跳动误差的方向，以提高装配精度的一种装配方法。装配前需对主轴轴端锥孔中心线偏差及轴承内外圈径向圆跳动进行测量，确定误差方向并做好标记。

（1）装配件误差检查方法。

1）轴承外圈径向圆跳动的测量。如图2—4—20所示，测量时，转动轴承外圈并沿百分表方向压迫外圈，百分表的最大读数即为外圈最大径向圆跳动量。

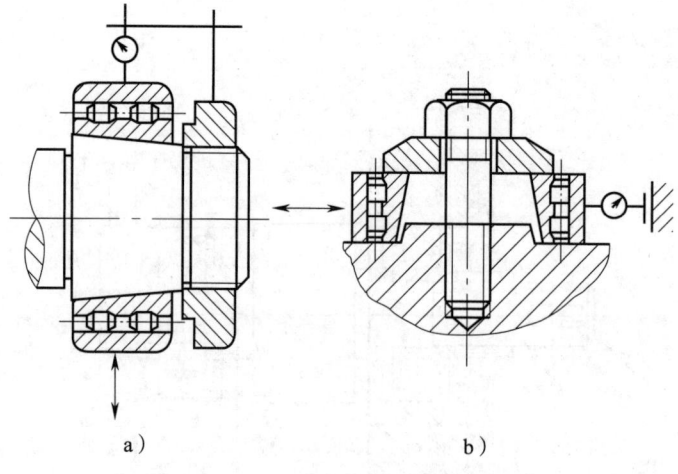

图2—4—20 测量滚动轴承外圈径向圆跳动
a）在主轴上测量　b）在工具上测量

2）滚动轴承内圈径向圆跳动的测量。如图2—4—21所示，测量时轴承外圈固定不转，内圈端面上加以均匀的测量负荷 F（不同于滚动轴承实现预紧时的预加负荷），旋转内圈一周以上，便可测得内圈内孔表面的径向圆跳动量及其方向。

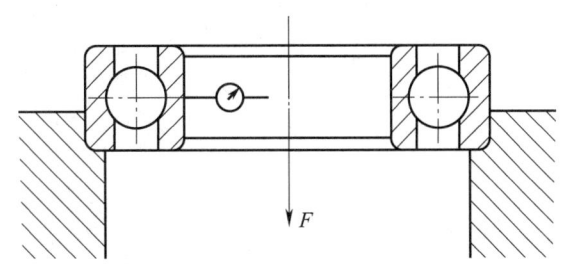

图2—4—21　测量滚动轴承内圈径向圆跳动

3）主轴锥孔中心线偏差的测量。如图2—4—22所示，将主轴置于V形架上，在主轴锥孔中插入测量用心棒，转动主轴一周以上，便可测得锥孔中心线的偏差数值及方向。

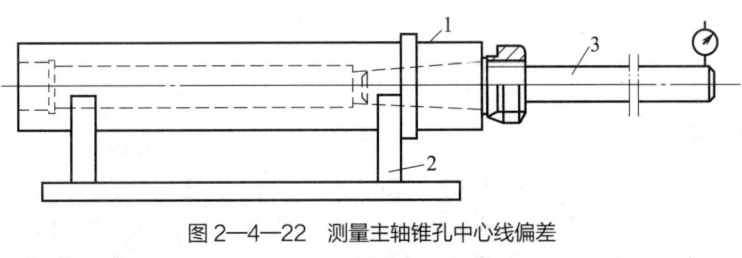

图2—4—22　测量主轴锥孔中心线偏差
1—主轴　2—V形架　3—测量心棒

（2）滚动轴承定向装配要点。

1）主轴前轴承的精度应比后轴承的精度高一级。

2）前后两轴承内圈径向圆跳动量最大的方向置于同一轴向截面内，并位于旋转中心线的同一侧。

3）前后两轴承内圈径向圆跳动量最大的方向与主轴锥孔中心线的偏差方向相反。

4）按定向装配法装配后的轴承，应保证其内圈与轴颈不再发生相对转动，否则将丧失已获得的调整精度。

按不同方法进行装配后的主轴精度的比较如图2—4—23所示。

对于箱体部件，由于测量轴承孔偏差较费时，可只将前、后轴承外圈的最大径向圆跳动点在箱体孔内装成一条直线即可。

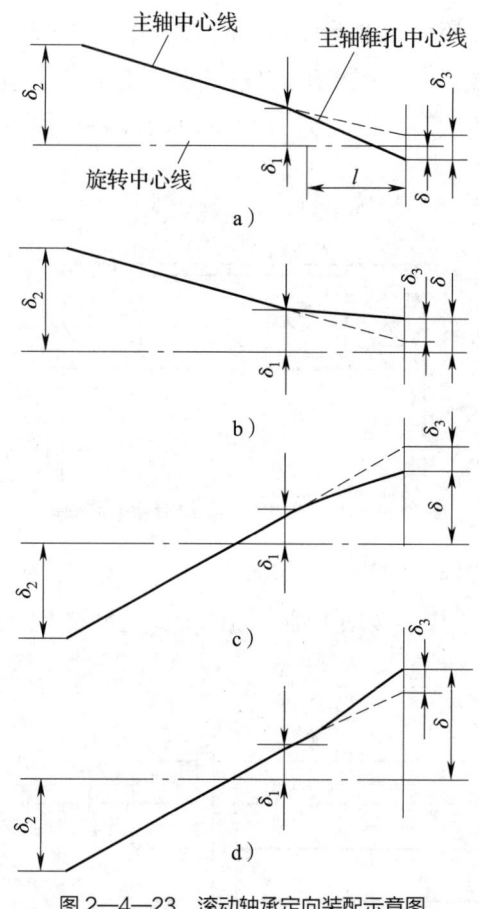

图 2—4—23 滚动轴承定向装配示意图

a) δ_1、δ_2 与 δ_3 方向相反　b) δ_1、δ_2 与 δ_3 方向相同

c) δ_1 与 δ_2 方向相反，δ_3 在主轴中心线内侧　d) δ_1 与 δ_2 方向相反，δ_3 在主轴中心线外侧

3. 主轴部件的装配

（1）主轴部件精度要求。

主轴部件的精度是指它在装配调整之后的回转精度，包括主轴的径向圆跳动、轴向窜动及主轴旋转的均匀性和平稳性。

1）主轴径向圆跳动的检验。如图 2—4—24a 所示，在主轴锥孔中紧密地插入一根锥柄检验棒，将百分表固定在机床上，使百分表测头顶在检验棒表面上，旋转主轴，分别在靠近主轴端部的 a 点和距 a 点 300 mm 的 b 点检验，a、b 点的误差分别计算。主轴转一转，百分表读数的最大差值，就是主轴的径向圆跳动误差。为了避免检验棒锥柄配合不良的影响，应拔出检验棒，相对主轴旋转 90°，重新插入主轴锥孔内，依次重复检验四次，四次测量结果的平均值作为主轴的径向圆跳动误差。主轴径向圆跳动量也可按图 2—4—24b 所示直接测量主轴定位轴颈，主轴旋转一周，百分表的最大读数值为径向圆跳动误差。

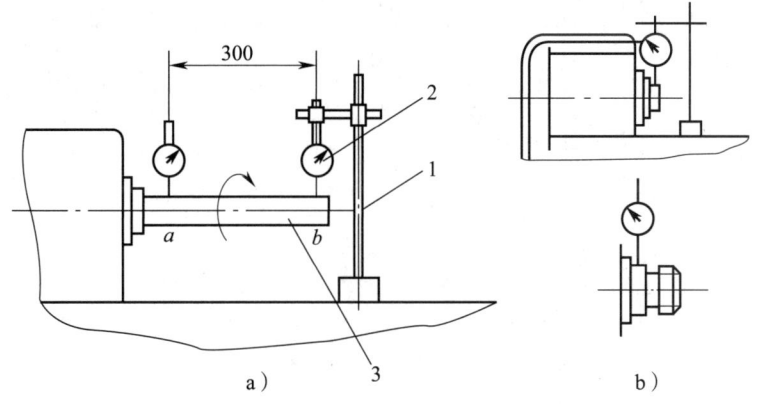

图 2—4—24 主轴径向圆跳动的测量
1—磁性表座 2—百分表 3—检验棒

2）主轴轴向窜动的检验。如图 2—4—25 所示，在主轴锥孔中紧密地插入一根锥柄短检验棒，中心孔中装入钢球（钢球用黄油粘上），百分表固定在床身上，使百分表测头顶在钢球上。旋转主轴检查，百分表读数的最大差值，就是主轴轴向窜动误差值。

（2）主轴部件的装配。如图 2—4—26 所示，C630 型车床主轴部件的装配顺序如下：

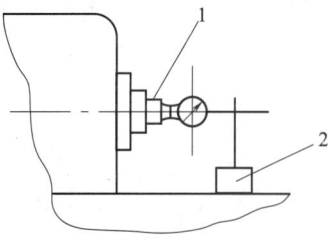

图 2—4—25 主轴轴向窜动的测量
1—锥柄短检验棒 2—磁性表座

1）将卡环 1 和滚动轴承 2 的外圈装入主轴箱体前轴承孔中。

2）将滚动轴承 2 的内圈按定向装配法从主轴的后端套上，并依次装入调整套 16 和调整螺母 15，组装成为主轴组件（见图 2—4—27a）。适当预紧调整螺母 15，防止轴承内圈改变方向。

3）将组装好的主轴组件从箱体前轴承孔中穿入。在此过程中，依次将键、大齿轮 4、螺母 5、垫圈 6、开口垫圈 7 和推力球轴承 8 装在主轴上，然后把主轴穿至要求的位置。

4）从箱体后端，将图 2—4—27b 所示后轴承壳体分组件装入箱体，并拧紧螺钉。

5）将圆锥滚子轴承 10 的内圈按定向装配法装在主轴上，敲击时用力不要过大，以免主轴移动。

6）依次装入衬套 11、盖板 12、圆螺母 13 及法兰 14，并拧紧所有螺钉。

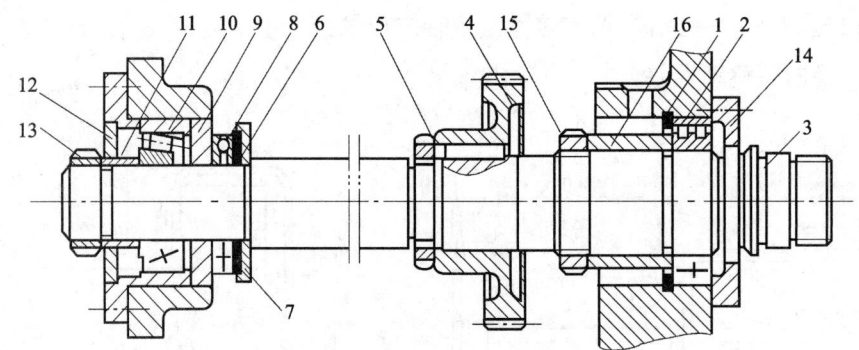

图 2—4—26 C630 型车床主轴部件

1—卡环 2—滚动轴承 3—主轴 4—大齿轮 5—螺母 6—垫圈 7—开口垫圈
8—推力球轴承 9—轴承座 10—圆锥滚子轴承 11—衬套 12—盖板
13—圆螺母 14—法兰 15—调整螺母 16—调整套

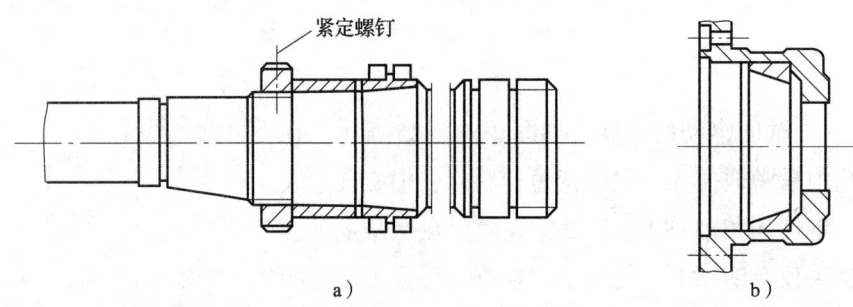

图 2—4—27 主轴分组件装配

a）主轴组件 b）后轴承与外圈组成后轴承壳体分组件

7）对装配情况进行全面检查，防止漏装和错装。

4. 主轴部件的调整

主轴部件的调整分预装调整和试车调整两步进行。

（1）主轴部件预装调整。在主轴箱部件未装其他零件之前，先将主轴按图 2—4—26 进行一次预装，其目的：一是检查组成主轴部件的各零件是否能达到装配要求；二是空箱便于翻转，修刮箱体底面比较方便，易于保证底面与床身结合面的良好接触以及主轴轴线对床身导轨的平行度。主轴轴承的调整顺序，一般应先调整固定支承，再调整游动支承。对 C630 型车床而言，应先调整后轴承，再调整前轴承。

1）后轴承的调整。先将螺母 15 松开，旋转圆螺母 13，逐渐收紧圆锥滚子轴承和推力球轴承。用百分表触及主轴前端面，用适当的力前后推动主轴，保证轴向间隙在 0.01 mm 以内。同时用手转动大齿轮 4，若感觉不太灵活，可能是圆锥滚子轴承内、外圈没有装正，可用大木锤（或铜棒）在主轴前后端敲击，直到手感觉主轴旋转灵活为止，最后将圆螺母13锁紧。

2）前轴承的调整。逐渐拧紧调整螺母15，通过调整套16的移动，使轴承内圈轴向移动，迫使内圆胀大。用百分表触及主轴前端轴颈处（见图2—4—28），撬动杠杆使主轴受200～300 N的径向力，保证轴承径向间隙在0.005 mm以内，且用手转动大齿轮应感觉灵活自如，最后将调整螺母15锁紧。装配轴承内圈时，应先检查其内锥面与主轴锥面的接触面积，一般应大于50%。如果锥面接触不良，收紧轴承时会使轴承内滚道发生变形，破坏轴承精度，减少轴承使用寿命。

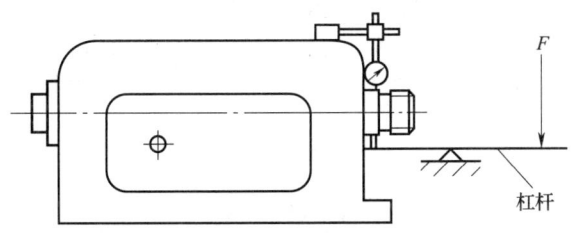

图2—4—28　主轴径向间隙的检查

（2）主轴的试车调整。机床正常运转时，主轴箱内温度升高，主轴轴承间隙也会发生变化，而主轴的实际理想工作间隙，是在机床温升稳定后所调整的间隙。试车调整方法如下：

1）按要求给主轴箱加入润滑油，用划针在螺母边缘和主轴上做出标记，记住原始位置。

2）适当拧松调整螺母15和圆螺母13，用木锤（或铜棒）在主轴前后端适当振击，使轴承回松，保持间隙在0～0.02 mm。

3）主轴从低速到高速空转时间不超过2 h，在最高速的运转时间不少于30 min，一般油温不超过60℃即可。

4）停车后锁紧调整螺母15和圆螺母13，结束调整工作。

学习单元2　对开式滑动轴承的装配与调整

对开式滑动轴承（也称剖分式滑动轴承）如图2—4—29所示，它由轴承座、轴承盖、剖分式轴瓦、双头螺栓等组成。在轴承座和轴承盖的剖分面上制有阶梯形的定位止口，便于安装时对心。还可在剖分面间放置调整垫片，以便安装或磨损时调整轴承间隙。轴承剖分面最好与载荷方向近于垂直。一般剖分面是水平的或倾斜45°，以适应不同径向载荷方向的要求。这种轴承装拆方便，又能调整间隙，克服了整体式轴承的缺点，得到了广泛的应用。

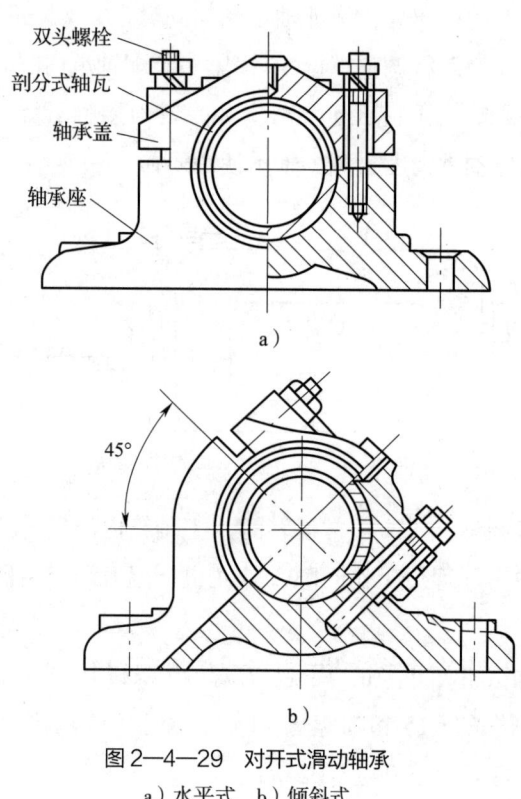

图2—4—29 对开式滑动轴承
a）水平式 b）倾斜式

一、对开式滑动轴承的间隙

对开式滑动轴承的间隙调整主要是调整轴瓦和轴颈的配合间隙，包括径向间隙和轴向间隙，径向间隙又分为顶间隙和侧间隙，如图2—4—30所示。顶间隙的作用是保持液体摩擦，以利形成油膜；侧间隙的作用是积聚和冷却润滑油，形成油楔；轴向间隙的作用是保证轴受热自由伸长的空间。

1. 对开式滑动轴承间隙的确定

安装时，在轴瓦配刮好后应进行清洗，然后重新装入，调整结合面处的垫片，以保证轴与轴瓦间的径向配合间隙。对开式滑动轴承的顶间隙a、侧间隙b和轴向间隙s如图2—4—30所示。顶间隙a可以按下式计算：

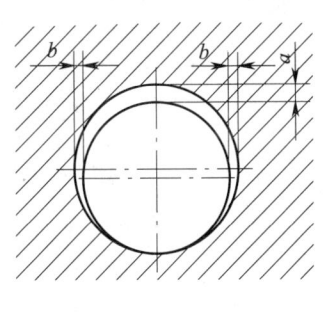 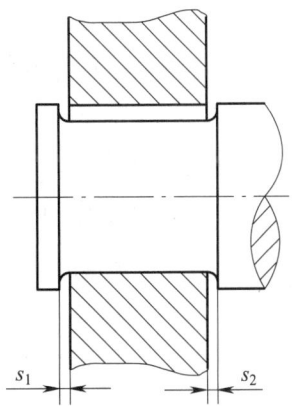

图 2—4—30 对开式滑动轴承的间隙示意
a—顶间隙 b—侧间隙 s_1、s_2—轴向间隙

$$a=Kd$$

式中　d——轴的直径，mm；

　　　K——系数（见表 2—4—2）。

表 2—4—2　系数 K 值

序号	类别		K 值
1	一般精密机床轴承或一级配合精度的轴承		0.0005
2	二级配合精密的轴承，如电机类		0.001
3	一般冶金机械设备轴承		0.002
4	粗糙机械设备轴承		0.0035
5	透平机之类轴承	圆开瓦孔	0.002
		椭圆开瓦孔	0.001

侧间隙 b 在一般情况下可取与顶间隙 a 相同的数值；但在顶间隙较大时取 $b=a/2$，顶间隙较小时取 $b=2a$。固定端间隙之和不大于 0.2 mm。

2. 对开式滑动轴承间隙测量与调整

对开式滑动轴承径向间隙采用压铅丝法和塞尺进行测量，轴向间隙采用塞尺和百分表进行测量。间隙的调整采用刮研和调整垫片法。

（1）压铅丝法。用压铅丝法检测轴承间隙较用塞尺检测准确，但较费时。检测所用的铅丝应当柔软，直径不宜太大或太小，最理想的直径为间隙的 1.5～3 倍。检测时，先把轴承盖打开，选用适当直径的铅丝，将其截成 10～40 mm 长的小段，放在轴颈上及上、下轴承分界面处，盖上轴承盖，拧紧固定螺栓，然后再拧松螺栓，取下轴承盖，用千分尺检测压扁的铅丝厚度，求出轴承顶间隙的平均值。若顶间隙太小，可在轴瓦剖分面上加垫片；若太大，则减少垫片或刮研。压铅丝法测量轴承顶间隙如图 2—4—31 所示，计算方法如下：

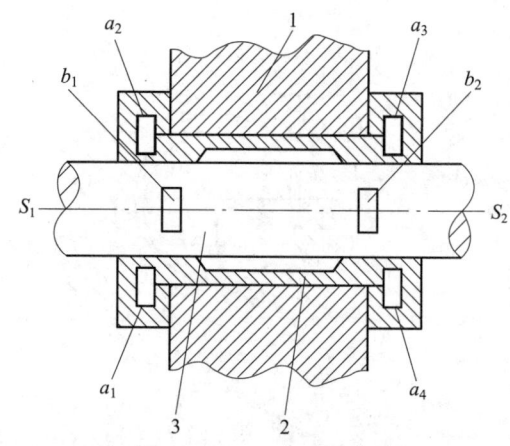

图 2—4—31 压铅丝法测量轴承顶间隙
1—轴承座　2—轴瓦　3—轴

$$S_1 = b_1 - (a_1 + a_2)/2$$
$$S_2 = b_2 - (a_3 + a_4)/2$$

式中　S_1、S_2——轴瓦两端的顶间隙，mm；

　　　b_1、b_2——轴颈上各段铅丝压扁后的厚度，mm；

　　　a_1、a_2、a_3、a_4——轴瓦剖分面上各段铅丝压扁后的厚度，mm。

（2）塞尺测量法。对于轴颈尺寸较大的轴承间隙，可以用塞尺塞入间隙测量。对于承受轴向载荷的轴承，测量轴向间隙时，可以用撬杆等把轴推到轴承一端的极限位置，再用塞尺或百分表测量。如果间隙不合格，则可以修刮轴瓦端面或调整止推螺钉。

二、对开式滑动轴承的装配

1. 轴瓦清洗检查

用煤油或清洗剂清洗后，检查轴瓦型号、尺寸及表面状态，去毛刺。

2. 装好轴承座

安装轴承座时，先装好轴瓦再调整所有轴承座同轴度，装配时可以按照拉丝法找正，如图 2—4—32 所示。

3. 瓦背刮研

因为轴瓦要承受轴颈传递的载荷，所以要求轴瓦瓦背和轴承座接触良好、配合紧密，下轴瓦和轴承座接触面积不小于 60%，上轴瓦和轴承座接触面积不小于 50%。为此

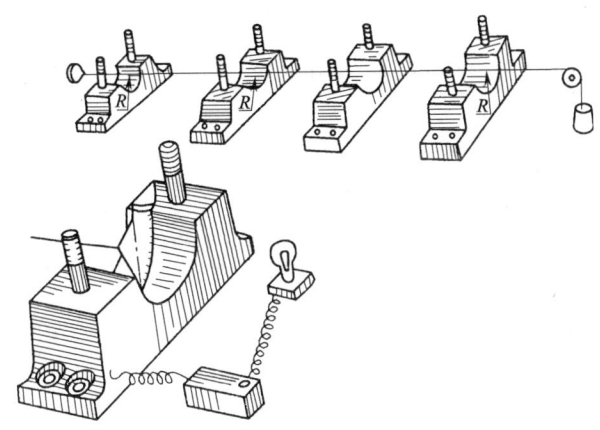

图 2—4—32　用拉丝法检测轴承同轴度

需要刮研瓦背,刮研顺序是先刮下轴瓦,再刮上轴瓦,利用轴承座内孔为基准,使用红丹粉显示研点,轴瓦装入后剖分面应略高于轴承座剖分面,这样上轴承座就位后轴瓦与轴承座具有过盈配合。

4. 轴瓦装配

上、下轴瓦装好后,确认油孔和油槽位置正确。在轴瓦上涂红丹粉,装好轴承盖和轴,用手转动轴几圈后打开,检查接触情况,刮掉显示出的高点。每次刮完后用干净的棉纱或碎布擦干净,再涂红丹粉后,使轴和轴瓦互研,再次显示次高点后刮削。如此反复进行,直到接触点符合要求。

轴颈与滑动轴承表面的实际接触情况,可用单位面积上的实际接触点数来表示。接触点越多、越细、越均匀,表明表面滑动轴承刮研得越好;反之,则表示滑动轴承刮研得不好。轴瓦和轴颈的接触要求随设备不同而变化。实际工作中,通常以每 25 mm × 25 mm 面积上的接触点数来判断,2 级精度滑动轴承接触点要求见表 2—4—3。

表2—4—3　2级精度滑动轴承接触点要求

转速(r/min)	接触点(25 mm×25 mm 面积上)
100 以下	3 ~ 5
100 ~ 500	10 ~ 15
500 ~ 1 000	15 ~ 20
1 000 ~ 2 000	20 ~ 25
2 000 以上	25 以上

三、对开式滑动轴承的装配间隙调整

典型的对开式滑动轴承的结构如图2—4—33所示,它由轴承座、轴承盖、剖分轴瓦、垫片和双头螺柱组成。其装配工艺步骤如下。

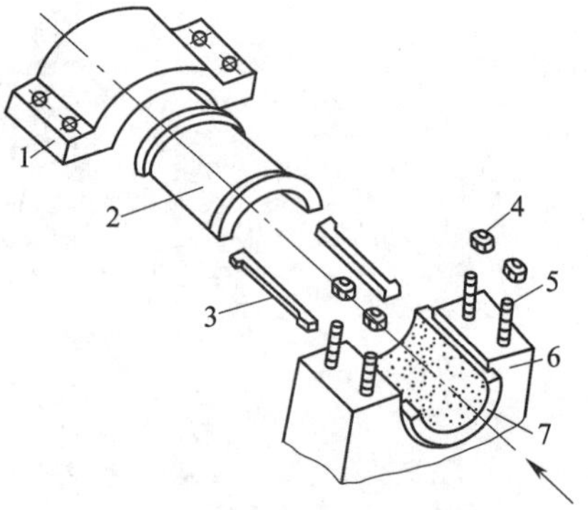

1. 清理

装配前,首先应清理轴承座、轴承盖、上轴瓦和下轴瓦的毛刺、飞边。

2. 装配轴瓦与轴承座、盖

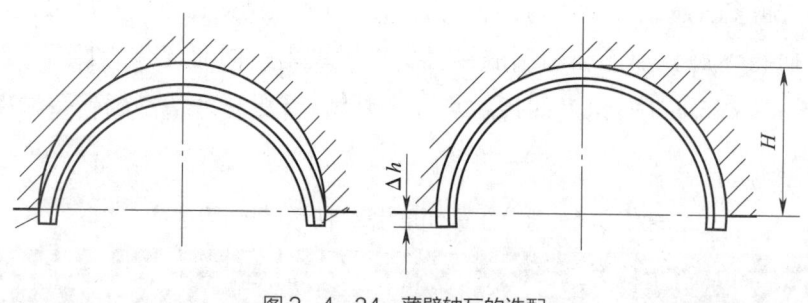

图2—4—33 对开式滑动轴承的结构
1—轴承盖　2—上轴瓦　3—垫片　4—螺母
5—双头螺柱　6—轴承座　7—下轴瓦

上、下轴瓦与轴承座、盖装配时,应使轴瓦背与座孔接触良好,可用涂色法检查轴瓦与轴承座孔的贴合情况,要求接触良好、着色均匀。如不符合要求,厚壁轴瓦以座孔为基准修刮轴瓦背部;薄壁轴瓦不便修刮,只进行选配即可。如图2—4—34所示,为了达到配合紧密,保证有合适的过盈量,薄壁轴瓦的剖分面应比轴承座的剖分面略高一些,其值为 $\Delta h = \dfrac{\pi \delta}{4}$($\delta$为轴瓦与轴承内孔的配合过盈量),一般 Δh 取 0.05~0.10 mm。同时,应保证轴瓦的阶台紧靠座孔的两端面达到 H7/f7 配合,太紧可通过刮削修配。一般轴瓦装入时应对准油孔位置,在剖分面上用木锤轻轻敲入,听声音判断,要确保贴实。

图2—4—34 薄壁轴瓦的选配

3. 轴瓦的定位

轴瓦安装在机体中,在圆周方向或轴向都不允许有位移,通常可用定位销和轴瓦上的凸台来止动,如图2—4—35所示。

4. 轴瓦孔的配刮

一般采用与轴瓦配合的轴来显点。通常先刮下轴瓦，后刮上轴瓦。研点时，在上、下轴瓦内涂显示剂，然后把轴瓦装好，双头螺钉的紧固程度以轴能转动为宜。当螺柱均匀紧固后，轴能轻松转动且无过大间隙，显点达到要求，即为刮削合格。

5. 装配与间隙调整

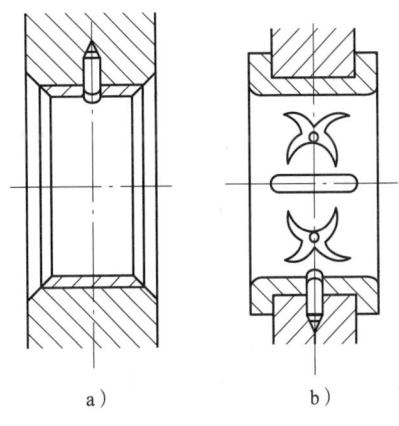

图 2—4—35 轴瓦的定位
a) 定位销定位 b) 台肩定位

刮好的轴瓦应仔细清洗后再重新装入轴承座、盖内，然后调整接合处的垫片，瓦内壁涂润滑油后细心装入配合件，保证轴与轴瓦之间的径向间隙符合设计要求，再按规定拧紧力矩均匀地拧紧锁紧螺母。

学习单元 3　离合器的装配与调整

离合器传动机构是用来连接轴与轴或轴与回转零件，以传递运动和动力的机械装置，通常用于机械传动系统的启动、停止、换向和变速等操作。在机器运转过程中，离合器可将传动系统中的主动件和从动件随时分离和接合。如机械在切削加工过程中，有时需要换挡变速，为保持换挡时的平稳，减小冲击和振动，需要暂时断开电动机与变速箱的连接，待换挡变速完成后再接合，这就需要离合器。对离合器传动机构的基本要求为：工作可靠，接合、分离迅速而平稳；操纵灵活，调节和修理方便；结构简单，质量轻，尺寸小，有良好的散热能力和耐磨性。

一、常见离合器的种类和特点

按控制方式不同，离合器可分为操纵离合器和自控离合器两大类。必须通过操纵接合元件才具有接合或分离功能的离合器称为操纵离合器。按操纵方式不同，操纵离合器分为机械离合器、电磁离合器、液压离合器和气压离合器四种。自控离合器是指在主动部分或从动部分某些性能参数变化时，接合元件具有自行接合或分离功能的离合器。自控离合器分为超越离合器、离心离合器和安全离合器三种。在机械机构直接作用下具有离合功能的离合器称为机械离合器。机械离合器有嵌合式和摩擦式两种类型。

1. 牙嵌离合器

牙嵌离合器是用爪牙状零件组成嵌合副的离合器。图2—4—36所示的牙嵌离合器，由端面上制有凸牙的套筒组成。固定套筒1固定在主动轴Ⅰ上，滑动套筒3用导向平键（或花键）与从动轴Ⅱ连接，并可由操作杆通过滑环4使其轴向移动，以实现离合器主、从动部分的接合或分离。为了使两个套筒对中，主动轴Ⅰ的固定套筒上安装有对中环2，从动轴Ⅱ在对中环中可自由转动。

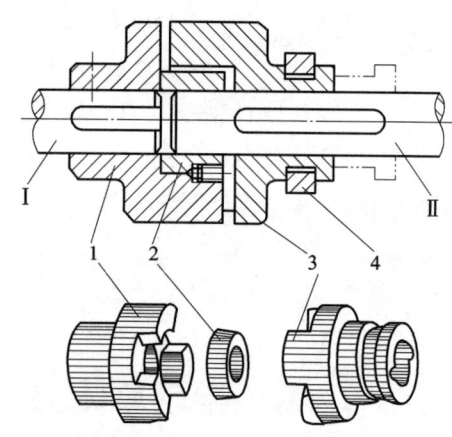

图2—4—36 牙嵌离合器
1—固定套筒 2—对中环 3—滑动套筒 4—滑环

牙嵌离合器通过凸牙的啮合来传递转矩和运动。常用的凸牙形状（沿圆周展开）如图2—4—37所示。其中，正梯形凸牙强度高，易于接合，能传递较大的转矩并自动补偿凸牙的磨损与间隙，应用较广；锯齿形凸牙只能传递单向转矩。

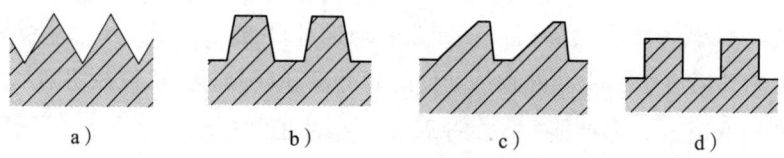

图2—4—37 牙嵌离合器的常用牙型
a）正三角形 b）正梯形 c）锯齿形 d）矩形

牙嵌离合器结构简单，外轮廓尺寸小，两轴接合后不会发生相对移动，但接合时有冲击，只能在低速或停车时接合，否则凸牙容易损坏。

2. 齿形离合器

齿形离合器是用内齿和外齿组成嵌合副的离合器（见图2—4—38），多用于机床变速箱内。

3. 片式离合器

片式离合器又称盘式离合器，是用圆环片的端平面组成摩擦副的离合器。如图2—4—39所示，离合器主要由两个圆盘组成。主动圆盘2固定在主动轴1上，从动圆盘3用导向平键（或花键）与从动轴6连接，并可以在轴上轴向移动。利用弹簧5可将两圆盘压紧。工作时，依靠两盘间的摩擦力传递转矩和运动。杠杆4用来控制离合器的接合或分离。

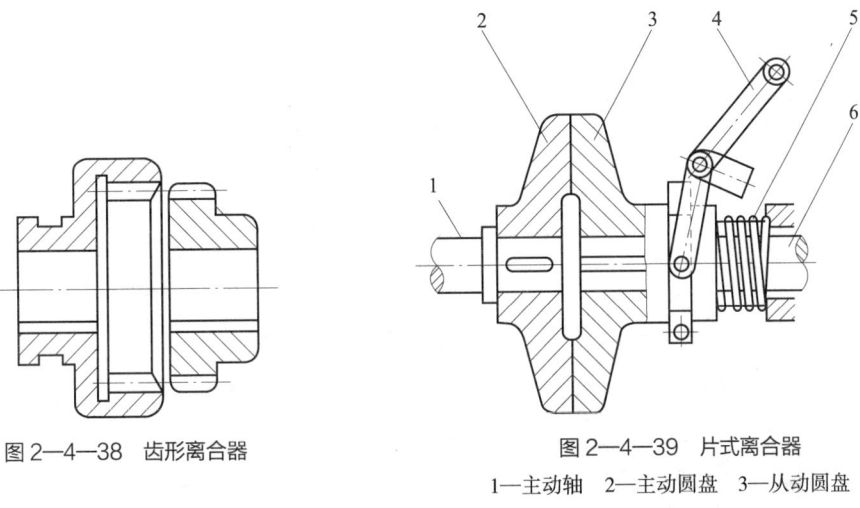

图2—4—38 齿形离合器

图2—4—39 片式离合器
1—主动轴　2—主动圆盘　3—从动圆盘
4—杠杆　5—弹簧　6—从动轴

这种离合器需要较大的轴向力，传递的转矩较小，但在任何转速条件下两轴均可以分离或接合，且接合平稳，冲击和振动小，过载时两摩擦面之间打滑，起保护作用。为了提高离合器传递转矩的能力，通常采用多片离合器。

图2—4—40a所示为多片离合器的结构。外鼓轮2和内套筒4分别用平键与主动轴1和从动轴3连接。离合器有两组摩擦片，一组为外摩擦片，另一组为内摩擦片。外摩擦片6的形状如图2—4—40b所示。外摩擦片外缘上有三个凸齿，与外鼓轮内孔的三条轴向凹槽相配，其内孔则不与任何零件接触。外摩擦片随主动轴一起回转。内摩擦片7的形状如图2—4—40c所示。内摩擦片内孔壁上有三个凹槽（也可制成凸齿），与内套筒外缘上三个轴向凸齿（也可制成凹槽）相配，而其外缘则不与任何零件相接触。内摩擦片随从动轴一起回转。内、外摩擦片相间安装，两组摩擦片均可沿轴向移动。内套筒的外缘上与凸齿相间另开有三个轴向凹槽，槽中装有可绕销轴转动的角形杠杆10，当滑环9向左移动时，角形杠杆通过压板5将两组摩擦片压向调节螺母8，离合器处于接合状态，靠两组摩擦片间的摩擦力传递转矩和运动。调节螺

母用以调节摩擦片之间的压力。当滑环向右移动时,弹簧片 11 顶起角形杠杆,使两组摩擦片松开,主动轴与从动轴间的传动被分离。内摩擦片也可以制成碟形摩擦片(见图 2—4—40d),在承压时被压平而与外摩擦片贴合,松开时由于碟形摩擦片弹性变形(弹力)的作用,可迅速与外摩擦片分离。

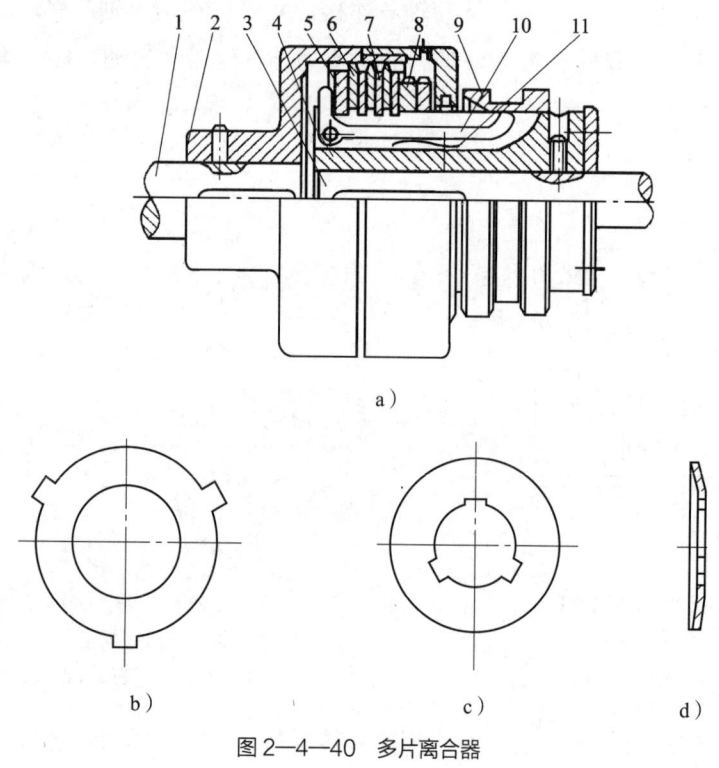

图 2—4—40 多片离合器
1—主动轴 2—外鼓轮 3—从动轴 4—内套筒 5—压板 6—外摩擦片
7—内摩擦片 8—调节螺母 9—滑环 10—角形杠杆 11—弹簧片

摩擦式离合器除上述机械操纵方式外,还有电磁、液压、气压等操纵方式,由此而形成的离合器结构各有不同,但其主体部分的工作原理是相同的。

图 2—4—41 所示为一种电磁操纵的摩擦式离合器,是利用电磁力来操纵摩擦片的接合与分离的。当电磁绕组 2 通电时,电磁力使电枢顶杆 1 压紧摩擦片组 3,离合器处于接合状态;当电磁绕组不通电时,电枢顶杆放松摩擦片组,离合器处于分离状态。

4. 超越离合器

超越离合器是通过主、从动部分的速度变化或旋转方向的变化而具有离合功能的离合器。超越离合器属于自控离合器,有单向和双向之分。

图2—4—42所示为滚柱式单向超越离合器，由星轮1、外圈2、滚柱3、顶杆4和弹簧5等组成。星轮通过平键与轴6连接，外圈外轮廓通常为齿轮，空套在星轮上。在星轮的三个缺口内，各装有一个滚柱，每个滚柱被弹簧、顶杆推向由外圈与星轮的缺口所形成的楔缝中。当外圈以慢速逆时针方向回转时，滚柱在摩擦力的作用下被楔紧在外圈与星轮之间，这时外圈通过滚柱带动星轮（轴）以慢速逆时针方向同步回转。

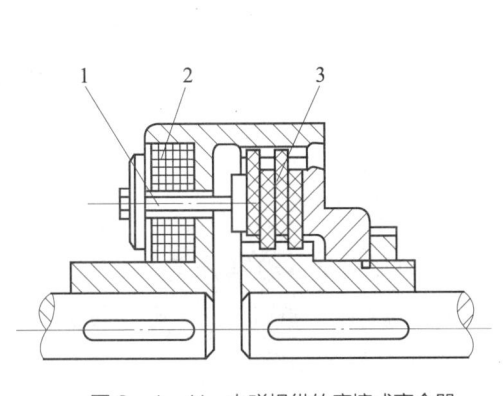

图2—4—41 电磁操纵的摩擦式离合器
1—电枢顶杆 2—电磁绕组 3—摩擦片组

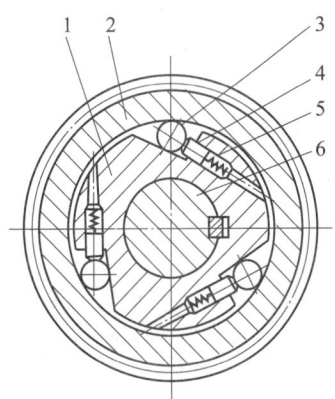

图2—4—42 滚柱式单向超越离合器
1—星轮 2—外圈 3—滚柱
4—顶杆 5—弹簧 6—轴

在外圈以慢速逆时针方向回转的同时，若轴由另外一个运动源（如电动机）带动作快速同方向回转，此时由于星轮的回转速度高于外圈，滚柱从楔缝中松回，使外圈与星轮脱开，按各自的速度回转而互不干扰。当电动机不带动轴快速回转时，滚柱又被楔紧在外圈与星轮之间，使轴随外圈慢速回转。

图2—4—43所示为棘轮单向超越离合器。盘4活套在轴2上，棘轮1用平键与轴连接，当盘以一定的转速逆时针方向回转时，棘爪3推动棘轮使轴同步逆时针方向回转。当轴在电动机驱动下快速逆时针方向回转时，棘爪在棘轮齿面滑过，盘仍保持原速度回转。

图2—4—44所示为滚柱式双向超越离合器。星轮1用平键与轴5连接，当空套的外圈3顺时针方向慢速回转时，摩擦力使滚柱2楔紧在外圈与星轮之间，外圈通过滚柱带动星轮，使轴以同样的转速顺时针方向回转。此时，内圈4随着一起回转。当内圈在可逆电动机驱动下快速回转，由图中可以看出，无论内圈朝哪个方向快速回转，都能通过星轮使轴快速回转，从而满足了正、反两个方向均能超越的要求。此时，滚柱从楔缝中退出，外圈仍维持原来的转速回转。

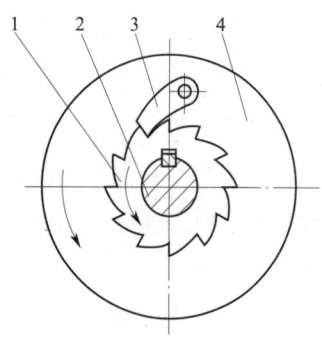
图2—4—43 棘轮单向超越离合器
1—棘轮 2—轴 3—棘爪 4—盘

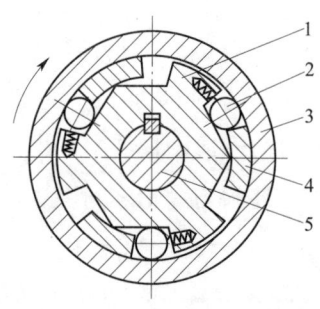
图2—4—44 滚柱式双向超越离合器
1—星轮 2—滚柱 3—外圈 4—内圈 5—轴

二、离合器的装配

离合器在机器运转过程中，可将主动轴与从动轴随时接合或分离。离合器装配的主要技术要求是：在接合和分离时离合器的动作要灵敏，能够传递足够的转矩，工作平稳、可靠；对于摩擦离合器，应解决发热和磨损补偿等问题。

1. 圆锥式摩擦离合器的装配

摩擦离合器靠接触面的摩擦力传递转矩，特点是接合平稳，且可起安全保护作用，但结构复杂，须经常调整。图2—4—45所示为圆锥式摩擦离合器。装配圆锥式摩擦离合器时，主要工作是修配锥体和调整开合装置。其装配步骤及要点如下。

（1）锥体的修配。圆锥式摩擦离合器装配前，必须检查齿轮3的内锥与摩擦轮4的外锥锥度是否一致。可通过涂色法检查两锥面的接触情况。接触良好时，其色斑应均匀地分布在整个圆锥表面上，如图2—4—46a所示；如色斑靠近锥底（见图2—4—46b）或靠近锥顶（见图2—4—46c），都表示锥体的角度不正确，必须用刮研和磨削的方法修整。

（2）装配调整开合装置。开合装置必须调整到手柄1成水平位置时（见图2—4—45a），使齿轮3的内锥与摩擦轮4的外锥两个锥面之间能产生足够的摩擦力，以保证能够传递一定的转矩。摩擦力的大小可通过调整轴6左端的螺母2实现，调整方法是：首先固定齿轮3，在摩擦轮4上绕一根细绳，绳端吊一重物，使其产生一定的转矩；然后旋动调节螺母2调节摩擦力的大小，直到使摩擦轮4不能自由地转动为止。锥面脱开是由弹簧5产生的弹力推动摩擦轮4的外锥实现的，如图2—4—45b所示。

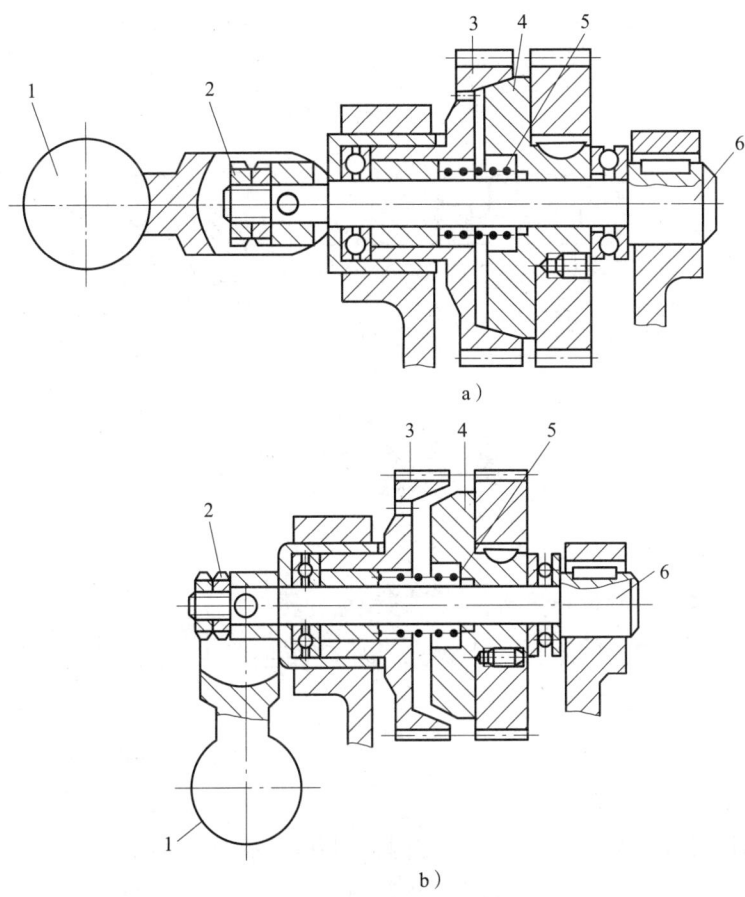

图 2—4—45 圆锥式摩擦离合器
a）工作状态 b）分离状态
1—手柄 2—螺母 3—齿轮 4—摩擦轮 5—弹簧 6—轴

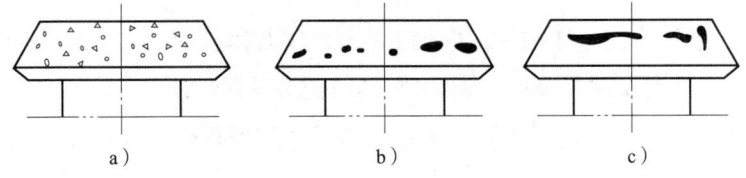

图 2—4—46 锥面上色斑分布情况
a）均匀分布 b）靠近锥底 c）靠近锥顶

2. 牙嵌离合器的装配

牙嵌离合器靠啮合的牙面来传递转矩，结构简单，但有冲击，如图 2—4—47 所示。它由两个端面具有凸牙的接合子组成，其中接合子 1 固定在主动轴 2 上，接合子 3 用导向键或花键与从动轴 5 连接。通过操纵手柄控制的拨叉可带动接合子 3 轴向移动，使接合子 1 和 3 接合或分离。导向环 4 用螺钉固定在主动轴接合子 1 上，以保证接合子 3 移动的导向和定心。

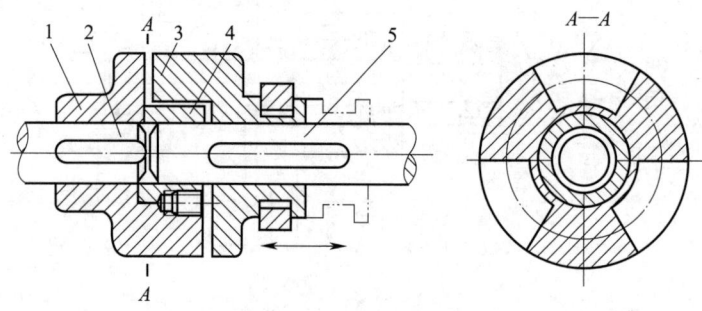

图 2—4—47 牙嵌离合器
1、3—接合子　2—主动轴　4—导向环　5—从动轴

（1）装配技术要求。
1）接合和分开时动作要灵敏，能传递设计的转矩，工作平稳可靠。
2）接合子齿形啮合间隙要尽量小些，以防旋转时产生冲击。
（2）装配方法。
1）将接合子 1 和 3 分别装在轴上，接合子 3 与从动轴 5 和键之间能轻快滑动，接合子 1 要固定在主动轴 2 上。
2）将导向环 4 安装在接合子 1 的孔内，用螺钉紧固。
3）将从动轴 5 装入导向环 4 的孔内，再装拨叉。

三、多片摩擦离合器间隙的调整

图 2—4—48 所示是车床主轴箱内轴 I 的双向多片摩擦离合器，它的作用是实现主轴启动、停止、换向及过载保护。该离合器具有左、右两组摩擦片，每组由若干个内、外摩擦片相间排叠组成，利用摩擦片在相互压紧时接触面之间所产生的摩擦力传递运动和转矩。

1. 双向多片摩擦离合器的工作原理

如图 2—4—48a 所示，带花键孔的内摩擦片 3 与轴 4 上的花键相连接。外摩擦片 2 的内孔是光滑圆孔，空套在轴 4 的花键外圆上；外摩擦片外圆上有四个凸齿，卡在空套齿轮 1 套筒部分的缺口内。内、外摩擦片在未被压紧时互不联系。如图 2—4—48b 所示，当操纵装置将滑环 9 向右移动，拉杆 7（在轴 4 孔内）上的元宝形摆块 8 绕支点摆动，其下端就拨动拉杆7向左移动。拉杆7左端有一固定销，推动滑套6及调整螺母5向左压紧左边的一组摩擦片（3和2），通过摩擦片间的摩擦力，将转矩由轴4传给双联空套齿轮1，主轴正转。同理，当用操纵装置将滑环9向左移动时，压紧右边的一组摩擦片，将转矩由轴4传给右边的单联空套齿轮11，这样可使主轴反转。当滑环在中间位置时，左、右两组摩擦片都处于松开状态，轴4的运动不能传给齿轮，主轴即停止转动。

摩擦离合器的压紧和松开由如图2—4—49所示的操纵装置控制。向上提起操纵手柄6时，通过曲柄5、连杆4、曲柄3使轴2和扇形齿1顺时针转动，传动齿条轴13（即图2—4—48b中的齿条轴13）右移，便可压紧左边的一组摩擦片，使主轴正转。向下扳动操纵手柄6时，右边的一组摩擦片被压紧，主轴反转。当操纵手柄在中间位置时，左、右两组摩擦片均松开，主轴停止转动。

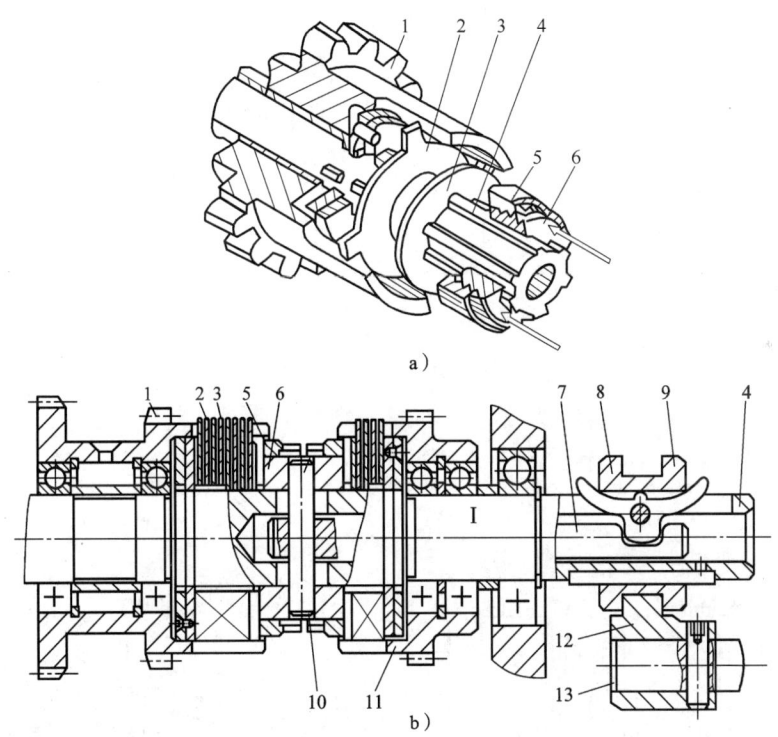

图2—4—48 轴I的双向多片摩擦离合器结构
1—双联空套齿轮 2—外摩擦片 3—内摩擦片 4—花键轴 5—调整螺母
6—滑套 7—拉杆 8—元宝形摆块 9—滑环 10—固定销
11—单联空套齿轮 12—拨叉 13—齿条轴

2. 多片摩擦离合器的间隙调整

离合器内、外摩擦片松开状态时的间隙要适当。如间隙过大，在压紧时会互相打滑，不能传递足够的转矩，易产生闷车现象，并易使摩擦片磨损；如间隙过小，易损坏操纵装置中的零件，停机时松不开，加剧摩擦片磨损、发热。如图 2—4—50 所示，双向多片摩擦离合器的调整方法是：先用螺钉旋具按下弹簧定位销 1，然后用另一把螺钉旋具拨转调整螺母，每次转过一槽，反复操作即获得所需间隙；调整好后必须使弹簧销从调整螺母的缺口中弹出，以防调整螺母在旋转中松脱。

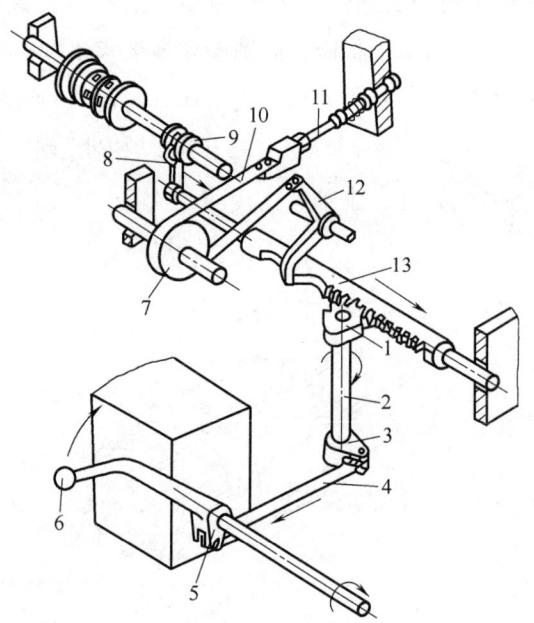

图 2—4—49 摩擦离合器、制动器的操纵装置
1—扇形齿 2—轴 3、5—曲柄 4—连杆 6—操纵手柄 7—制动轮 8—拨叉
9—滑环 10—制动带 11—杠杆调节螺钉 12—制动杠杆 13—齿条轴

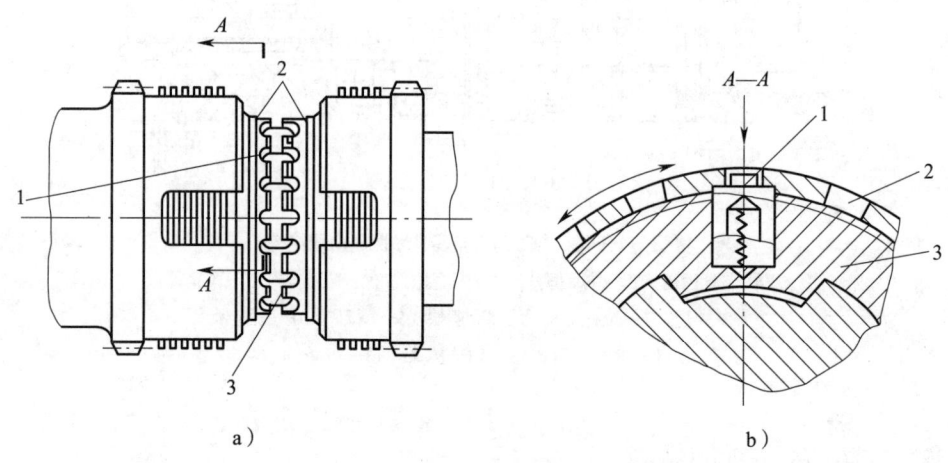

图 2—4—50 双向多片摩擦离合器的调整
1—弹簧定位销 2—调整螺母 3—滑套

课程 2—5　液压传动装配

学习内容

学习单元	课程内容	培训建议	课堂学时
（1）液压泵的装配	1）齿轮泵的工作原理和应用特点 2）CB 型齿轮泵的装配 3）叶片泵的工作原理和应用特点 4）YB 型叶片泵的装配	（1）方法：讲授法、演示法、练习法 （2）重点与难点：YB 型叶片泵的装配	10
（2）液压缸的装配	1）液压缸的类型和应用特点 2）液压缸的工作原理和简单计算	（1）方法：讲授法、演示法、练习法 （2）重点与难点：液压缸的工作原理和计算	14

■ 学习单元 1　液压泵的装配

液压泵的种类很多，目前常用的分类方法有：按泵的结构，可分为齿轮泵、叶片泵、柱塞泵等；按泵的输油方向能否改变，可分为单向泵和双向泵；按其输出流量能否调节，可分为定量泵和变量泵；按额定压力的高低，又可分为低压泵、中压泵和高压泵三类。

一、齿轮泵的工作原理和应用特点

齿轮泵是液压系统中常用的液压泵，按其结构不同分为外啮合式和内啮合式两大类，其中外啮合式齿轮泵应用较为广泛，下面重点介绍。

1. 外啮合式齿轮泵的工作原理

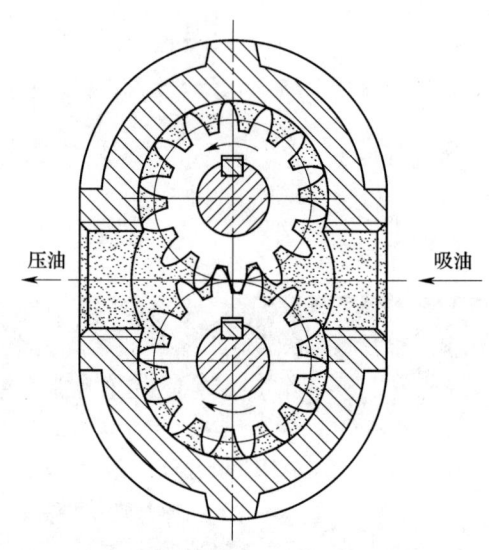

图 2—5—1 所示为外啮合式齿轮泵的工作原理。泵体内装有一对齿数相同相互啮合的齿轮，齿轮的两端面靠泵端盖（图中未画出）密封。泵体、端盖和齿轮的各齿槽形成了密封容积。这种泵无专门的配流装置，而是靠两齿轮沿齿宽方向的啮合线起配流装置的作用，即把密封容积分成吸油腔和压油腔两部分，在吸油与压油过程中相互不相通。当齿轮按图示箭头方向旋转时，右侧油腔由于轮齿逐渐脱开啮合，使密封容积逐渐增大而形成局部真空，油箱中

图 2—5—1 外啮合式齿轮泵工作原理

的油液在大气压作用下经油管进入吸油腔，充满齿槽，并随着齿轮的旋转被带到左腔。而左边的油腔，由于轮齿逐渐进入啮合，使密封容积逐渐减小，齿槽中的油液受到挤压，从排油口排出。当齿轮不断旋转时，吸油腔不断吸油，压油腔不断排油。

2. 外啮合式齿轮泵的特点及用途

外啮合式齿轮泵结构简单，尺寸小，质量轻，制造方便，价格低廉，工作可靠，自吸能力强（允许的吸油真空度大），对油液污染不敏感，维护容易。但一些机件要承受不平衡径向力，磨损严重，泄漏大，工作压力的提高受到限制；此外，它的流量脉动大，因而压力脉动和噪声都较大。外啮合式齿轮泵主要用于低压或不重要的场合。

二、CB 型齿轮泵的装配

1. CB 型齿轮泵的结构

CB 型齿轮泵的结构如图 2—5—2 所示。

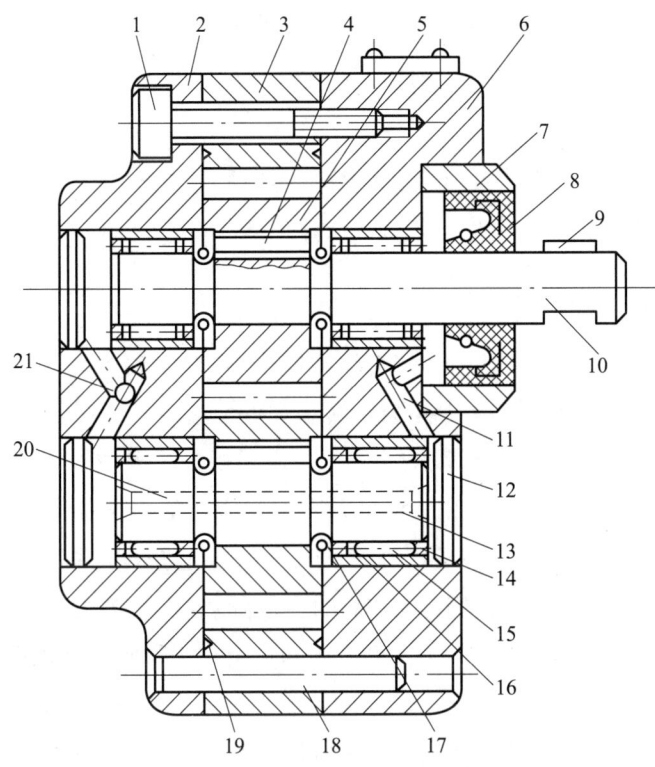

图2—5—2 CB型齿轮泵的结构
1—螺钉 2—压盖板 3—泵体 4—平键 5—齿轮 6—前盖板 7—套 8—回转密封圈
9—平键 10—长轴 11—泄油孔 12—压盖 13—短轴 14—挡圈 15—滚针
16—轴承壳 17—弹簧挡圈 18—圆柱销 19—卸荷槽
20—短轴中心孔 21—小孔

2. CB型齿轮泵的装配

（1）检查各零件，仔细去掉毛刺，用油石修钝锐边，注意齿轮不能倒角。

（2）用清洁煤油仔细清洗零件。

（3）CB型齿轮泵的轴向间隙由齿轮与泵体直接控制，中间不许加纸垫。可将泵体和齿轮的厚度分别用千分尺测出，使泵体厚度大于齿轮厚度0.02～0.03 mm；或将泵体与齿轮直接放在标准平台上，用百分表比较测量，其径向间隙保持在0.13～0.16 mm。

（4）将定位销插入后，对角交叉均匀紧固螺钉，以防变形。

（5）装完后用手旋转长轴，感觉旋转平稳、无轻重不均匀现象为合适。

（6）将油泵置于工作系统或试验台上，空转约15 min，升至工作压力，一般压力波动在 ±0.15 MPa。

三、叶片泵的工作原理和应用特点

叶片泵可分为双作用式和单作用式两大类,前者是定量泵,后者是变量泵。叶片泵在液压系统中得到了广泛应用。

1. 双作用叶片泵的工作原理

图2—5—3所示为双作用叶片泵的工作原理。该泵主要由定子1、转子2、叶片3、配流盘4、传动轴5和泵体6等组成。转子和定子同心安装。定子内表面近似椭圆形,它由两段长半径R圆弧、两段短半径r圆弧和四段过渡曲线组成。转子旋转时,由于离心力和叶片根处油压的作用,使叶片顶部紧靠在定子内表面上,这样,由每两个叶片之间和定子的内表面、转子的外表面及前后配流盘形成了若干个密封工作腔。如图中转子顺时针方向旋转时,密封工作腔的容积在左上角和右下角处逐渐增大,形成局部真空而吸油,为吸油区;在右上角和左下角处密封工作腔的容积逐渐减小而压油,为压油区。吸油区和压油区之间有一段封油区把它们隔开。这种泵的转子每转一周,每个密封工作腔完成吸油、压油各两次,故称为双作用叶片泵。又因为泵的两个吸油区和压油区是径向对称的,使作用在转子上的径向液压力平衡,所以又称为卸荷式叶片泵。

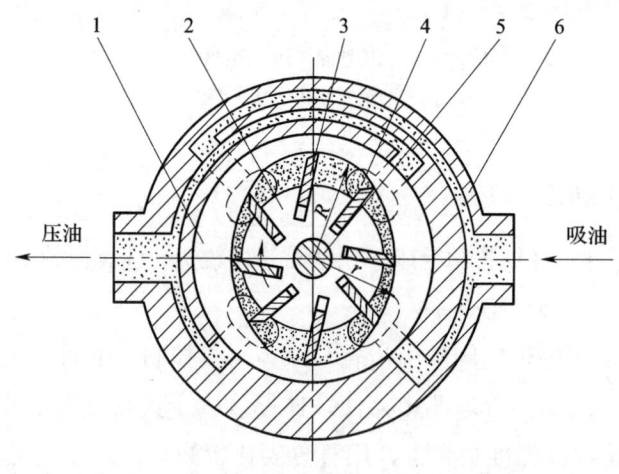

图2—5—3 双作用叶片泵工作原理
1—定子 2—转子 3—叶片 4—配流盘 5—传动轴 6—泵体

2. 单作用叶片泵工作原理

如图2—5—4所示,单作用叶片泵由转子1、定子2、叶片3、配流盘4、泵体5

等组成。它与定量泵的不同之处是，定子的内孔是一个与转子偏心安装的圆环，两侧的配流盘上开有两个配流窗口（一个吸油窗口、一个压油窗口），这样，转子每转一转，转子、定子、叶片和配流盘之间形成的密封容积只变化一次，完成一次吸油和压油，因此称为单作用叶片泵。由于转子单方向承受压油腔油压的作用，径向力不平衡，所以又称为非卸荷式叶片泵。这种泵的工作压力不宜过高，其最大特点是只要改变转子和定子的偏心距 e 和偏心方向，就可以改变输油量和输油方向，故称为变量叶片泵。

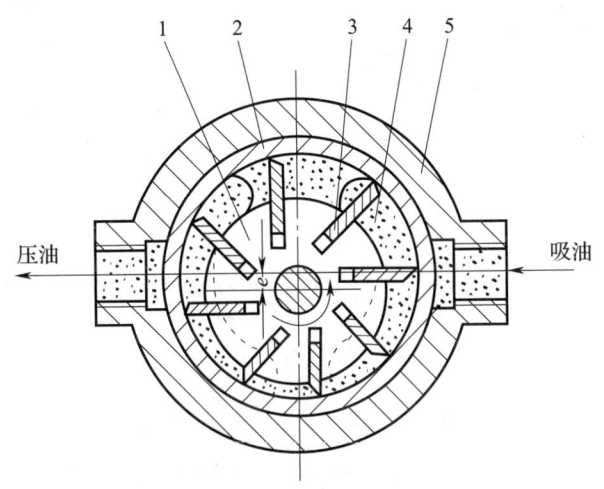

图 2—5—4　单作用叶片泵工作原理
1—转子　2—定子　3—叶片　4—配流盘　5—泵体

3. 叶片泵的应用特点

叶片泵具有流量均匀、运转平稳、噪声小等优点，但结构比较复杂，自吸能力差，对油液污染比较敏感。

四、YB 型叶片泵的装配

1. YB 型叶片泵的结构

YB 型叶片泵的结构如图 2—5—5 所示。

2. YB 型叶片泵的装配

（1）装配时各零件应仔细清洗干净，不得有任何污物。

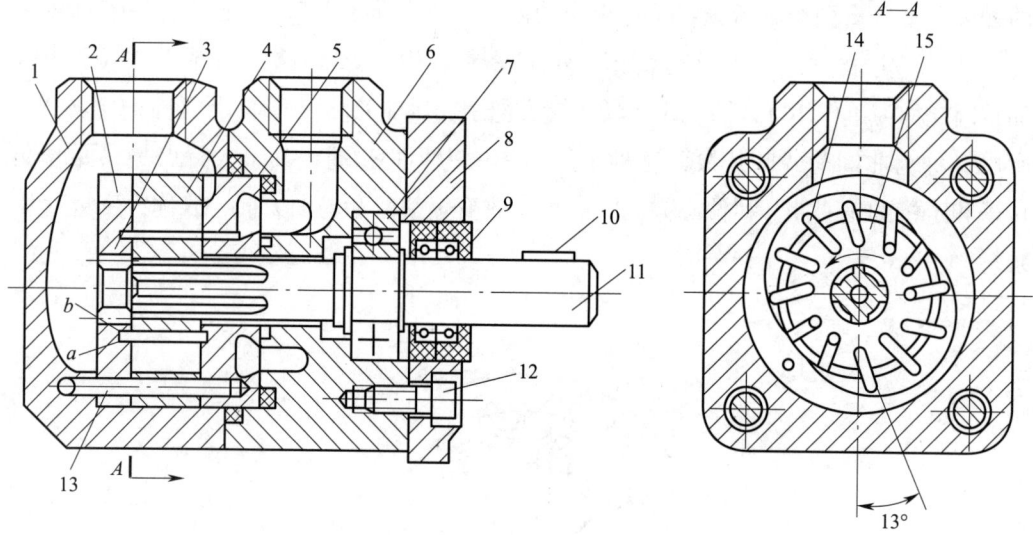

图 2—5—5 YB 型叶片泵的结构

1—泵体 2—左配油盘 3—滚针轴承 4—定子 5—右配油盘 6—壳体 7—滚动轴承 8—端盖
9—密封圈 10—键 11—传动轴 12—螺钉 13—定位销 14—叶片 15—转子

（2）叶片应与修磨后的转子叶片槽配研，保持间隙在 0.008 ~ 0.015 mm，用手推动应灵活自如，且其高度应保证略低于转子槽口 0.005 mm。

（3）定子与转子配油盘间的轴向间隙保持在 0.04 ~ 0.06 mm。

（4）注意叶片与转子在定子中应保持原来的方向，不得装反。

（5）装好后，用手旋转花键轴应灵活平稳，无阻滞现象。

（6）在额定压力与流量下试运转时，各接合面不得漏油。

（7）在额定压力下工作，压力波动值允差 ±0.2 MPa。

学习单元 2　液压缸的装配

一、液压缸的类型和应用特点

液压缸按结构可分为活塞缸、柱塞缸和摆动缸三类；按其供油方向不同，可分为单作用式和双作用式两种。单作用式液压缸中，液压力只能使活塞（或柱塞）单方向运动，反方向运动必须靠外力（如弹簧力或自重等）实现；双作用式液压缸可由液压力实现两个方向的运动。活塞式液压缸分为双杆式和单杆式两种。双杆活塞缸常用于要求往复运动速度和负载相同的场合。单杆活塞缸常用于一个方向有较大负载但运行速度较低，另一个方向为空载快速退回运动的设备，如各种金属切削机床、压力机、注塑机、起重机的液压系统常用单杆活塞缸。柱塞缸是一种单作用液压缸。柱塞缸的主要特点是柱塞与缸体内壁不接触，适用于较长行程的场合，如龙门刨床、导轨磨床、大型拉床等设备的液压系统中。

二、液压缸的工作原理和简单计算

液压缸是液压系统中的执行元件，是将液压泵输入的油液压力能转换为驱动工作机构做直线往复或旋转（摆动）运动的机械能。液压缸的主要输出为力和速度，也有输出转矩与转速的。

1. 单作用液压缸的工作原理

常用的单作用液压缸有柱塞式和活塞式两种。以活塞式单作用缸为例说明其工作原理。如图2—5—6所示，当压力为 p 的工作液体由液压缸进油口以流量 q 进入活塞缸左腔后，油液压力均匀作用在活塞左端面上，活塞杆在油液压力作用下产生推力 F，并以速度 v 向右伸出，从而驱动工作机构；反之，若液压缸左腔卸压，则活塞靠自重（垂直安装情况下）或弹簧力等外力作用下缩回。

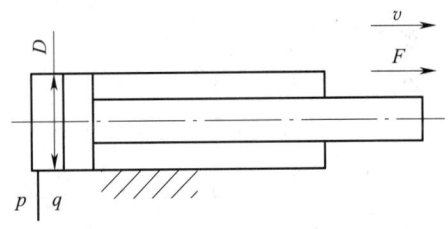

图2—5—6 单作用活塞液压缸工作原理

活塞式单作用缸输出的推力 F 为：

$$F = A p \eta_\mathrm{m} = \frac{\pi}{4} D^2 p \eta_\mathrm{m} \qquad (2\text{—}5\text{—}1)$$

式中　A——活塞的有效面积；

　　　D——活塞的直径；

　　　p——液压缸的进油液压力；

　　　η_m——液压缸的机械效率。

推力 F 与外载荷平衡，故液压缸的进油压力 p 取决于外载荷。

活塞杆的伸出速度 v 为：

$$v=\frac{q}{A}\eta_V=\frac{4q\eta_V}{\pi D^2} \quad (2\text{—}5\text{—}2)$$

式中　q——液压缸的输入流量；

　　　η_V——液压缸的容积效率。

由式（2—5—1）可以看出，对于确定的液压缸，活塞杆的输出力 F 的值取决于输入油液的压力 p，与液压缸的输入流量无关；由式（2—5—2）可以看出，活塞杆的伸出速度 v 的大小取决于液压缸的输入流量 q，与液压缸的进油液压力 p 无关。

2. 双作用液压缸的工作原理

双作用液压缸与单作用液压缸不同，它是分别向液压缸的两侧输入压力油液，活塞的正、反向运动均靠油液压力来完成。

（1）双作用单活塞杆液压缸。双作用单活塞杆液压缸如图 2—5—7 所示。该液压缸只有一端有活塞杆伸出，它的活塞两端作用面积不等。工作时可以是缸筒固定，活塞杆驱动载荷；还可以是活塞杆固定，缸筒驱动载荷。在缸筒固定情况下，当 A 口进油液，B 口回油液时，活塞杆伸出；当 B 口进油液，A 口回油液

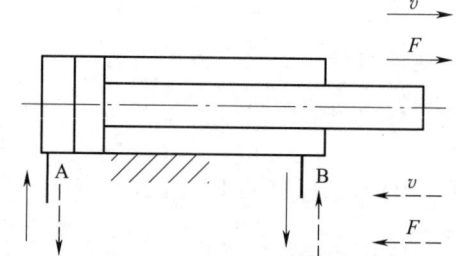

图 2—5—7　双作用单活塞杆液压缸工作原理

时，活塞杆缩回。由于能够完成正、反两个方向的运动，故称之为双作用液压缸。

活塞杆伸出和缩回时所产生的推力 F_1 和拉力 F_2 分别为：

$$F_1=(A_1p_1-A_2p_2)\eta_m=\frac{\pi}{4}[D^2(p_1-p_2)+d^2p_2]\eta_m \quad (2\text{—}5\text{—}3)$$

$$F_2=(A_2p_1-A_1p_2)\eta_m=\frac{\pi}{4}[D^2(p_1-p_2)-d^2p_1]\eta_m \quad (2\text{—}5\text{—}4)$$

式中　D——活塞直径；

　　　d——活塞杆直径；

　　　p_1——液压缸的进油压力；

　　　p_2——液压缸的出油压力；

　　　η_m——液压缸的机械效率。

活塞杆伸出速度 v_1 和缩回速度 v_2 分别为：

$$v_1=\frac{q}{A_1}\eta_V=\frac{4q}{\pi D^2}\eta_V \quad (2\text{—}5\text{—}5)$$

$$v_2 = \frac{q}{A_2}\eta_V = \frac{4q}{\pi(D^2-d^2)}\eta_V \qquad (2\text{—}5\text{—}6)$$

式中 q——液压缸的输入流量；

η_V——液压缸的容积效率。

由式（2—5—5）和式（2—5—6）可得

$$\varphi = \frac{v_1}{v_2} = \frac{D^2-d^2}{D^2} \qquad (2\text{—}5\text{—}7)$$

式中，φ 为液压缸伸缩运动速比。比较式（2—5—5）和式（2—5—6），因为 $A_1>A_2$，所以有 $v_1<v_2$。即当无杆腔进油液时，产生的推力大而速度慢；当有杆腔进油液时，产生的拉力小而速度快。由式（2—5—7）还可看出，活塞杆越粗（d 越大），速比 φ 越小，活塞杆缩回的速度越快。

（2）差动式液压缸。如图 2—5—8 所示，当将无杆腔与有杆腔相连通，同时向液压缸两个腔中输入相同压力的油液时，由于无杆腔的有效作用面积比有杆腔的大，所以无杆腔内的压力大于有杆腔内的压力，使活塞杆做伸出运动，并将有杆腔中的油液挤出，流入无杆腔，从而加快了活塞杆的伸出速度。活塞杆缩回时，为有杆腔进油液，无杆腔回油液。

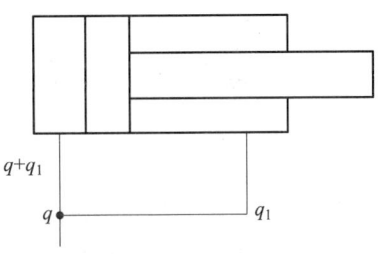

图 2—5—8 差动式液压缸工作原理

液压缸的这种连接方式称为差动连接，这种连接的液压缸叫作差动式液压缸。差动连接也可以使双作用单活塞杆液压缸的伸出和缩回速度相等。

差动式液压缸活塞杆伸出速度为 v_1、缩回速度为 v_2。

因为：

$$v_1 A_1 = q + v_1 A_2$$

则有：

$$v_1 = \frac{q}{A_1-A_2}\eta_V = \frac{4q}{\pi d^2}\eta_V \qquad (2\text{—}5\text{—}8)$$

$$v_2 = \frac{q}{A_2}\eta_V = \frac{4q}{\pi(D^2-d^2)}\eta_V \qquad (2\text{—}5\text{—}9)$$

活塞杆的推力 F_1 为：

$$F_1 = (A_1 p_1 - A_2 p_1)\eta_m = \left[\frac{\pi}{4}D^2 p_1 - \frac{\pi}{4}(D^2-d^2)p_1\right]\eta_m = \frac{\pi}{4}d^2 p_1 \eta_m \qquad (2\text{—}5\text{—}10)$$

欲使差动式液压缸的伸缩速度相等，即 $v_1=v_2$，则由式（2—5—8）和式（2—5—9）得 $D=\sqrt{2}d$。

（3）双作用双活塞杆液压缸。双作用双活塞杆液压缸的工作原理如图 2—5—9 所示。这种液压缸两端有相等直径的活塞杆伸出，液压缸两端的受力面积相等。当流量相等时，两个方向的运动速度 v 相等；当两端的输入压力相等时，两个方向的输出力 F 相等。分别为：

$$F=\frac{\pi}{4}(D^2-d^2)(p_1-p_2)\eta_m \qquad (2—5—11)$$

$$v_2=\frac{4q\eta_V}{\pi(D^2-d^2)} \qquad (2—5—12)$$

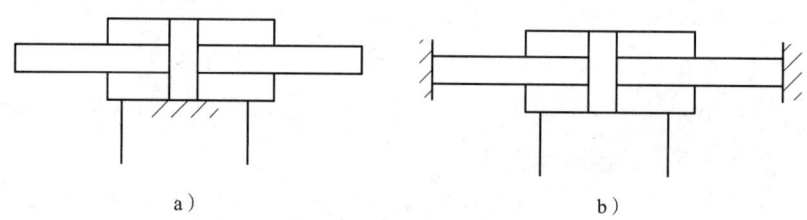

图 2—5—9　双作用双活塞杆液压缸的工作原理
a）缸筒固定　b）活塞杆固定

这种液压缸可将缸体固定（见图 2—5—9a），当缸的左腔输入油液时，推动活塞向右移动，右腔中的油液排出；反之，活塞反向移动。其活动范围约为活塞有效行程的三倍。当将活塞杆固定（见图 2—5—9b），缸筒作为活动件，左腔输入油液时，液压缸向左移动，右腔油液被排出；反之，液压缸反向移动，缸筒便可以驱动工作机构运动。这种情况下液压缸的活动范围约为缸体有效行程的两倍。

课程 2—6　部件和整机装配

学习内容

学习单元	课程内容	培训建议	课堂学时
（1）旋转体静平衡试验	1）旋转体平衡的基础知识 2）静平衡试验的方法 3）典型旋转体的静平衡	（1）方法：讲授法、练习法、案例教学法 （2）重点与难点：静平衡试验的方法	6

续表

学习单元	课程内容	培训建议	课堂学时
（2）通用机械设备整机装配	1）装配尺寸链知识 2）压缩机的整机装配 3）空气锤的整机装配 4）压力机的整机装配 5）普通车床的整机装配 6）普通铣床的整机装配	（1）方法：讲授法、练习法 （2）重点与难点：各类通用机械设备整机装配	42

学习单元 1　旋转体静平衡试验

在机器中具有一定转速的零件或部件称为旋转体，如带轮、飞轮、齿轮、叶轮、曲轴、砂轮、电动机转子等。由于内部组织密度不均匀，零件外形误差（尤其是非加工部分）、装配误差，以及结构、形状局部不对称（如键槽）等原因，旋转体在其径向各截面上或多或少地存在一些不平衡量，此不平衡量由于与旋转中心之间有一定的距离（称为质量偏心距），因此，当旋转体转动时不平衡量便会产生惯性力。

一、旋转体平衡的基础知识

1. 惯性力

旋转体因偏重而引起的惯性力大小为：

$$F = \frac{W}{g} e \left（\frac{\pi n}{30}\right）^2$$

式中　F——惯性力，N；

　　　W——旋转体的偏重，N；

　　　g——重力加速度，$g=9.8 \text{ m/s}^2$；

　　　e——质量偏心距，m；

　　　n——转速，r/min。

由上式可以看出，对于重型或高转速的旋转体，即使具有不大的偏心距，也会引起很大的惯性力。由于惯性力的大小随转速的平方而变化,当转速增加时,惯性力将迅速增大,这样会加速轴承磨损,使机器在工作中发生摆动和振动,甚至造成零件疲劳损坏或断裂。因此,为了保证机器的运转质量,在装配前要对旋转体(尤其是高速运转的情况下)进行平衡调整,消除惯性力,从而达到所要求的平衡精度。

2. 不平衡的种类

零件或部件在其旋转过程中不平衡量的分布是复杂的,也是无规律的,但其最终产生的影响主要有以下两类。

(1)静不平衡。旋转体的主惯性轴与旋转轴线不重合,但平行,如图2—6—1a所示。当旋转体转动时,会产生不平衡惯性力。静不平衡的零件,只有当它的偏重在沿铅垂线下方时才能静止不动。在旋转时,则由于惯性力的作用而使轴产生朝偏重方向的弯曲,并使机器发生振动,如图2—6—1b所示。

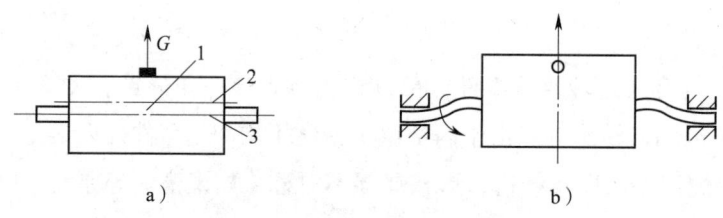

图2—6—1 旋转零件的静不平衡
1—重心 2—主惯性轴 3—旋转轴线

(2)动不平衡。旋转体的主惯性轴与旋转轴线相交,且交点位于旋转体的重心上,如图2—6—2a所示。这时旋转体虽处于静平衡状态,但旋转体旋转时将产生一不平衡力矩。当旋转体在旋转时,由于不平衡力矩的作用而使轴产生弯曲,同样会使机器产生振动,如图2—6—2b所示。图2—6—2c所示为一曲轴,其重心在旋转轴上,但旋转时会产生不平衡力矩。因此,零件或部件在径向位置上有偏重(或相互抵消)而在轴向位置上有两个偏重相隔一定的距离时,称为动不平衡。

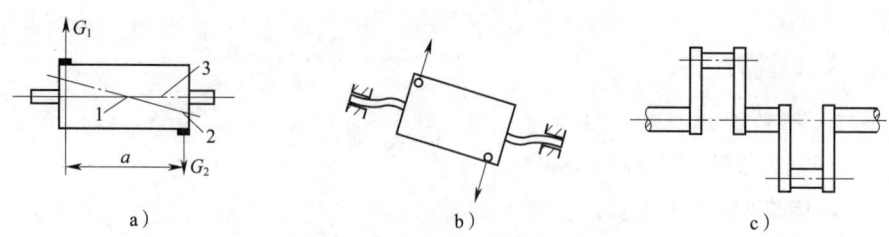

图2—6—2 旋转零件的动不平衡
1—重心 2—主惯性轴 3—旋转轴线

二、静平衡试验的方法

静平衡用以消除零件在径向位置上的偏重，根据零件静止时偏重总是停留在铅垂方向上最低位置的原理，在棱形、圆柱形或滚轮等平衡架上测定偏重的方向和大小，如图2—6—3所示。平衡架必须置于水平位置（见图2—6—4），且具有光滑和良好耐磨性的表面，以减小阻力和磨损，提高平衡的精度。找出偏重点后，可在偏重的位置上去除材料或在反方向上配重，从而使零件和部件消除偏重，使旋转体达到平衡，这样的方法叫作静平衡。

旋转体静平衡的方法有三种，分别是用平衡杆进行静平衡、用平衡块进行静平衡、用三点平衡法进行静平衡。

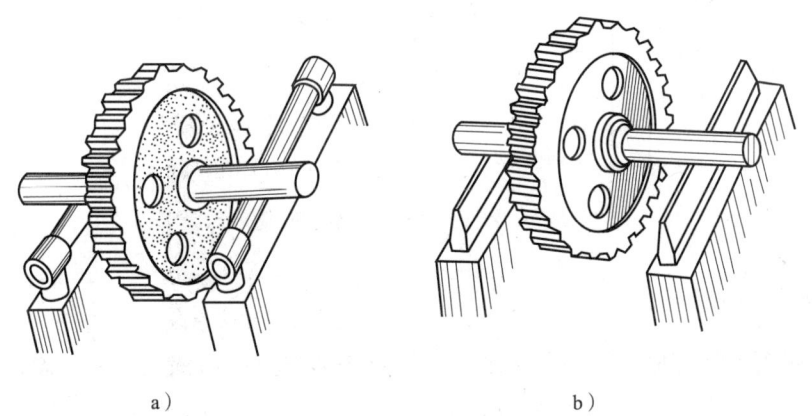

a）　　　　　　　　　　b）

图2—6—3　静平衡装置
a）圆柱形平衡架　b）棱形刀口平衡架

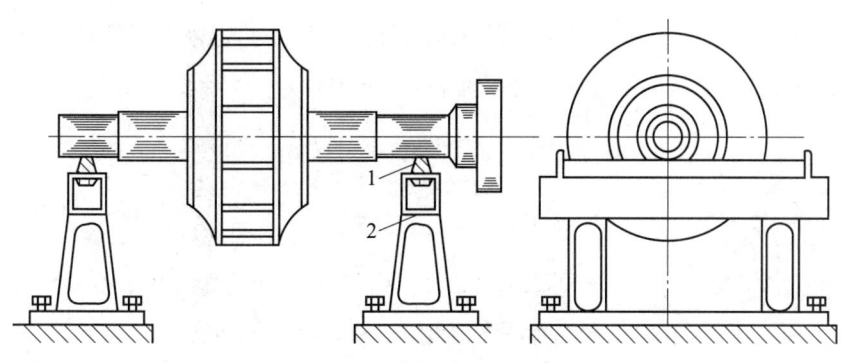

图2—6—4　静平衡装置的结构
1—支承　2—立柱

1. 用平衡杆进行静平衡

将一需要进行静平衡的齿轮装上心轴后，放在水平的静平衡架上，如图 2—6—5 所示。使齿轮缓慢转动，待静止后在其正下方做一标记 S。重复转动齿轮若干次，若 S 处始终位于最下方，就说明零件有偏重，其方向就指向标记 S 处。沿偏重方向装上平衡杆，调整平衡块，使平衡力矩 L_1F_1（L_1 为平衡块至中心的距离，F_1 为平衡块重）等于重心偏移所形成的力矩，则该齿轮组件处于静平衡。在零件的偏重一边离重心 L_0 处钻去重力为 F_0 的金属，使 $L_0F_0=L_1F_1$，这样就可以消除静不平衡。

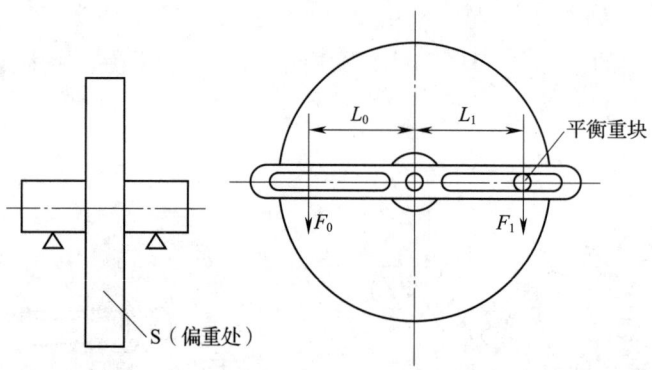

图 2—6—5 用平衡杆进行静平衡

2. 用平衡块进行静平衡

将被测盘状零件放在平衡心轴上，然后在平衡架上找出偏重方向，做标记 S，如图 2—6—6a 所示。在偏重的相对位置上紧固第一块平衡块 G_1（这一平衡块以后不要再移动），如图 2—6—6b 所示。再将零件放在平衡架上调整，如果在任何位置上都能够停止，则一块平衡块就可以达到平衡；如果仍存在偏重，可分别在 G_1 的两侧放平衡块 G_2 和 G_3（见图 2—6—6c），并根据偏重情况同时移动并紧固两平衡块 G_2 和 G_3，直到零件在任何位置上都能够停留为止（见图 2—6—6d）。

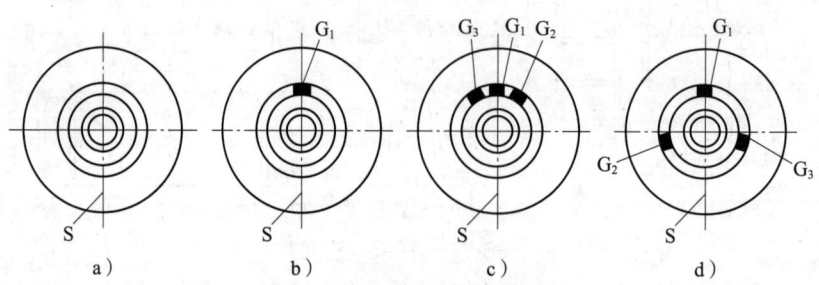

图 2—6—6 用平衡块进行静平衡

3. 三点平衡法进行静平衡

当被平衡零件不能预先找出重心，也不能确定偏重的方向时，可用三点平衡法进行静平衡。用三块质量相同的平衡块均匀配置在工件的侧面，通过转动找出偏重的大概位置，然后调节平衡块的位置，这样使工件逐渐接近平衡，经过这样反复多次调节平衡块的位置，最终达到静平衡。

三、典型旋转件的静平衡

1. 外圆磨床砂轮的静平衡

如图 2—6—7 所示，磨床砂轮在试运行和磨削前必须调整其静平衡，操作步骤如下：

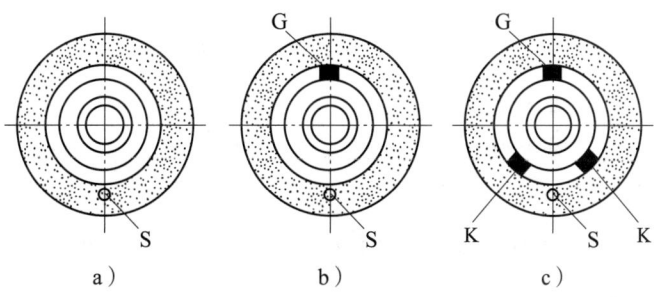

图 2—6—7 磨床砂轮静平衡

（1）将平衡架纵向和横向都调整到水平位置。

（2）卸下全部平衡块，在法兰盘孔中插入平衡心轴，然后放在平衡架上缓慢转动，待静止后在砂轮正下方 S 处做上标记（见图 2—6—7a），此点即为重力中心位置。

（3）相对于重力中心位置 S，紧固第一块平衡块 G，这个平衡块以后不再移动，如图 2—6—7b 所示。

（4）与平衡块 G 相对应，紧固另外两块平衡块 K，如图 2—6—7c 所示。

（5）再将砂轮放在平衡架上慢慢转动，如仍不平衡，可移动两个平衡块 K 的位置，一直调整到砂轮在任何位置都能停留为止。

2. 普通砂轮的静平衡

有一砂轮需进行静平衡，现采用三点平衡法，操作步骤如下。

（1）将质量相等的三个平衡块（重力为 G）分别固定在砂轮的圆槽上，使三块平衡块的距离（周向）相等，如图2—6—8a所示。取其中任何一块 n_1 放在垂线上时，则砂轮就有可能静止不转动。如果砂轮按顺时针方向转动，说明其重心在右边的某一位置上（如图2—6—8b所示，假设砂轮的重心在S处，偏重为 G_0），需将平衡块 n_1 向左移动，使砂轮处于暂时的平衡状态。用力矩表示即为：

$$GL_1+GL_2=GL_3+G_0L_0$$

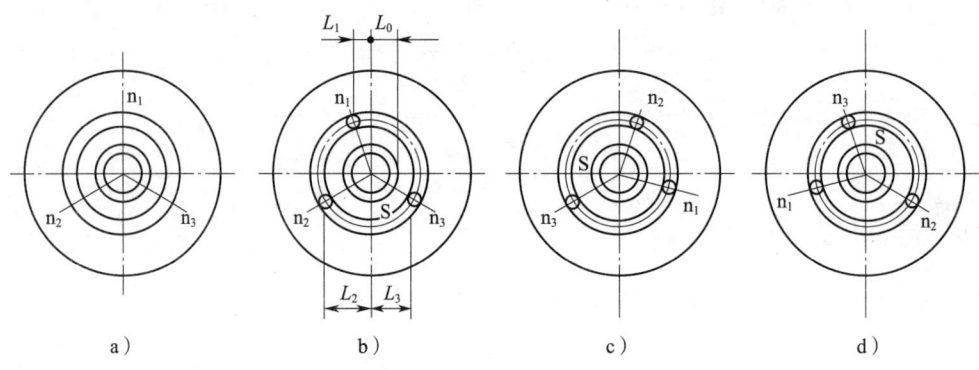

图2—6—8 用三点平衡法进行静平衡

（2）转动砂轮，使平衡块 n_2 处于垂线的上方，砂轮有可能处于不平衡状态。若砂轮按逆时针方向转动，则将平衡块 n_2 向右移动，使砂轮再次处于暂时的平衡状态，如图2—6—8c所示。

（3）转动砂轮，使平衡块 n_3 处于垂线上方，用上述方法进行砂轮的第三次静平衡，如图2—6—8d所示。

通过这样调整三块平衡块的位置，砂轮往往不可能在任何位置上都静止不动，而只是近于平衡。因为移动平衡块 n_3 后影响了 n_1 的平衡，必须再重新调整 n_1，继而调整 n_2、n_3，这样重复几次，才能使砂轮在转动到任何位置时均能静止不动，达到静平衡。

学习单元2 通用机械设备整机装配

一、装配尺寸链知识

机器的装配精度是由相关零件的加工精度和合理的装配方法共同保证的。因此，如何查找那些对装配精度有影响的零件，进而选择合理的装配方法并确定这些零件的加工精度，成为机械制造和机械设计工作中的一个重要课题。为了正确和定量地解决上述问题，就需要将尺寸链基本理论应用到装配中，即建立装配尺寸链和解装配尺寸链。

1. 装配尺寸链的基本概念

装配尺寸链是以某项装配精度指标（或装配要求）作为封闭环，查找所有与该项精度指标（或装配要求）有关零件的尺寸（或位置要求）并将其作为组成环而形成的尺寸链。装配尺寸链与工艺尺寸链有所不同。工艺尺寸链中所有尺寸都分布在同一个零件上，主要解决零件加工精度问题；而装配尺寸链中每一个尺寸都分布在不同的零件上，每一个零件的尺寸就是一个组成环，有时两个零件之间的间隙也构成组成环。装配尺寸链主要解决装配精度问题。它是研究与分析装配精度与各有关尺寸关系的基本工具。

（1）装配尺寸链与尺寸链简图。为了解决机床装配的某一个精度问题，要涉及各零件的许多有关尺寸。如果把这些互相联系且影响某一个装配精度的有关尺寸彼此顺序地连接排列起来，就能构成一个封闭的尺寸组合，称为装配尺寸链，如图2—6—9所示。

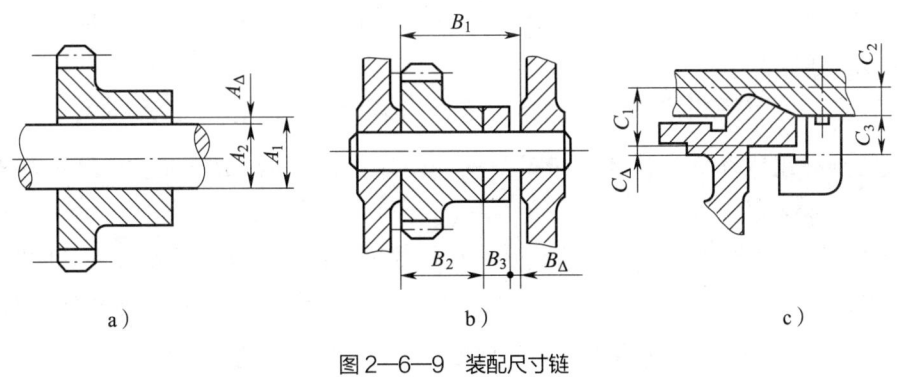

图2—6—9 装配尺寸链

装配尺寸链具有以下两个特征：
1）组件内各零件的有关尺寸连接排列起来构成封闭外形。
2）构成这个封闭外形的每个独立尺寸的偏差都影响着装配精度。

运用尺寸链原理来分析机械部件、组件的装配精度问题，是一种有效的方法。任何机械都是由若干互相关联的零件和部件所组成的，这些零部件的有关尺寸就反映着它们之间的彼此联系而形成尺寸链。所以从尺寸链的角度来看，整个机械就是一个彼此有着密切关系的尺寸链系统。

装配尺寸链可从装配图中找出。为了方便起见，通常不绘出该装配部分的具体结构，也不必按严格的比例，而只需依次绘出各有关尺寸，排列成封闭外形的尺寸链简图即可，如图2—6—10所示。

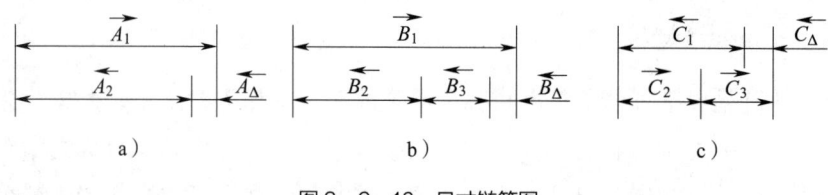

图2—6—10 尺寸链简图

（2）尺寸链的组成。构成尺寸链的每一个尺寸都称为尺寸链的环，每个尺寸链至少应有三个环。

1）封闭环。在零件加工和机器装配中，最后自然形成（间接获得）的尺寸称为封闭环。一个尺寸链中只有一个封闭环，如图2—6—10中的A_Δ、B_Δ、C_Δ。在装配尺寸链中，封闭环即装配的技术要求。

2）组成环。尺寸链中除闭环外的其余尺寸称为组成环，如图2—6—10中的A_1、A_2，B_1、B_2、B_3，C_1、C_2、C_3等都是组成环。

①增环。在其他组成环不变的条件下，当某一组成环的尺寸增大时，封闭环随之增大，则该组成环称为增环，如图2—6—10中的A_1、B_1、C_2和C_3。增环用符号$\overrightarrow{A_1}$、$\overrightarrow{B_1}$、$\overrightarrow{C_2}$和$\overrightarrow{C_3}$表示。

②减环。在其他组成环不变的条件下，当某一组成环的尺寸增大时，封闭环随之减小，则该组成环称为减环，如图2—6—10中的A_2、B_2、B_3、C_1。减环用符号$\overleftarrow{A_2}$、$\overleftarrow{B_2}$、$\overleftarrow{B_3}$、$\overleftarrow{C_1}$表示。

增环和减环也可以用简单方法判别。在尺寸链简图中，从尺寸链任一环的基面出发，绕其轮廓线顺时针（或逆时针）方向旋转一周，回到这个基面，按旋转方向每一个环标出箭头，凡箭头方向与封闭环箭头相反的为增环，反之为减环。

2. 装配尺寸链封闭环的计算

（1）封闭环的公称尺寸。由尺寸链简图可以看出，封闭环公称尺寸等于所有增环公称尺寸之和减去所有减环公称尺寸之和，即：

$$A_\Delta = \sum_{i=1}^{m} \overrightarrow{A_i} - \sum_{j=1}^{n} \overleftarrow{A_j}$$

式中　A_Δ——封闭环公称尺寸，mm；

$\vec{A_i}$——第 i 个增环公称尺寸，mm；

$\overleftarrow{A_j}$——第 j 个减环公称尺寸，mm；

m——增环的数目；

n——减环的数目。

（2）封闭环的上极限尺寸。当所有增环都为上极限尺寸，而所有减环都为下极限尺寸时，封闭环为上极限尺寸，可用下式表示：

$$A_{\Delta\max}=\sum_{i=1}^{m}\vec{A}_{i\max}-\sum_{j=1}^{n}\overleftarrow{A}_{j\min}$$

式中　$A_{\Delta\max}$——封闭环上极限尺寸，mm；

　　　$\vec{A}_{i\max}$——各增环上极限尺寸，mm；

　　　$\overleftarrow{A}_{j\min}$——各减环下极限尺寸，mm。

（3）封闭环的下极限尺寸。当所有增环都为下极限尺寸，而所有减环都为上极限尺寸时，封闭环即为下极限尺寸，可用下式表示：

$$A_{\Delta\min}=\sum_{i=1}^{m}\vec{A}_{i\min}-\sum_{j=1}^{n}\overleftarrow{A}_{j\max}$$

式中　$A_{\Delta\min}$——封闭环下极限尺寸，mm；

　　　$\vec{A}_{i\min}$——各增环下极限尺寸，mm；

　　　$\overleftarrow{A}_{j\max}$——各减环上极限尺寸，mm。

（4）封闭环公差。封闭环公差等于封闭环上极限尺寸与封闭环下极限尺寸之差，也等于各组成环公差之和：

$$\delta_{\Delta}=\sum_{i=1}^{m+n}\delta_i$$

式中　δ_{Δ}——封闭环公差；

　　　δ_i——第 i 个组成环公差。

由各组成环公差求封闭环公差，称为正计算，其运算方法如上所述。当已知封闭环公差求组成环公差时，称为反计算。反计算时应先按等公差法（即每个组成环分得的公差相等）求出各组成环应分得的平均公差值，其方法是用封闭环公差除以组成环的个数得到。

在实际生产中，考虑到各组成环尺寸的大小和加工的难易程度各异，各组成环最后分得的公差并不是等量的平均公差值，而是将各组成环的公差进行适当调整，把尺寸大、加工困难的组成环给予较大的公差，把尺寸小、加工容易的组成环给予较小的公差。但是，调整后的封闭环公差仍等于各组成环公差之和。

确定好各组成环公差之后，应按入体原则确定基本偏差。入体原则是：当组成环为包容面时,取下偏差为零;当组成环为被包容面时,取上偏差为零;若组成环为中心距,则偏差应对称分布。

3. 装配尺寸链解法

装配工作的主要任务是保证产品在装配后达到规定的各项精度要求,从尺寸链观点看,就是解尺寸链,即让其达到各尺寸链封闭环的预定精度。不同的装配方法有不同的解法,常用的装配方法有完全互换装配法、分组装配法、修配装配法和调整装配法。

(1)完全互换装配法。在同一种零件中任取一个,不需修配即可装入部件中,并能达到装配技术要求,这种装配方法称为完全互换装配法。

1)完全互换装配法的特点及应用。

①装配操作简单,对操作者的技术要求不高。

②装配质量好,生产效率高。

③装配时间容易确定,便于组织流水线装配。

④零件磨损后更换方便。

⑤对零件精度要求高。

2)完全互换装配法尺寸链的计算步骤。

①绘出所需求解的尺寸链简图。

②计算封闭环公称尺寸及公差值,并合理分配给各组成环。

③按公差制度确定各组成环上、下偏差值。

[例] 图2—6—9b所示装配单元中,为了使齿轮正常工作,要求装配后保证齿轮端面和机体孔端面之间具有0.1~0.3 mm的轴向间隙。已知各环公称尺寸为B_1=80 mm,B_2=60 mm,B_3=20 mm。试用完全互换装配法解此尺寸链。

解:(1)尺寸链简图如图2—6—10b所示,B_1为增环,B_2、B_3为减环,B_Δ为封闭环。

(2)计算封闭环公称尺寸及公差。

封闭环公称尺寸为:

$$B_\Delta=B_1-B_2-B_3=80-60-20=0$$

封闭环公差为:

$$\delta_\Delta=0.3-0.1=0.2 \text{ mm}$$

根据$\delta_\Delta=\delta_1+\delta_2+\delta_3=0.2$ mm,在等公差原则下,考虑各组成环尺寸加工难易程度,比较合理地分配各组成环公差:δ_1=0.1 mm,δ_2=0.06 mm,δ_3=0.04 mm。

（3）确定各环上、下偏差。

按入体原则分配偏差：$B_1=80^{+0.1}_{0}$ mm，$B_2=60^{0}_{-0.06}$ mm，B_3 为协调环。

根据 $B_{0\max}=B_{1\max}-B_{2\min}-B_{3\min}$，得：

$$B_{3\min}=B_{1\max}-B_{2\min}-B_{0\max}=80.1-59.94-0.3=19.86 \text{ mm}$$

根据 $B_{0\min}=B_{1\min}-B_{2\max}-B_{3\max}$，得：

$$B_{3\max}=B_{1\min}-B_{2\max}-B_{0\min}=80-60-0.1=19.9 \text{ mm}$$

所以 $B_3=20^{-0.1}_{-0.14}$ mm。

也就是说，当尺寸链各组成环按上述计算所得的极限偏差来制造，那么在装配时不需任何选择和修整，就能保证封闭环达到预定的装配精度要求。

（2）分组装配法。将一批零件逐一测量后，按实际尺寸大小分成若干组，然后将尺寸大的包容件与尺寸大的被包容件配合，将尺寸小的包容件与尺寸小的被包容件配合。分组装配法的特点及应用如下：

1）经分组装配后零件的配合精度高。

2）因增大了零件的制造公差，所以使零件成本降低。

3）增加了测量分组的工作量，当组成环数量较多时，这项工作将相当麻烦。因此分组装配法适用于大批量生产中装配精度要求很高、组成环数量又少的场合。

[例] 如图 2—6—11 所示，发动机活塞销（$\phi28$ mm）与活塞销孔配合，要求销和孔的配合有 0.01 ~ 0.02 mm 的过盈量。试用分组装配法解尺寸链，并确定各组成环的偏差值。设孔、轴的经济公差为 0.02 mm。

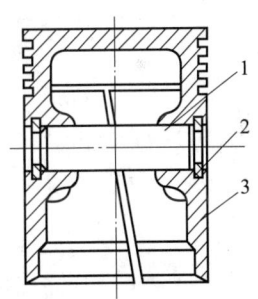

图 2—6—11 活塞销装配示意
1—活塞销 2—卡簧 3—活塞

解：（1）先按完全互换装配法求出各组成环的公差和极限偏差：

$$\delta_\Delta=(-0.01)-(-0.02)=0.01 \text{ mm}$$

根据等公差原则取 $\delta_1=\delta_2=0.01/2=0.005$ mm

按基轴制原则，销的尺寸为：$A_1=28^{0}_{-0.005}$ mm

根据配合要求可知孔尺寸为：$A_1=28^{-0.015}_{-0.02}$ mm

画出销与销孔的尺寸公差图，如图 2—6—12a 所示。

（2）因为经济公差为 0.02 mm，故可将组成环公差均扩大 4 倍，即 0.005×4=0.02 mm。

（3）按同方向扩大公差带，销尺寸为 $\phi28^{0}_{-0.02}$ mm，孔尺寸为 $\phi28^{-0.015}_{-0.035}$ mm。其尺寸公差带如图 2—6—12b 所示。

（4）加工后，按实际尺寸分成四组，然后按组进行装配，见表 2—6—1。

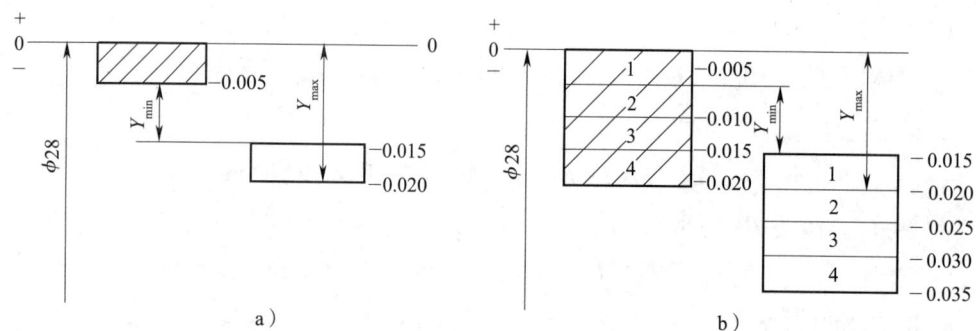

图 2—6—12 销与销孔公差带
a）原尺寸公差带 b）分组尺寸公差带

表 2—6—1 按组进行装配
mm

组别	活塞销直径	活塞销孔直径	配合情况	
			最小过盈	最大过盈
1	$\phi 28_{-0.005}^{0}$	$\phi 28_{-0.020}^{-0.015}$	0.01	0.02
2	$\phi 28_{-0.010}^{-0.005}$	$\phi 28_{-0.025}^{-0.020}$		
3	$\phi 28_{-0.015}^{-0.010}$	$\phi 28_{-0.030}^{-0.025}$		
4	$\phi 28_{-0.020}^{-0.015}$	$\phi 28_{-0.035}^{-0.030}$		

（3）修配装配法。在装配时根据装配的实际需要，在某零件上去除少量的预留修配量，以达到精度要求的装配方法，称为修配装配法。如图 2—6—13 所示，在卧式车床尾座装配中，用修刮尾座底板的方法以保证车床前后顶尖等高。修配装配法的实质是将装配尺寸链中各组成环按经济加工精度来制造，由此产生的累积误差用修配一个组成环来解决，从而保证其装配精度。这种装配方法的特点及应用如下：

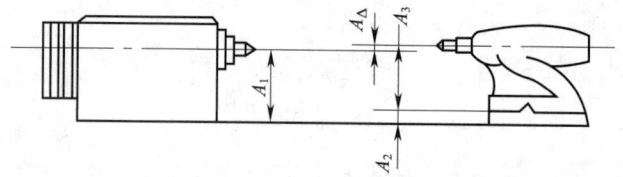

图 2—6—13 修刮尾座底板

1）零件的加工精度要求降低。

2）不需要高精度的加工设备，节省机械加工时间。

3）装配工作复杂化，装配时间增加，适于单件、小批量生产或成批生产的精度高的产品。

修配装配法解装配尺寸链的主要目的是正确确定修配环及其制造尺寸，以使修配量最小，尽量提高装配生产率和降低成本。

（4）调整装配法。在装配时根据装配的实际需要，改变部件中可调整零件的相对位置或选用合适的调整件，以达到装配技术要求的装配方法，称为调整装配法。如图2—6—14所示，调整装配法分为可动调整（调整零件的相对位置）和固定调整（调整选用零件的尺寸）两种。调整装配法的特点是：

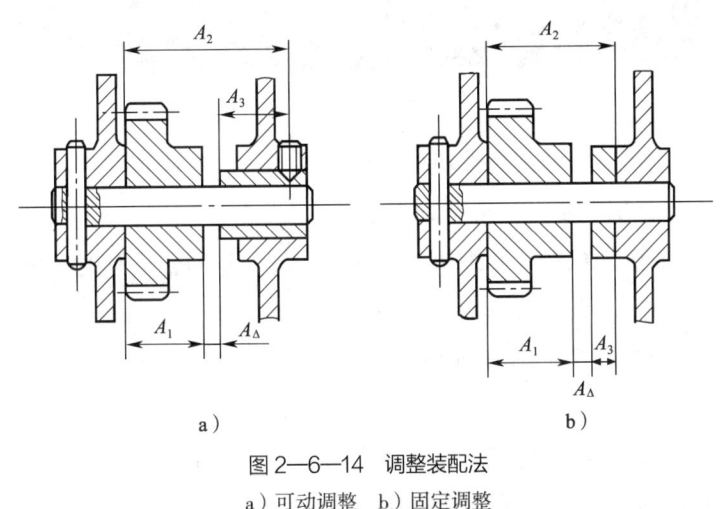

图2—6—14 调整装配法
a）可动调整 b）固定调整

1）装配时，零件不需任何修配加工，只靠调整就能达到装配精度。

2）可以定期进行调整，容易恢复配合精度，对于容易磨损而需要改变配合间隙的结构极为有利。

3）容易使配合件的刚度受到影响，甚至会影响配合件的位置精度和寿命。

二、压缩机的整机装配

压缩空气作为一种动力能源，其应用的范围及行业非常广泛。压缩空气作为工业产品类重要的能源，可称为工业产品生产的"生命气源"。压缩机是一种压缩气体体积并提高气体压力和输送气体的机械设备，能使气体体积缩小、压力增高，具有一定的动能，作为机械动力或应用于其他场合。压缩机如图2—6—15所示。

1. 压缩机的分类与应用

（1）常见压缩机分类。常见压缩机分为活塞式压缩机、螺杆式压缩机、离心式压缩机、直线式压缩机。

图2—6—15 压缩机

1）活塞式压缩机。活塞式压缩机的工作通过气缸、气阀和在气缸中作往复运动的活塞所构成的工作容积不断变化来完成。

2）螺杆式压缩机。螺杆式压缩机是一种工作容积作回转运动的容积式气体压缩机械。

3）离心式压缩机。离心式压缩机能使气体获得较高压强，处理量较大，效率较高。

4）直线式压缩机。使用旋转式电动机带来能量的压缩机。

（2）压缩机的应用。空气压缩机所应用的行业包括机械、汽车、电子、电力、冶金、矿业、建筑、建材、石油、化工、轻纺、环保、军工等。

2. 离心式压缩机

离心式压缩机属于速度型压缩机，它是靠高速旋转的叶轮作用，使气体得到很大的动能，并且在扩压器中急剧降速，使气体的动能转变为压力势能实现增压的。因其叶轮与水涡轮的叶轮相似，故又称涡轮透平式压缩机，这种压缩机发展很快，目前已成为大中型企业中使用的主要压缩机。离心式压缩机的型号表示方法比较简单，它由代号DA加上流量、叶轮数和设计顺序号组成。

（1）离心式压缩机的工作原理。当汽轮机驱动（或电动机通过增速器带动）离心式压缩机主轴上的叶轮做高速旋转时，叶轮叶片流道中的气体在叶轮叶片的作用下，跟着叶轮做高速旋转，而气体由于离心力的作用以及在叶轮里的扩压流动，使其通过叶轮后的压力和速度得到提高，然后，再通过扩压器、蜗壳将气体的速度降低，更进一步提高气体的压力，就这样，将气体的速度能转化为静压能。

（2）离心式压缩机的优缺点。

1）与活塞式压缩机相比，离心式压缩机有以下优点。

①离心式压缩机的排气量大（50～20 000 m^3/min），输气均匀、连续，而且振动小，运转可靠，可做长期运转。

②由于离心式压缩机的单机总压比很大（最高可达192），所以其体积小，结构紧凑，质量轻。

③被压缩气体不会被润滑油污染。

④在化工厂里有着大量的热量可以回收，尤其是在化肥厂，可以进行废热综合利用，用锅炉回收热量产生蒸汽驱动汽轮机带动离心式压缩机，既安全又节约能源。

2）与活塞式压缩机相比，离心式压缩机有以下缺点。

①离心式压缩机适应工况变化的性能较差，因为它只能在设计工况下操作，才能获得最高效率，在高于和低于设计工况进行操作时，效率都会下降，更突出的是流量损失也很大。

②离心式压缩机的效率一般比较低，只有在大流量时（大于1 000 m^3/min）才能与活塞式压缩机相比，其主要原因是目前对它的研究不充分，另外，气体速度很高造成的能量损失也很大。

③离心式压缩机的转速很高，一般均在（1～2）×10^4 r/min的转速下工作，故对压缩机转轴和轴承的材质和加工精度要求很高。

④若需压力高而流量小的离心式压缩机，其叶轮的加工非常困难。

（3）离心式压缩机的机组布置和总体构造。

1）机组布置。离心式压缩机可由电动机驱动，也可由汽轮机驱动，同时，根据压缩机的"级"的数目，可把气缸制造成单缸，分低、高压缸或三个气缸等情况，图2—6—16a所示是电动机驱动离心式压缩机机组布置示意图，是单缸形式；图2—6—16b所示是汽轮机驱动离心式压缩机机组布置示意图，分低、高压缸形式。

2）总体构造。一般离心式压缩机由底座、定子和转子三大部分组成，其中转子包括主轴、叶轮、平衡盘、推力盘、卡箍环（或固定环）、联轴器等部件，定子包括机壳、进气塞、扩压器、弯道、回流器、蜗壳、密封装置和前后联轴器等。典型离心式压缩机总体构造如图2—6—17所示。

①离心式压缩机中级、段、缸的意义。压缩机中每一叶轮与其配合的扩压器、弯道及回流器构成一个压缩级，简称"级"，它是压缩机的基本工作单元。从结构上看，一般将这种"级"分为"中间级"和"末级"，如图2—6—18所示，而末级—蜗壳取代了中间级的弯道和回流器。

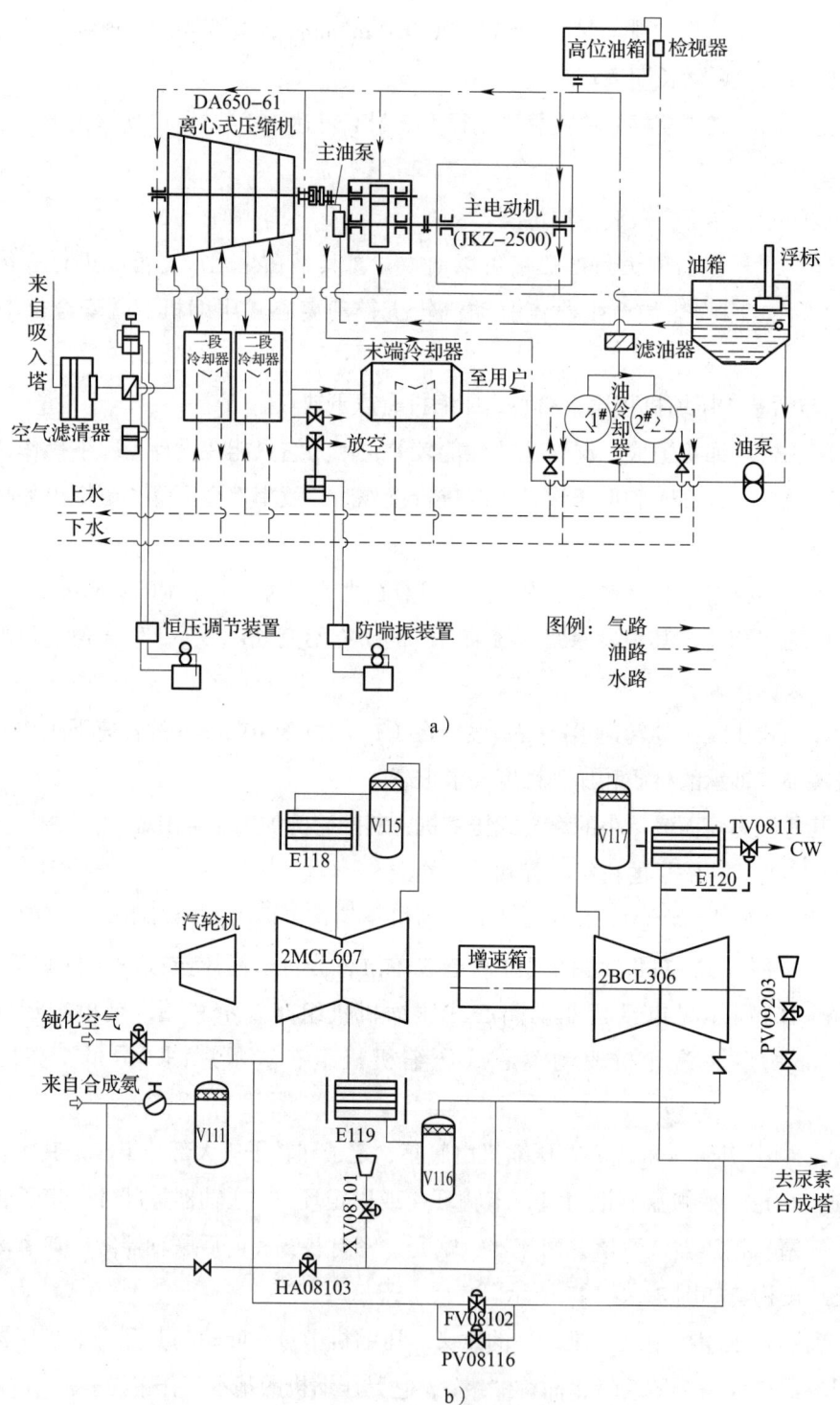

图2—6—16 离心式压缩机机组布置示意
a）电动机驱动　b）汽轮机驱动

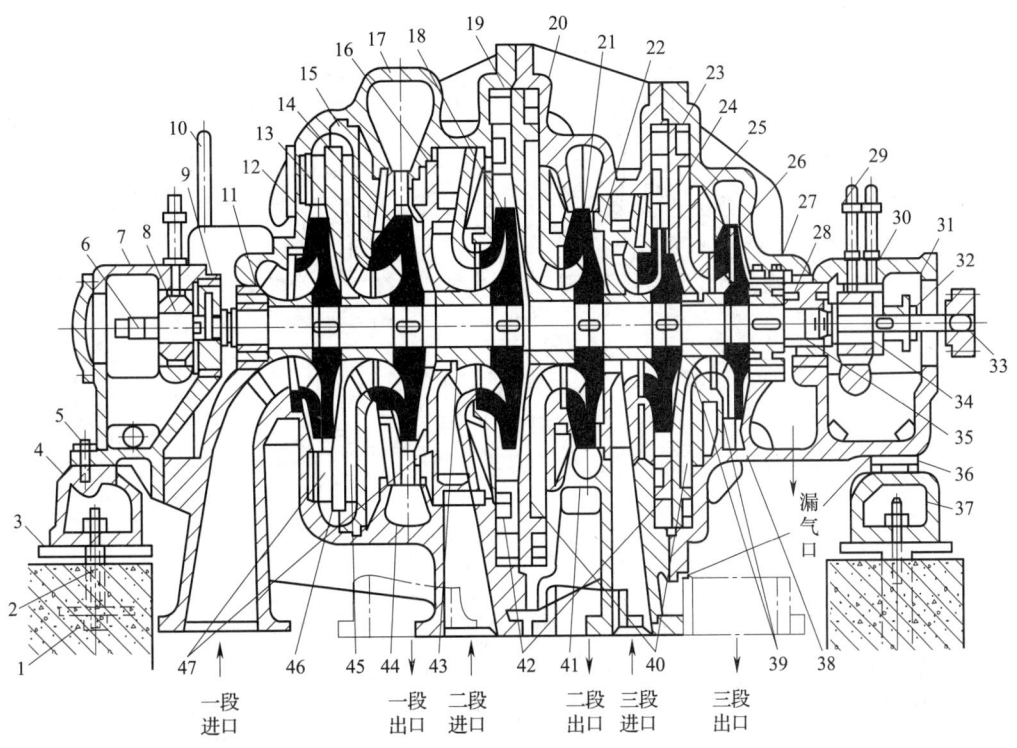

图 2—6—17 DA350—61 型离心式压缩机总体构造

1—锚板 2—地脚螺栓 3—斜垫板 4—前底座 5—圆柱销钉 6—转子主轴（盘车端） 7—前轴承座 8—径向轴承 9—前座油封 10—导向柱 11—前气封 12—第一级叶轮 13—第一级隔板 14—第二级隔板 15—第二级叶轮 16—第三级隔板 17—前气缸盖 18—第三级叶轮 19—第四级隔板 20—中气缸盖 21—第四级叶轮 22—第五级隔板 23—后气缸盖 24—第六级隔板 25—第五级叶轮 26—第六级叶轮 27—平衡盘 28—后气封 29—温度计 30—径向推力轴承 31—后轴承盖 32—卡箍 33—半齿轮联轴器 34—推力盘 35—后轴承油封 36—导向键 37—后底座 38—后气缸底 39—隔板 40—第四、六级隔板回流器 41—中气缸底 42—第四、六级隔板直壁形扩压器 43—气封轴承 44—前气缸底 45—第一级隔板回流器 46—弯道 47—第一、二级隔板翼形扩压器

多级压缩机一般需要中间冷却或中间抽气，根据冷却或抽气次数的多少，压缩机分为若干个"段"，"段"一般可以包括一个级和几个级。如果一个压缩机的级数过多，一个气缸放置不下（每缸最多十级，主要从能量头考虑），可将全部"压缩级"分装在两个或三个气缸内。

②离心式压缩机主要部件的作用。

a. 主轴。传递功率，支持轴上零件，并保持各零件相对位置。

b. 叶轮。压缩气体，提高气体压力。

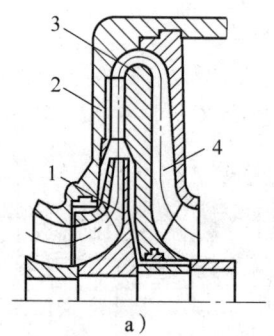 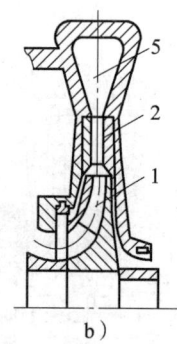

图2—6—18 离心式压缩机"级"示意图
a）中间级 b）末级
1—工作轮 2—扩压器 3—弯道 4—回流器 5—蜗壳

c. 推力盘。减小转子的轴向推力。

d. 卡箍环。防止零件的轴向位移。

e. 进气室。引导气体顺利地流向叶轮入口。

f. 扩压器。把气体的部分动压转换为静压。

g. 密封装置。减少气缸两端、叶轮之间及同级叶轮前后的气体泄漏。

h. 前后轴承。支承转子的重量和各种附加力，并保持转子和定子的相对位置。

i. 推力轴承。承受推力盘传递的剩余轴向推力。

j. 联轴器。连接电动机与各气缸的转子。

（4）离心式压缩机的安装。离心式压缩机机组的安装施工，必须遵循有关的技术文件进行。由于驱动机械（汽轮机或电动机）的不同，压缩机和气缸个数和容量不一，结构差异和压缩工质不同，其安装方法和技术要求也各不相同，但其安装基本工艺大致相同。其总的技术要求包括：

- 离心式压缩机机组的安装位置应符合设计施工图纸的要求。
- 压缩机转子中心线应与机壳和轴承座孔中心线重合。
- 机组各转子中心线能够形成一条光滑的公共中心线。
- 离心式压缩机机组运行时，能自由膨胀而不影响其转子中心线的位置要求。
- 离心式压缩机离心机组的基础和垫铁能均匀地承受和传递载荷。

1）压缩机机组安装前的施工准备工作。因为离心式压缩机的结构比较复杂，而且运转速度很高，其装配精度要求也比较高，因此，离心式压缩机的安装是一项细致复杂而又十分重要的工作，必须做好充分的施工准备工作。它与活塞式压缩机的安装准备工作大体相同，包括施工技术资料的准备，施工现场的准备，工具材料和人力的准备，设备的开箱、检验和清洗，基础的验收与放线，垫铁的选择、加工与设置，地脚螺栓的检查处理等项目。

2）压缩机机组中心线的确定。离心式压缩机机组一般有两个或两个以上的转子轴，通过挠性联轴器相互连接。根据离心式压缩机机组各转子中心线能够形成一条连续光滑的公共中心线的安装要求，必须使所有串联的两转子中心线在联轴器处同心，如图 2—6—19 所示。从图 2—6—19 中可以看出，机组中的轴承不是全部处于水平，而是一部分水平，另一部分轴承朝某一方向扬起。其原因是：转子在静止状态，尽管两轴承水平放置，转子轴也水平放置，由于转子轴产生静挠度的结果，转子轴颈处也不再呈水平状态，而是分别向两端扬起（斜度），如图 2—6—20 所示。转子轴上某点扬起的程度称为该点的扬度，其单位是 mm/m，用 δ 表示。

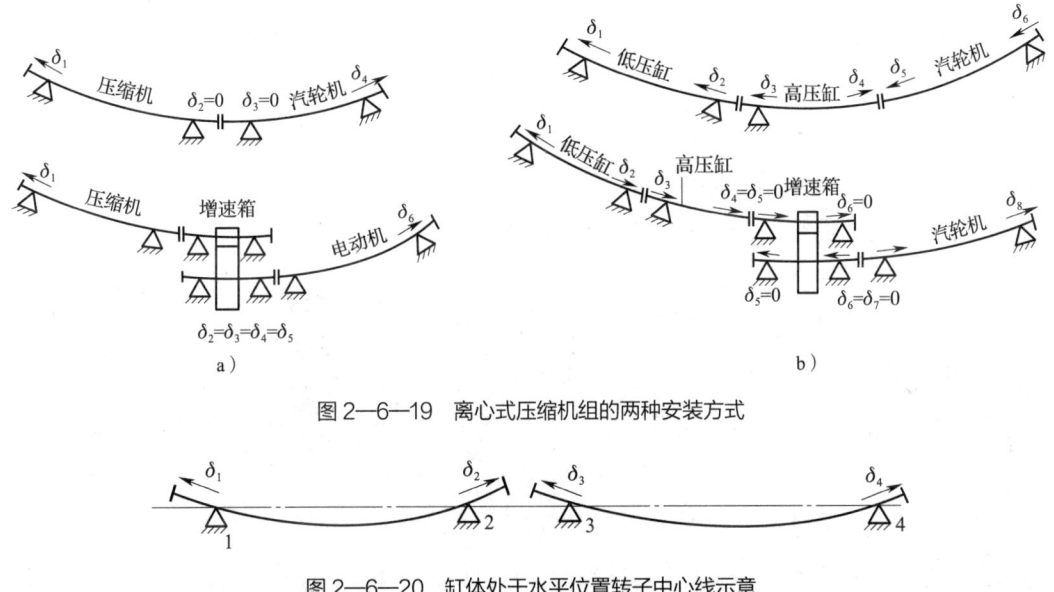

图 2—6—19　离心式压缩机机组的两种安装方式

图 2—6—20　缸体处于水平位置转子中心线示意

如果是两个或两个以上转子的情况，仍将所有的轴承水平放置，就会出现如图 2—6—21a 所示的状态，相互串联的两半齿轮联轴器的端面不平，在工作时，联轴器的工作条件将是十分恶劣的，这是不允许的，必须安装成如图 2—6—21b 所示的状态。

离心式压缩机机组安装施工是在常温下进行的，这与压缩机工作时的状态（热态或冷态）都极不相同（汽轮机尤其明显），这会造成常温下找正的转子中心线，在运转过程中会受到机组热膨胀、润滑油和其他许多因素的影响，不能保证压缩机转子和气缸的正确位置以及机组转子中心线仍为光滑的连续线。因此，必须找出转动部件从冷态到热态、从静态到动态同轴度偏差的大小和方向。而在冷态安装时，将偏差在相反的方向预留出来，以便热态运行达到同轴或近似同轴的程度。

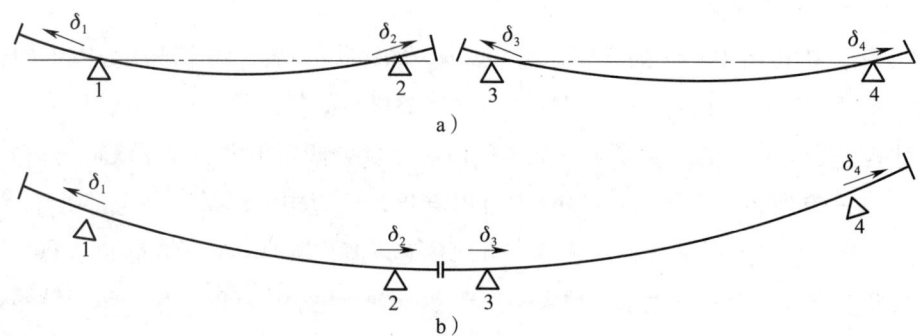

图2—6—21 两转子中心线的相互位置示意
a) 各轴承在同一高度 b) 各轴承不在同一高度

例如，机组的热膨胀，随着机组的运转，机壳和轴承的温度将升高，如果机组运行时的温度与室温之差为 ΔT，则机组的热膨胀量为：

$$\Delta L = aL\Delta T \text{（mm）}$$

式中 L——机组受热膨胀部分的长度，mm；

a——材料的热胀系数，对钢一般取 $11\times10^{-6}/℃$；

ΔT——最大温差，℃。

机组的热膨胀既有水平方向的，也有垂直方向的。在水平方向，主要是机壳和转子的轴向伸长，将对安装有相当大的影响，所以在机壳安装和转子找正前，必须在转子两半齿轮联轴器间，按要求留出一定的轴向间隙，以使转子有轴向膨胀的可能。

机组的机壳和轴承座在垂直方向的膨胀，会使转子中心线抬高，而且由于吸入端和排出端的温度不同，轴承的升高量也不相等；在机组各部分之间（如增速机和压缩机、电动机和压缩机之间），由于各自的工作温度的不同，在垂直方向的热膨胀量也各不相同。由于这些热膨胀的影响，将使得两半齿轮联轴器的端面既难平行，又不同心。为此，找正工作最好在接近操作条件下进行，也可采用下列措施（任选一种）。

①在室温条件下找完同轴度后，按制造厂提供的资料或实验数据，在压缩机支腿处撤支或加上规定的垫片，以适应其膨胀量或收缩量。

②找正前，按制造厂提供的资料或实验数据，计算出联轴器在室温下应留的同轴度误差，并使联轴器端面的偏差量与计算值相同，以保证机组正常运转时同心。

3) 离心式压缩机的安装步骤。

①底座、下气缸和轴承座的安装。

a. 底座、下气缸和轴承座的固定方式。一般的小型压缩机，如 DA350—61 型离心式压缩机，它的机壳固定在两端的轴承座上，整个压缩机则通过轴承座再固定到设备底座上，在支承轴侧的底座上用销钉固定，而在止推轴侧的底座中心线上设置可相对滑动的水平键，相应地，在该底座上的连接螺钉上螺母和垫片之间保持 0.05～0.1 mm 的间隙。如果机壳只是一个水平中分面，支承轴承箱和止推轴承与机壳分开，机壳通过四个搭爪支承在前后底座上，搭爪与前后底座之间设有四个导向键，其中三个为轴向布置，一个为横向布置（在后底座上），如图 2—6—22 所示。

对于大型压缩机，一般采用轴承座与机壳分开的结构，此时机壳由其两侧的支座固定到基础或底座上，两侧轴承则单独分开，直接固定在基础和底座上。在机壳与底座之间装有由销子、横向键、纵向键、立键组成的导向键系统，如图 2—6—23 所示。

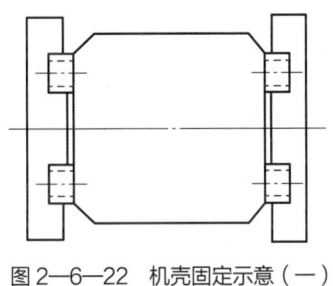

图 2—6—22 机壳固定示意（一）

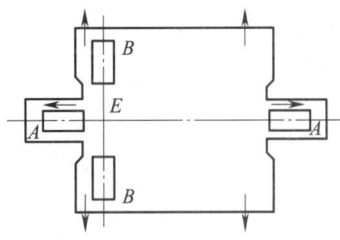

图 2—6—23 机壳固定示意（二）

b. 底座、下气缸和轴承座的就位。就位前应清除底座、气缸支脚和轴承座的污垢、油漆等杂物，对底座上的导向键及轴承座、下气缸上的有关键槽都应用煤油清洗，然后用千分尺检查各滑键槽尺寸，以确定其间隙值。对于特殊的导向键，还应该考虑其配合的过盈量和配合间隙，如图 2—6—24 所示。对于热膨胀量大的系统，还应考虑热膨胀导向螺栓的装配，如图 2—6—25 所示。

c. 压缩机气缸找正（初平）时，机壳的位置以增速器高速轴轴承洼窝中心线为准，测量机壳中心线对应在两端轴承洼窝处进行，一般采用挂钢丝绳法，使轴承座和气缸的两中心线在同一垂直平面内。与此同时，应测量气缸或者轴承座中心线与水平接合面的偏差，首先测量和调整各接合面的水平度，使它们同处于一水平上，然后用内径千分尺测得气缸或轴承座上各洼窝的直径 D_i，再借助水平尺测出 B_i，如图 2—6—26 所示。然后根据测得的 D_i 和 B_i 值可算出偏差。

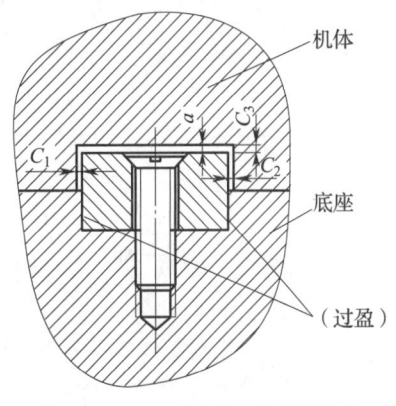

图 2—6—24 导向键安装间隙示意

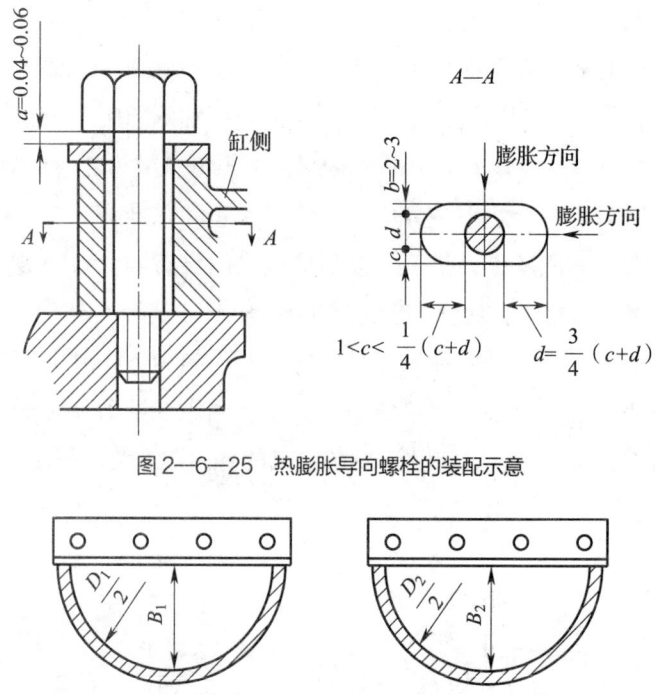

图 2—6—25 热膨胀导向螺栓的装配示意

图 2—6—26 中心线误差示意

偏差量大于 0 时，表明机壳中心线较气缸接合面高，反之较低。然后以最大正偏差为准，调整其他洼窝的中心。因为机壳中心线的偏差一般很小，因而要求的垫片非常薄，若无法制作，可使各洼窝的垫片加上同一厚度，并结合这项调整，将各处的扬度调整结合起来综合考虑，一并增减垫片。还应同时校正机壳横向水平度，其允差为 0.1 mm/m。测量时，以中分面为准，并使两侧的横向水平方向一致，不能使机壳前后水平方向相反，造成机壳扭曲现象，机组找正时，水平仪测点的位置如图 2—6—27 所示。

②轴承的安装。轴承安装应保证转子位置的固定，在高速旋转情况下润滑良好，不产生过大的振动。为此必须使轴承部件间接触严密，受力均匀，转子与轴瓦有良好的接触及适当的间隙。

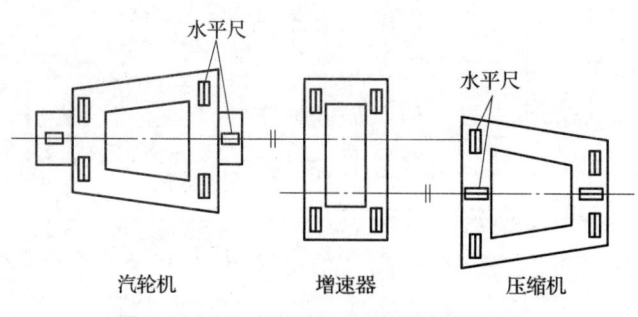

图 2—6—27 机组找正水平仪测点位置示意

a. 轴承的安装。

径向轴承的安装：压缩机就位后即可进行轴瓦的研磨工作，用涂色法检查轴颈与轴瓦的接触情况，其接触角一般为 60°～90°，接触点要均匀地分布在轴承全长的承力面上，但轴瓦两端应留有 10～20 mm 长、0.02 mm 间隙的疏油部位。上瓦与下瓦的瓦口接触处应均匀严密，用 0.05 mm 的塞尺不得塞入。轴瓦盖与上瓦背之间应保持足够的压紧力，要求为 0.03～0.07 mm。轴瓦间隙，通常顶间隙取直径的 1.50/1 000～2.50/1 000，圆形孔轴瓦侧间隙应为顶间隙的 1/2，椭圆瓦侧间隙应等于顶间隙。

止推轴承的安装：由于在连接风管时会使压缩机下机体产生一定的挠曲，故止推轴承的研磨工作最好在风管接通后再进行。止推轴承表面应平滑无擦伤痕迹，其挠曲允许为 0.02 mm 以内，如图 2—6—28 所示。并用百分表检查止推盘工作表面的振摆值，其偏差不允许超过规定值。推力块的厚度应均匀一致，误差不应超过 0.02 mm，如图 2—6—29 所示。固定环的承力面应光滑，装配时不得过松与过紧；止推瓦块在轴承座槽内的位置，必须按编号或钢印放在各自固定的位置上。用涂色法检查工作瓦块与止推盘表面接触情况，使其接触面积达 70% 以上，且每平方厘米内要保持 2～3 个接触点，调整轴瓦间隙（推力间隙）至规定值，一般为 0.25～0.35 mm，如图 2—6—30 所示。

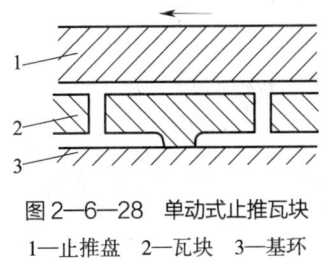

图 2—6—28 单动式止推瓦块
1—止推盘 2—瓦块 3—基环

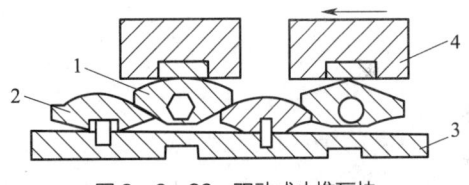

图 2—6—29 双动式止推瓦块
1—上水准块 2—下水准块 3—基环 4—止推瓦块

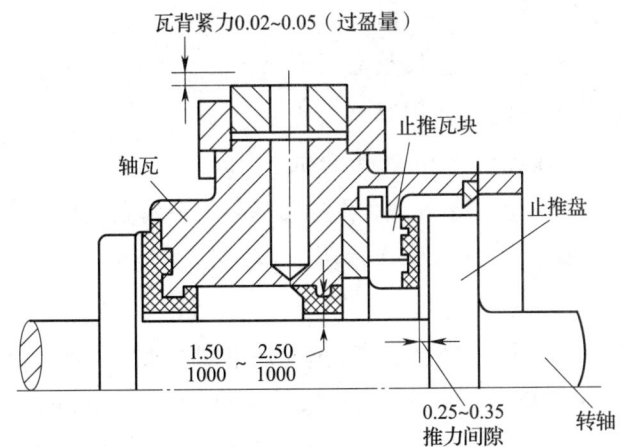

图 2—6—30 止推轴承装配示意

b. 隔板及密封装置的安装。隔板的结构如图 2—6—31 所示，安装前要进行清洗和检查，然后吊入机体，检查隔板与机壳之间的膨胀间隙。一般钢制隔板取 0.05～0.1 mm，铸铁隔板为 0.2 mm 或更大；径向间隙一般为 1～2 mm 或更大。

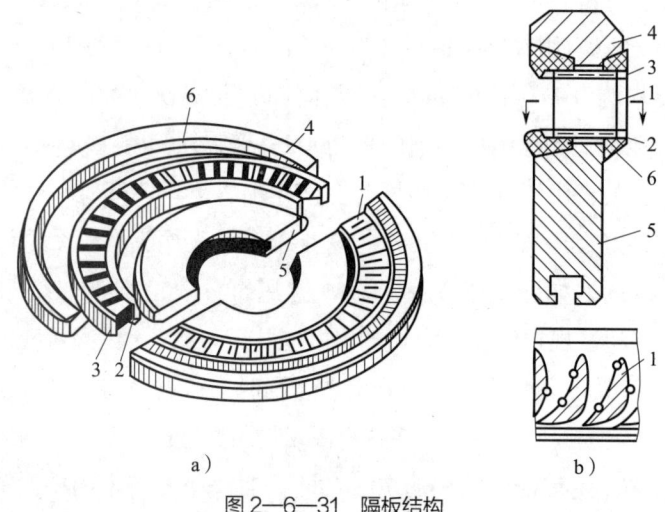

图 2—6—31 隔板结构
a）隔板组合情况 b）隔板断面
1—喷嘴片 2—内环 3—外环 4—隔板轮缘 5—隔板体 6—焊缝

隔板的固定：如图 2—6—32 所示，在水平接合面上用固定螺钉固定，螺钉与垫圈之间应有 0.4～0.6 mm 的间隙，以允许隔板在垂直方向上移动；螺钉头应埋入气缸或隔板水平接合面至少 0.05～0.1 mm，垫圈直径应比凹槽直径小 1～1.5 mm。

两半隔板接合面检查：将平尺放在机壳接合面上，正对被检查的隔板，用塞尺测出上下隔板间隙，或者在下机壳隔板接合面

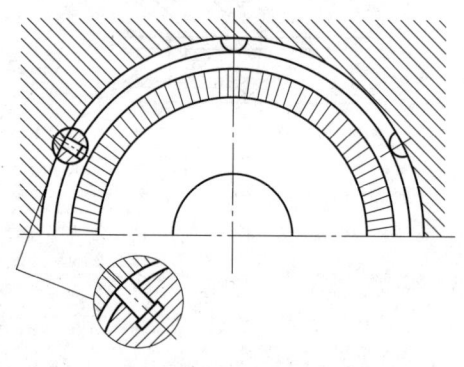

图 2—6—32 隔板的固定示意

上，选择四处放铅丝，盖上机壳盖，对称拧紧三分之一左右连接螺栓，然后测量铅丝厚度，即为隔板接合面的间隙。这些间隙应能保证气缸扣盖后，上下隔板接合面形成 0.1～0.25 mm 的间隙。

隔板的调整：调整的方法随隔板的固定方法不同而不同，如果隔板是悬挂在两只销柄上，并用垂直定位销定位的，则应改变两销柄厚度，以达到调整的目的，如果隔板借埋入隔板外圈的销钉支承在气缸内，则锉短或接长这些销钉就可以改变隔板在气缸中的位置。

轴封的结构：梳齿状密封如图 2—6—33a 所示；阶梯形、光滑型密封如图 2—6—33b 所示；浮环密封如图 2—6—33c 所示。

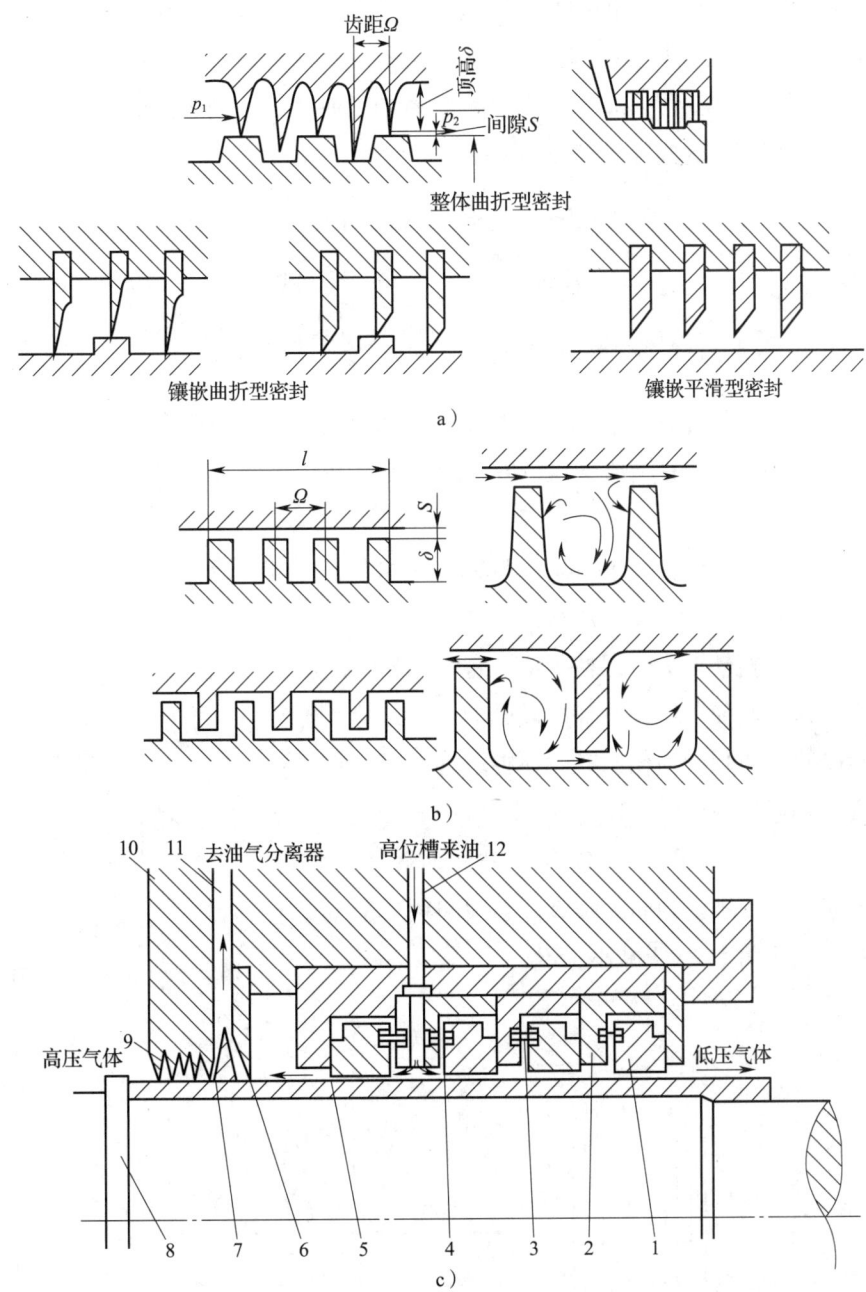

图 2—6—33 油封结构示意
a）梳齿状密封 b）阶梯形和光滑型密封 c）浮环密封
1—浮环 2—固定环 3—销钉 4—弹簧 5—轴套 6—挡油环 7—甩油环
8—轴 9—迷宫密封 10—密封 11—回油孔 12—进油孔

轴封间隙的测量：先将转子安装在下机壳内，再在机壳内组装各级隔板密封、前后轴封和各级轮盖密封，用涂色法检查密封环嵌入部分的接触情况，接触不均匀应适量修刮。测量时，下部及两侧间隙，用塞尺直接测出间隙值；上部间隙可分别在轴承套及轮盖上涂色，在被测各梳齿上贴已知厚度的胶纸或胶布，然后盖机壳上盖，并将连接螺栓拧紧，转动转子几周后，开缸观察各胶纸或胶布的接触情况，判断间隙是否符合要求。各部位密封间隙见表2—6—2。

表2—6—2　压缩机各部位密封间隙　　　　　　　　　　　mm

轴封间隙	0.25～0.50	隔板密封间隙	0.35～0.62
油封间隙	0.08～0.15	平衡盘密封间隙	0.25～0.48

间隙的调整：间隙过大，只能重换新的，间隙过小，可进行修刮，修刮时应将梳齿顶尖朝向高压侧，切忌刮成圆角，以免漏气量增加。

c. 转子的安装。

转子轴结构：工作轮、平衡盘如图2—6—34所示，止推盘及轴套均以过盈装在主轴上，工作轮与轴的键连接，用来传递转矩，并防止工作轮在意外情况下扭转。为了保持平衡，各工作轮的键互成180°配置，用轴套使各工作轮保持其轴向位置，并且还会保护轴免受机械或化学损伤，有时还在轴套上车有曲颈梳齿，作为主轴通过隔板处气封。

工作轮在转子轴上的布置有顺排和对排式，如图2—6—35所示，顺排则轴向力很大，必须配置平衡盘和止推盘，而对排时轴向力大大减小。

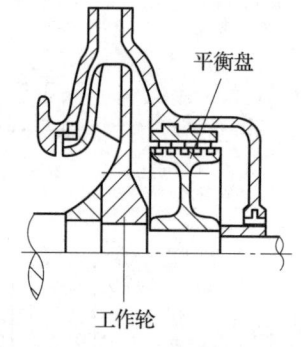

图2—6—34　平衡装置结构示意

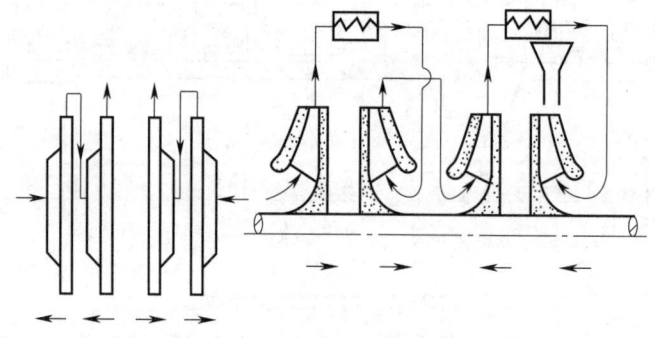

图2—6—35　转子轴上工作轮排列方式示意

d. 扣气缸大盖。首先对气缸进行严格的吹净工作,然后吊装大盖。此时应特别注意不要将缸盖打翻或产生冲击折断钢丝绳。再拧紧连接螺栓。对中低压气缸,只要用规定的拧紧力矩按顺序拧紧即可;对高压气缸,为保证连接牢固,通常在热态下进行,计算好需加热的温度和伸长量。在压缩机试运转期间,中分面处不涂密封胶,因为在这期间需经常开缸检查。待试车后,涂上密封胶。密封胶的成分是红丹漆40%、白铝油20%与热的亚麻籽油混合,拌成糊状,涂在中分面上,涂层厚0.5～1 mm,宽为5～10 mm,涂层经12 h略微硬化后,再拧紧连接螺栓。

③联轴器安装。离心式压缩机机组常用齿轮联轴器连接。首先检查其外观,应无毛刺、裂纹等缺陷,对联轴器进行圆周、断面振摆差测试,如图2—6—36所示,其允许值见表2—6—3。

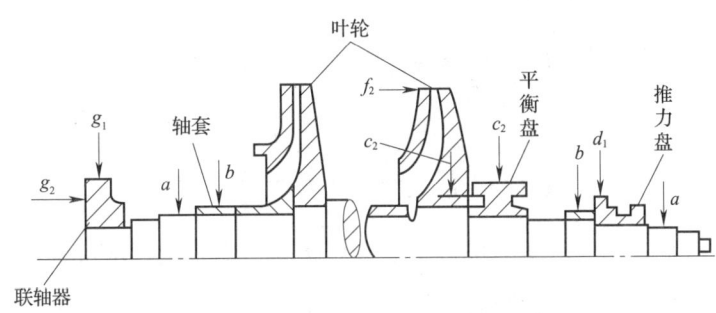

图2—6—36 转子振摆值测点部位示意

表2—6—3 转子上各部位振摆差允许值　　　　　　　　mm

部位	径向尺寸	径向圆跳动	端面圆跳动	部位	径向尺寸	径向圆跳动	端面圆跳动
轴颈 a	≤100	≤0.010	—	联轴器 g	≤150	≤0.010	≤0.010
	≤200	≤0.015			≤250	≤0.015	≤0.015
	<200	≤0.020			>250	≤0.020	≤0.020
轴承密封处 b	≤400	≤0.080	—	推力盘 d	≤180		≤0.010
	≤800	≤0.080			≤300	—	≤0.015
	<800	≤0.100			>300		≤0.020
工作轮外圈 f	≤500	≤0.150	—				
	≤1 000	≤0.200					
	>1000	≤0.250					

对正安装时,应检查联轴器供油孔是否畅通,止推环应有抽油孔,止推环与联轴器断面之间、两齿轮之间应留有一定的间隙,如图2—6—37所示。对正联轴器时应按制造厂所留标志对准,不得错位。两联轴器断面之间应留适当间隙。

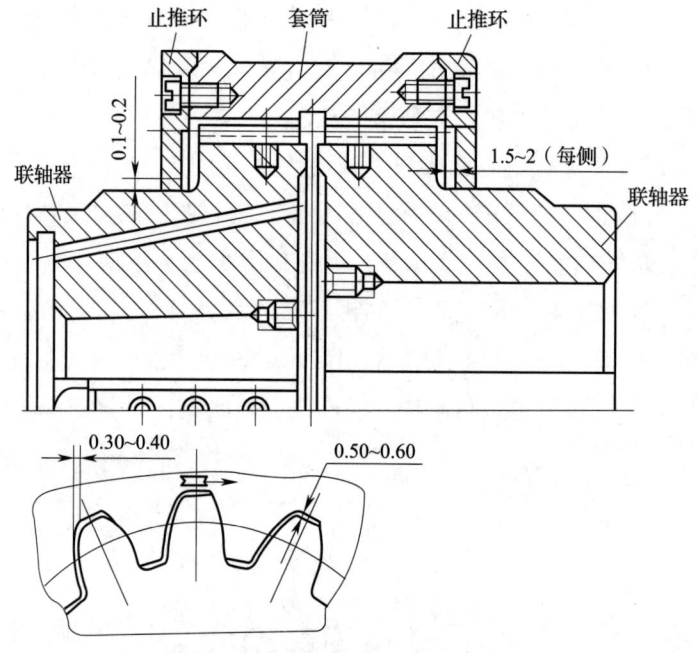

图 2—6—37 齿轮联轴器装配及间隙示意

④压缩机定心。为保证压缩机机组在工作状态下仍然能够保持各个转子中心连线在运行时形成一条光滑连接曲线，且保证缸体之间的同心要求，找正找平时，以已经固定的基准曲线（如增速器）的从动轮（或汽轮机轴线）为基准，借助压缩机机体底座下的垫铁（或其他装置）调整，使压缩机机组各个转子中心线同轴度误差都在允许范围以内，必须从以下五个方面考虑。

Ⅰ．各个联轴器连接处的同轴度误差。

Ⅱ．各个中分面处的中心误差、各个洼窝处的同心度误差。

Ⅲ．各个齿轮配合啮合斥力引起的中心偏差。

Ⅳ．各个轴颈处的扬度对同心度和同轴度误差的影响。

Ⅴ．由于工作介质温度不同而形成的面体热胀不同对同心度和同轴度误差的影响。

压缩机在最后定心时，同时进行机体的固定，此时，将地脚螺栓对称均匀依次拧紧。与此同时，应不断复核联轴器定心情况，使地脚螺栓拧紧至应有程度，联轴器定心符合要求的范围。然后，应复测轴瓦接触情况，并松掉压紧的膨胀螺栓，用 0.04 mm 塞尺检查机体与底座的接触情况，如有个别处超差，则可用底座部的垫铁加以消除，但在消除该间隙的过程中，如果影响到联轴器的同轴度，则还应调整使其符合要求。

最后可进行垫铁的点焊和基础的二次灌浆。

⑤电动机的安装。电动机的安装方法和步骤略。

⑥机组辅助系统的安装（略）。

三、空气锤的整机装配

空气锤是自由锻造机器的一种，如图2—6—38所示。它有两个气缸，压缩气缸将空气压缩，通过分配阀送入工作气缸，推动活塞连同锤头上下运动起锤击作用。空气锤操作灵活，广泛用于中小型锻件的生产。

1. 空气锤的组成、工作原理及特点

（1）空气锤的组成。空气锤主要由机架、传动机构、压缩气缸和工作气缸、落下部分、配气机构和砧座等部分组成。

（2）空气锤的工作原理（见图2—6—39）。

图2—6—38 空气锤

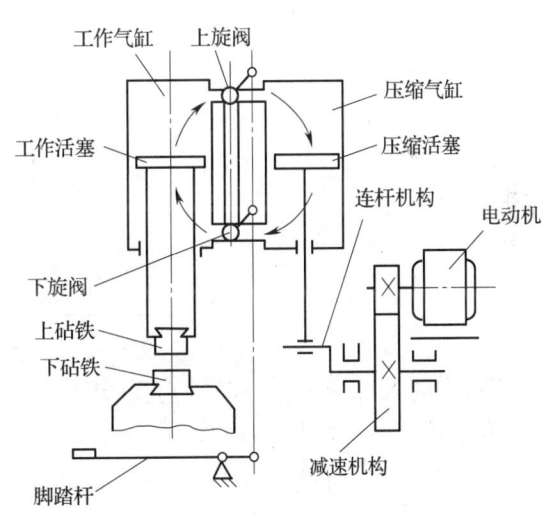

图2—6—39 空气锤的工作原理

电动机通过减速机构和曲柄、连杆带动压缩气缸的压缩活塞上下运动，产生压缩空气。当压缩气缸的上下气道与大气相通时，压缩空气不进入工作气缸，锤头不工作。通过手柄或脚踏杆操纵上下旋阀，使压缩空气进入工作气缸的上部或下部，推动工作活塞上下运动，从而带动锤头及上砧铁上升或下降，完成各种打击动作。旋阀与两个气缸之间有四种连通方式，可以产生提锤、连打、下压、空转四种动作。

（3）空气锤的特点。

1）以压缩空气为动力，为满足安全生产的需要，敲击力度与振动频率可通过调节气压控制。

2）用高强度铝合金制成，质量轻、体积小。

3）机构简单、不易损坏。

2. 空气锤的安装

空气锤与其他锻锤一样，工作时动力作用的形式是瞬态脉冲动荷载（冲击荷载），属于冲击和振动较大的锻压设备。空气锤与模锻锤、摩擦压力机等在结构上又有所不同，空气锤的锤身和砧座是分体结构，而模锻锤的砧座、摩擦压力机的工作台与机身是整体结构。这些特点对设备基础设计施工、设备安装都有较高的要求。尤其是砧座、垫层的选材和安装如果不当，势必影响设备整体精度，同时对打击能量的损耗、设备工作的稳定性乃至锤的使用寿命造成一定的影响。空气锤安装图如图2—6—40所示。

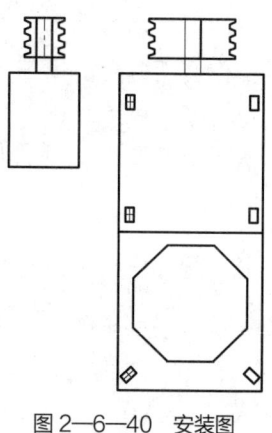

图2—6—40 安装图

（1）复检基础、确定基础线。

1）对照基础设计图和设备基础图（见图2—6—41）对基础的几何尺寸、标高和质量要求等进行复检。

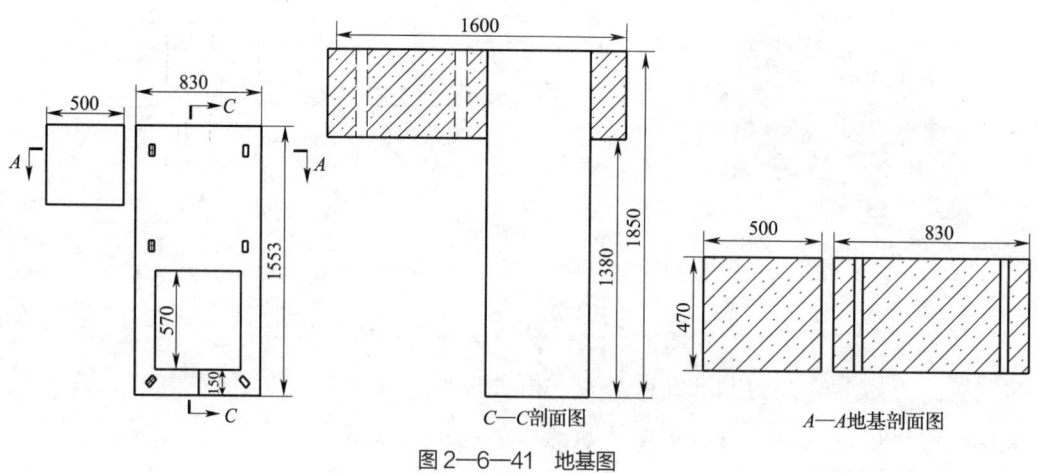

图2—6—41 地基图

2）确定设备定位基准的点、面、线，划定安装基准线。以砧座凹坑底平面为基准，找出设备安装的坐标位置（纵横轴线），测量砧座凹坑底平面（H1850 mm）和锤身底座基础面（H470 mm）两平面的水平度、两平面相对高度（1 380 mm）及平行度。砧座凹坑底平面和 H470 mm 尺寸底面（锤身底座基础面）的水平度允许偏差不大于 1‰（砧座垫层采用橡胶垫时应不大于 1%），两平面的平行度允许偏差不大于 1‰，以保证砧座底面和锤身底座与基础均匀接触。

3）对砧座垫层（垫木）的质量和几何尺寸进行复检。

①垫木外观检查。垫木应无腐朽、夹皮、红斑、双心等缺陷并经过防腐处理。垫木应无直径大于 50 mm 的活结；当活结直径为 20~50 mm、死结直径小于 20 mm 时，垫木四个侧面不应多于两个。垫木侧面允许有裂纹，但宽度不宜超过 2 mm；上、下面的裂纹宽度不宜超过 5 mm，且裂纹长度不应大于木方总长的 1/3。

②垫木几何尺寸检查。

a. 长、宽。不大于 2 500 mm × 1 240 mm。

b. 厚度。为保证安装时上层垫木的标高比设计标高提高 30 mm，底层垫木厚度可按照 150 mm 加工；上层垫木的厚度要根据砧座安装标高确定，即在砧座凹坑底平面和 H470 mm 尺寸底面上、下两个基础面相对高度为 1 380 mm 时，厚度为 180 mm，相对高度大于或小于 1 380 mm 时，根据实测数据增减垫木排的厚度。

c. 精度。垫木在放入基坑前一定要经过重物预压，预压后精加工，单个垫木上、下平面的平面度误差不应大于 0.5‰，平行度误差不应大于 1‰。

（2）安装砧座。

1）铺设垫木。

①垫木放入基坑时，横放、上下两层交错 90°，最上层沿砧座底面的短边铺设。检查水平度，达到 0.5‰ 的要求；如果与基础水平偏差方向在异侧时，允差为 1‰。检查垫木的实际标高，允差为 ±2 mm。垫木排四周必须用木楔楔紧。

②木楔采用质地坚硬、具有弹性的干燥木材制成，每两块为一组，在配合面上制成 1°~2° 的纵向角度，宽度为 100~150 mm，长度和厚度以安装时实际位置尺寸而定。

2）放置砧座。

①砧座放入基坑时，应注意砧座的方向，燕尾槽大头及装楔铁的位置在外侧（相对于锤身）。按照划定的安装基准线将砧座调整到中心位置，然后在砧座与基础侧壁间用成对木楔楔紧。

②砧座底面与垫木排上平面必须接触均匀、紧密，局部间隙不得大于 1 mm，塞尺插入深度不得大于 30 mm，左右移动长度不得大于 200 mm。检查砧座燕尾槽支承面的水平度（纵向、横向）达到 0.5‰ 要求；将砧垫和下砧块安装在砧座上并打紧，用

水平仪在下砧块的工作面上进行测量，其纵向和横向的偏差均不应大于 0.5%（两项水平度的偏差值选用真空自由锻锤的标准，空气锤的标准值为 0.1%）。如果水平度超差，应将砧座吊出，修理垫木排。

③经检查各部位尺寸都符合要求后，在砧座与基础侧壁间的空隙填入麻绳，浇灌沥青，将砧座与垫木固定；在间隙的顶部浇灌 100 mm 厚沥青，与砧座的台阶处持平；其余的空间（锤身底座基础面以下）在锤身固定后再用沥青砂浆夯实。

④需要注意的是，在浇灌沥青时要把基坑里四个地脚螺栓预留孔开口的一侧进行支护。

（3）安装锤身。

1）因锤身是分体结构，锤身气缸与底座安装后用紧固环组合箍紧。底座应直接放在锤身底座基础面上，底座与基础面之间不能使用垫铁或用砂浆找平。

2）底座的安装。按照划定的安装基准线和砧座的中心线初步确定定位基准，底座的八方孔中心与砧座（下砧工作面）的中心相吻合，底座的纵、横向轴线与基础的基准线相吻合。初步定位后在底座的上平面用水平仪检测底座纵、横方向的水平度，允差为 0.2%。如果水平度超差，应将底座吊出，打磨基础面，然后再找正、调平。

3）埋设地脚螺栓。底座初步定位后，埋设地脚螺栓。地脚螺栓在预留孔中应垂直、无倾斜，拧紧螺母后，螺杆露出螺母的长度为螺栓直径的 1/3 ~ 2/3。地脚螺栓孔灌浆采用细碎石混凝土，标号比基础混凝土标号高一号，在达到设计强度 75% 以上及锤身组合找正、调平后再紧固地脚螺栓。

4）锤身的组合。

①将气缸体落在底座上，装好定位销，四个半圆凸台对正，然后将加热后的紧固环套在凸台上，冷却后二者即紧密地结合在一起。在气缸的上平面用平尺或水平仪检测锤身纵、横方向的水平度，允差为 0.2%；在气缸的内表面检测锤身的铅垂度，允差为 0.2%。

②紧固环与凸台为过盈配合（H9/s7）。紧固环加热后内孔的直径尺寸应比凸台外圆的直径尺寸大 0.35 ~ 0.50 mm。紧固环加热后应使用专用的夹具夹持，迅速套放在凸台上，千万不可用敲击的方法装配。凸台配合表面在装配前应涂抹一薄层润滑油，紧固环加热时内壁不能产生氧化皮。

③锤身找正、调平后，将锤杆活塞（包括活塞环）装入气缸，安装上砧块，打紧楔铁，检查上、下砧块接触的紧密度及对位情况。上、下砧块前后、左右必须对正，接触面的间隙偏差不应大于 0.2 mm（选用真空自由锻锤的标准，空气锤的标准值是 0.1 mm）。锤杆导向平面与导板的最大、最小间隙之差和导套与锤杆圆柱面的最大、最

小间隙之差，应不大于实测平均间隙的 2/3。安装行程即工作缸导程至下砧块工作面距离为 950 mm ± 2 mm（设计为 1 000 mm，减去砧座高出的 30 mm 和上、下砧块预留的修理量各 10 mm）。

5）锤身定位。

①锤身组合完成，经检测锤身纵、横方向的水平度、铅垂度，上、下砧块的重合度等符合要求后，可将锤身的地脚螺栓紧固。紧固螺栓要对称进行，而且拧紧力要均匀，保持上、下砧块接触缝隙四周一致，锤杆两平面与导板的间隙均匀。

②在锤身底座八方孔与砧座的接合处打入木楔，木楔的要求与固定砧座的木楔要求相同。木楔的长度要超过八方孔的高度，打紧后下部应超出 100~150 mm，上部应超出约 30 mm。

③锤身固定后，砧座坑内的空隙处用沥青砂浆夯实；底座基坑内底座四周、底板上平面以下采用无收缩混凝土浇灌、抹平，以上部分至地平面铺设防滑钢板或防滑铸铁板。

（4）工作缸与压缩缸部分的装配。

1）对需要装配的零部件配合尺寸进行复查，配合面、滑动面、安装检测基准面应清洗处理。

2）工作缸部分。如制造厂已装好导程套，放入锤杆前，应对缸体内壁、导程套、导板、阻漏圈等部位的完好状况和紧固情况进行仔细检查。符合要求后，放入锤杆并将上砧块固定在锤杆上，将缓冲机构的平衡钢球放入阀孔中，放置好密封垫，注入润滑油，装上气缸盖，对称均匀地拧紧螺母。

3）压缩缸部分。如制造厂已装好导程套、活塞与连杆已装配，在放入压缩活塞前，应对缸体内壁、导程套、导板、阻漏圈等部位的完好状况和紧固情况、活塞上活塞销轴的固定结构进行仔细检查。符合要求后，放入压缩活塞，放置好密封垫，注入润滑油，装上气缸盖，对称均匀地拧紧螺母。放入压缩活塞时，活塞头部的补气孔应与缸体的补气孔对应。

（5）操纵部分的装配。操纵部分的上、中、下三个水平旋阀和止回阀在锤身气缸体内，制造厂已装配好。按照说明书装配各操纵连杆和操纵手柄，操纵手柄应定位准确、扳动灵活。

（6）传动部分的装配。变速箱在锤身下部即底座内装置齿轮传动箱，安装有传动轴和曲轴，制造厂已装配好。安装时应检查调整各部位轴承座（套）、曲柄连接体的紧固情况，符合要求后与活塞连杆装配。清洗变速箱和曲柄连接体，注油、加盖。变速箱注入 N68 机油，曲柄连接体注入 4 号钙基脂。

（7）润滑系统的装配。安装自吸式油泵，前、后缸油管。试车时注入 N46 机油，通过透明罩观察，调节进油量。

（8）电器部分的安装。

1）电气控制柜制造厂已装配好，检查各元器件完好后，安装在已做好的基础上。导线（3×120 mm^2+25 mm^2 铜线）通过预理管将控制柜与电动机连接。控制柜内热继电器整定值制造厂已调好。

2）电动机（带轮）。检查电动机基础预留孔坐标位置，安装电动机导轨（座），安装电动机、带轮、V 带。以带轮的边缘为基准，调整变速箱带轮、电动机带轮，两轮的轮宽中央应在同一平面上，其偏移量不应超过 1 mm，两轴的平行度不应超过 0.5%。

四、压力机的整机装配

1. 机械压力机简介

机械压力机是在锻压生产中得到广泛应用的锻压设备之一。它几乎可以进行所有的锻压工艺，如板料冲压、模锻、冷热挤压、粉末冶金及冷热精压等。

锻压生产是一种无切屑和少切屑的先进加工工艺，它具有很多优点，能达到产品质量好、材料消耗少和生产率高的要求。

2. 压力机的机械原理

压力机由电动机经传动机构带动工作机构，对工件施加工艺力。传动机构为带传动、齿轮传动的减速机构，工作机构有螺旋机构、曲柄连杆机构和液压缸。压力机分为曲柄压力机（见图 2—6—42a）、螺旋压力机（见图 2—6—42b）和液压机（见图 2—6—42c）三大类。曲柄压力机又称为机械压力机。螺旋压力机无固定下止点，对较大的模锻件可以多次打击成形，也可以进行单打、连打和寸动。压力机的打击力与工件的变形量有关，变形大时打击力小，变形小（如冷击）时打击力大。在这些方面，它与锻锤相似。但它的打击力通过机架封闭，故工作平稳，振动比锻锤小得多，不需要很大的基础。压力机的下部都装有锻件顶出装置。螺旋压力机兼有模锻锤、机械压力机等多种锻压机械的作用，万能性强，可用于模锻、冲裁、拉深等工艺。此外，螺旋压力机结构简单，制造容易，所以应用广泛。

 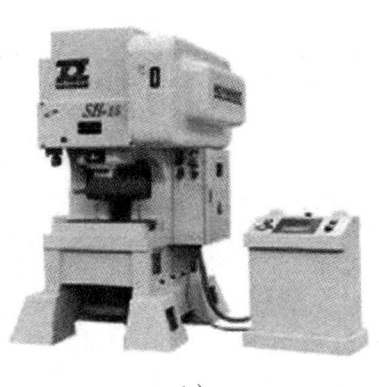 

图 2—6—42 压力机种类
a) 曲柄压力机　b) 螺旋压力机　c) 液压机

（1）曲柄压力机的工作原理。以 J31—315 型开式压力机为例，其工作原理如图 2—6—43 所示。电动机 1 带动带传动系统 2、3，将动力传到小齿轮 6，通过 6 和 7、8 和 9 两级齿轮减速传到曲柄连杆机构，大齿轮 7 同时又起飞轮的作用。最末级齿轮 9 制成偏心齿轮结构，它的偏心轮部分就是曲柄，曲柄可以在心轴 10 上旋转。连杆 12 一端连到曲轴偏心轮，另一端与滑块铰接，当偏心齿轮 9 在与小齿轮 8 啮合转动时，连杆摆动，将曲轴的旋转运动转变为滑块的往复直线运动。上模装在滑块上，下模固定在垫板上，滑块带动上模相对下模运动，对放在上、下模之间的材料实现冲压。在电动机不切断电源的情况下，滑块的动与停是通过操纵脚踏开关控制离合器 5 和制动器 4 实现的。踩下脚踏开关，制动器松闸，离合器接合，将传动系统与曲柄连杆机构连通，动力输进，滑块运动；当需要滑块停止运动时，松开脚踏开关，离合器分离，将传动系统与曲柄连杆机构脱开，同时运动惯性被制动器有效地制动，使滑块运动及时停止。

（2）螺旋压力机的工作原理。电动机驱动螺旋压力机的飞轮、套轴与螺母一起频繁正反转运动，螺母与螺杆形成运动副，螺母驱动螺杆和滑块上下运动，产生打击力。以 PLC 为核心的控制系统设计有几个工作程序段，各程序段的打击速度可以通过对应的参数进行调节，各程序段的打击次数可以通过对应的计数器进行设置。可采集压力机各瞬间工作状态进行逻辑判定，完成电动机控制和制动、进出料装置控制、气动出模控制。配以对应各类工件的进出料装置，压力机可实现全自动工作。

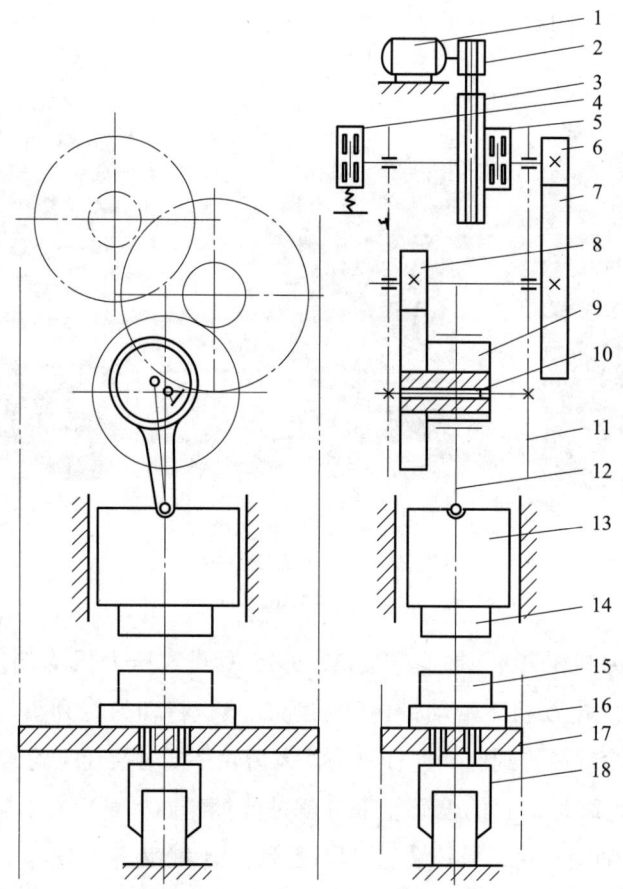

图 2—6—43 曲柄压力机工作原理
1—电动机 2—小带轮 3—大带轮 4—制动器 5—离合器 6—小齿轮 7—大齿轮
8—小齿轮 9—偏心齿轮 10—心轴 11—机身 12—连杆 13—滑块 14—上模
15—下模 16—垫板 17—工作台 18—液压气垫

（3）液压机的工作原理。液压机又称作液压冲床，它是利用液压泵提供的液压经电磁阀进入液压缸，带动活塞传动到主轴上使主轴形成向下运动，从而形成冲力，使工件在模具中产生规定的变形而达到加工的目的。为了方便使用，设备上还添加了电气控制部分，大大提高了工作效率。

3. 压力机的安装（以 YN32—100 四柱式液压机为例）

（1）安装注意事项。

1）机器到现场后，应仔细清洗各零部件。

2）吊装时应注意零部件重心，并合理选择吊运孔位置，并注意勿使薄板零件承载，以免损坏仪表和零件。

3）机器应安装在混凝土基础上。其他防水措施及安全照明设施等均由用户基础设计人员根据本地具体情况决定。

（2）安装步骤。

1）首先将立柱插入滑块、工作台四孔内，然后将动力机构、电气箱按相应位置安装，并将工作台找正水平，要求台面与水平面平行度误差不大于 0.20 mm/1 000 mm，然后用地脚螺栓紧固。

2）事先准备两等高垫块，其高度不小于 400 mm，两端面平行度误差不大于 0.02 mm，并能承受 1 000 kN 的负荷。先将滑块吊起，在工作台两侧（左右方向）放入两垫块，以支承住滑块。

3）将主缸与上横梁吊起套入立柱内。在吊运时必须将主缸活塞卡住，防止活塞在吊运中突然伸出发生事故。装好后将立柱上端螺母拧上。

4）按外形总图、液压原理图、电气原理图，接好管路、电气线路，装好限程装置等零部件。油箱清洗干净后注入过滤后的干净油液至油标，加油量约 250 L。

5）拧开泵回油接头，将泵腔注满干净的油液，并将调压安全阀等手柄拧松，至此安装工作基本结束，可进行试车。

6）接通电源，启动一下电动机，其旋转方向应与泵规定的旋转要求一致，否则应将电线接头倒相。然后正式启动电动机使油泵处于空负荷运转，调整控制油压为 0.8～1.2 MPa。

7）将转换开关扳至"调整"位置，按压按钮使主缸活塞回程，然后拆下卡子，按下按钮使主缸活塞下行，要求活塞头部能准确地导入滑块定位孔内，若不准确应调整四个调节螺母直至能准确地导入滑块定位孔。然后将活塞与滑块的连接螺母安装好，调节调压阀前端手柄，使油压上升至 25 MPa 为止，在保压的状态下用扳手拧紧主缸连接螺母。

8）按压按钮使滑块回程，拆下两垫块，将试车砧子（金属垫块）放至工作台中央（试车砧子尺寸为长×宽×高＝400 mm×400 mm×400 mm，砧子上、下平面平行度允差 0.02 mm/400 mm，并分别能承受 1 000 kN 的负荷），然后按说明书规定的精度标准调整精度，一般先调整其平行度，后调整其垂直度。精度调整可在加压时调整四个调节螺母，合格后紧固上横梁的锁紧螺母。

9）按液压原理图进行工作循环负荷试车。支承阀调整至滑块在任意位置无下滑现象即可，调整量不宜过大。

10）系统调压阀最大调至 25 MPa，安全阀调至 28 MPa。

11）高压泵调至最大压力时，泵偏最大不得超过 6.5 格。

12）测量各动作行程、速度是否合乎要求，行程装置内行程开关动作应可靠。

13）测量保压性能。加压后停车，要求保压 10 min 压力降不得大于 4 MPa。

14）再次测量主机精度。至此，整个试车工作即告结束，可以投入生产使用。

五、普通车床的整机装配

1. 卧式车床的装配精度

（1）装配精度的内容。装配精度不仅影响机器或部件的工作性能，而且影响它们的使用寿命。机床的装配精度将直接影响机床所加工零件的精度。

机器的装配精度包括零部件间的尺寸精度、相对运动精度、相互位置精度和接触精度几个方面。零部件间的尺寸精度包括配合精度和距离精度。各装配精度之间有着密切的关系。

（2）影响装配精度的因素。为了保证机床装配后能达到各项装配精度要求，装配时必须注意以下几个因素的影响，以便在工艺上采取必要的补偿措施。

1）零件刚度对装配精度的影响。零件刚度是指零件抵抗变形的能力。由于零件刚度不足，装配后会受到重力和夹紧力的作用而产生变形。例如，在车床装配时，将进给箱、溜板箱和床鞍装在床身上后，床身导轨的精度会因受到这些部件的重力影响而产生变形。

2）工作温度变化对装配精度的影响。装配时，温度变化会对机床主轴与轴承间的间隙产生影响，而机床精度一般是指机床在冷车或热车状态下都能满足的精度。另外，车床受热产生变形，使各部件之间产生相应的位置变化。

3）磨损的影响。在装配某些组成环时，有时会考虑增加一些磨损量。例如，车床主轴顶尖和尾座顶尖对溜板部件移动方向的等高度就只允许尾座高。适当偏向有利于磨损的一面，可以延长机床使用寿命。

2. 卧式车床总装顺序的确定

合理的装配顺序在很大程度上取决于装配产品的结构、零件在整个产品中所起的作用、零件间的相互关系和零件的数量等。总装配顺序一般可按下列原则确定：

（1）首先选出正确的装配基准件。卧式车床的装配基准是床身的导轨面，因为床身是车床的基本支承件，用来安装车床的各主要部件，而且床身导轨是确定机床主要部件相对位置的基准，也是运动的基准。

（2）在解决没有相互影响的装配精度时，其装配先后顺序以简单方便为原则。具体来说，装配顺序一般是先难后易、先内后外、先下后上，预处理在前。

（3）在解决有相互影响的装配精度时，应该先装配好各公共的装配基准，然后再按次序达到各有关精度。

以 CA6140 型车床总装配顺序为例，图 2—6—44 所示为其总装配单元系统图。

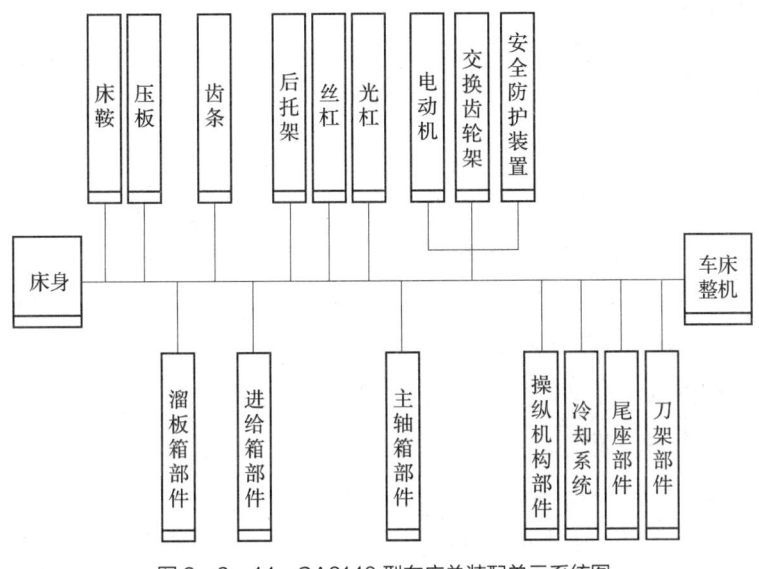

图 2—6—44　CA6140 型车床总装配单元系统图

3. 床身与床脚的装配

（1）床身导轨的作用和技术要求。床身导轨是床鞍移动的导向面，是保证刀具移动直线性的关键。图 2—6—45 所示为 CA6140 型车床床身导轨截面图。其中 2、6、7 为床鞍用导轨面，3、4、5 为尾座用导轨面，1、8 为下压板用导轨面。CA6140 型卧式车床床身与床脚用螺钉连接，它是车床的基础，也是车床总装配的基准部件。其技术要求如下：

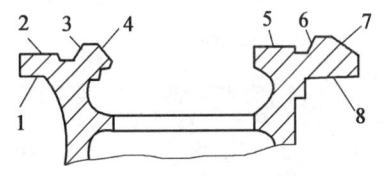

图 2—6—45　CA6140 型车床床身导轨截面图

1）床身导轨的几何精度。各导轨在垂直平面与水平面内的直线度符合技术要求，且在垂直平面内只允许中凸；各导轨和床身齿条安装面应平行于床鞍导轨。

2）接触精度。刮削导轨每 25 mm × 25 mm 范围内接触点不少于 10 点，磨削导轨则以接触面积大小来评定接触精度的高低。

3）表面粗糙度。刮削导轨表面粗糙度 Ra 值一般在 1.6 μm 以下，磨削导轨表面粗

糙度 Ra 值在 0.8 μm 以下。

4）硬度。一般导轨表面硬度应在170HBW以上,并且全长范围内硬度一致。与之相配合件的硬度应比导轨硬度稍低。

5）导轨稳定性。导轨在使用中应不变形。除采用刚度大的结构外,还应进行良好的时效处理,以消除内应力,减小变形。

（2）床身与床脚的接合。

1）床身装到床脚上。先将接合面的毛刺清除并倒角。在接合面间加入1~2mm厚纸垫,在床身、床脚连接螺钉下垫厚平垫圈,以保证接合面平整贴合,防止床身紧固时发生变形,同时可防止漏油。

2）床身导轨精加工方法。对导轨的精加工有精磨法、精刨法和刮研法三种,目前应用最广的是精磨法。精磨法是将床身导轨在导轨磨床（或龙门刨床加磨具）上一次装夹磨削完成,从而保证床鞍导轨和尾座导轨的直线度和平行度。采用适当的压紧方法还能使磨削的导轨达到中凸的理想要求,同时具有较好的表面质量和较高的生产效率。

刮研法是单件、小批量生产或机修中常用的方法。刮削前将可调垫铁置于床脚地脚螺栓附近,用水平仪调整床身处于自然水平位置,各垫铁受力均匀,床身放置稳定后即可开始刮研。刮研按下列步骤进行:

①选择刮削量最大、导轨中最重要和精度要求最高的床鞍用导轨面6、7作为刮削基准（见图2—6—45）,用角形平尺研点,刮削基准导轨面6、7；用水平仪和垫铁测量导轨直线度并绘制导轨曲线图,刮削至导轨直线度、接触研点数和表面粗糙度均符合要求为止。

②以6、7面为基准,用平尺研点,刮平导轨面2,保证其直线度及与基准导轨面6、7的平行度要求。

③以床鞍导轨面为基准刮削尾座导轨面3、4、5,使其达到自身精度及与床鞍导轨面的平行度要求。

④刮削压板导轨面1、8,使其达到与床鞍导轨面的平行度要求,并达到自身精度要求。

4. 床鞍配刮与床身装配

床鞍部件是保证刀架运动精度的关键。床鞍上、下导轨面分别与床身导轨和中滑板配刮完成,其刮削步骤如下。

（1）刮削中滑板。如图2—6—46所示,用研点校准平台推研表面1和2,并保证面1与面2的平行度要求。一般要求平面1、2中间位置的研点可软些。

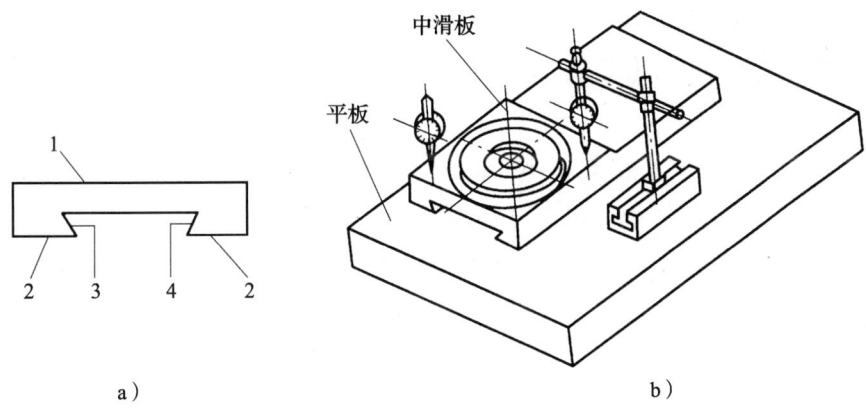

图 2—6—46 中滑板刮削

（2）配刮床鞍横向燕尾导轨。

1）如图 2—6—47 所示，将床鞍放在床身导轨上（这样可减小刮削时床鞍的变形），以中滑板下表面（图 2—6—46 中表面 2）为基准，配刮床鞍横向燕尾导轨表面 5。推研时，手握工艺心棒，以保证安全。

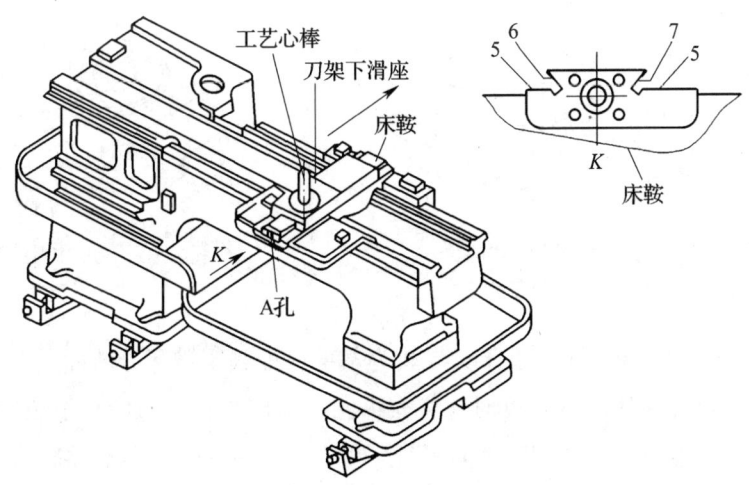

图 2—6—47 刮削床鞍上导轨面

2）以床鞍横向燕尾导轨表面 5 为基准，用角形平尺研点刮削燕尾面 6、7，保证两平面平行，其检验方法如图 2—6—48 所示。刮削后应同时满足对横向丝杠安装孔（A 孔）的平行度要求，检测方法如图 2—6—49 所示。

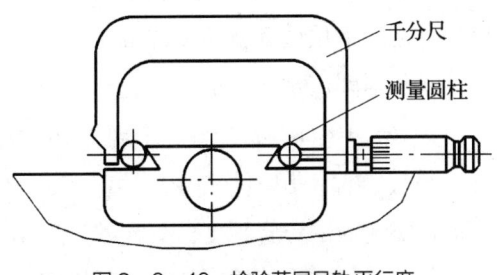

图 2—6—48 检验燕尾导轨平行度

（3）配刮中滑板燕尾导轨及镶条。

1）以床鞍燕尾导轨为基准，配刮中滑板燕尾导轨面（图2—6—46中导轨面3、4），使其达到研点数要求。

2）配刮镶条的方法如图2—6—50所示，其目的是使刀架横向进给时有准确间隙，并能在使用过程中不断调整间隙，保证有足够的寿命。配刮后应使中滑板在燕尾导轨全长上移动时无明显的轻重或松紧不均匀现象，并保证镶条大端有10～15mm的调整余量。导轨配合面之间用0.03mm塞尺检查，插入深度不大于20mm。

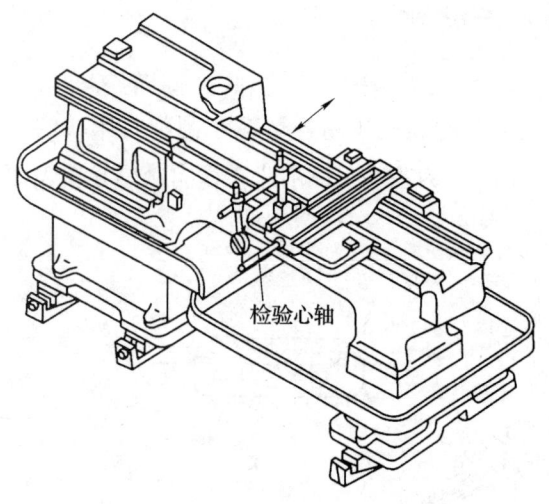

图2—6—49 检验燕尾导轨与横向丝杠安装孔的平行度

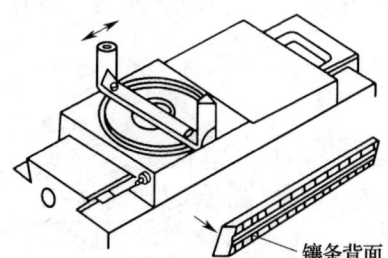

图2—6—50 中滑板燕尾导轨及镶条配刮

（4）配刮床鞍下导轨面。以床身导轨为基准，配刮床鞍下导轨面至要求。检测床鞍下导轨与上燕尾导轨的垂直度时，应先纵向移动床鞍，调整床身上放置的直角尺，使直角尺的一个边与床鞍的移动方向平行（见图2—6—51）；然后将百分表测头与直角尺的另一直角边接触，沿燕尾导轨全长上移动中滑板，百分表的最大示值差就是床鞍上、下导轨的垂直度误差，如图2—6—52所示。若超差，应继续刮削床鞍下导轨面直至合格。本项精度偏差只许偏向床头。

（5）刮削床鞍上溜板箱安装面。

1）要求横向与进给箱、托架安装面垂直。检测方法如图2—6—53所示，在床身进给箱安装面上用夹板夹持一直角尺，在直角尺处于水平的表面上移动百分表检测溜板箱安装面的位置精度，其允差为每100mm长度上0.03mm。也可用框式水平仪分别贴紧进给箱和溜板箱安装面进行检测。

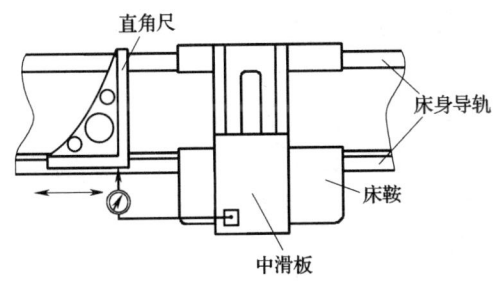

图2—6—51 调整直角尺与床鞍移动方向平行

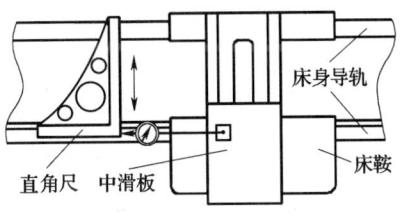

图2—6—52 床鞍上、下导轨垂直度检验

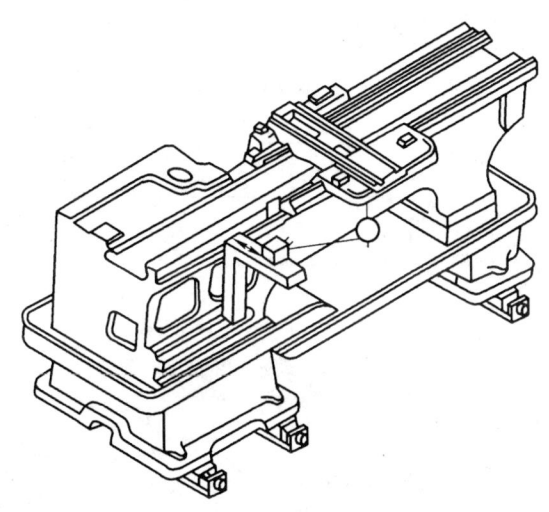

图2—6—53 检测溜板箱安装面与进给箱安装面垂直度

2）要求纵向与床身导轨平行，检测方法如图2—6—54所示，将百分表固定在床身上，纵向移动床鞍，在床鞍接合面（溜板箱安装面）全长上百分表最大示值差不得超过0.06 mm。

完成上述刮削工作后，如图2—6—55所示装上两侧压板并调整好适当的配合间隙，以保证全部螺钉调整紧固后，推动床鞍在导轨全长上移动时无阻滞现象。

5. 溜板箱、进给箱及主轴箱的安装

（1）安装溜板箱。溜板箱的安装位置直接影响丝杠、螺母能否正确啮合，进给能否顺利进行，是确定进给箱和丝杠后托架安装位置的基准。确定溜板箱位置应按以下步骤进行。

1）校正开合螺母中心线与床身导轨平行度。如图2—6—56a所示，在溜板箱的开合螺母体内卡紧一检验心轴，在床身检验桥板上紧固丝杠中心专用测量工具，分别在左、

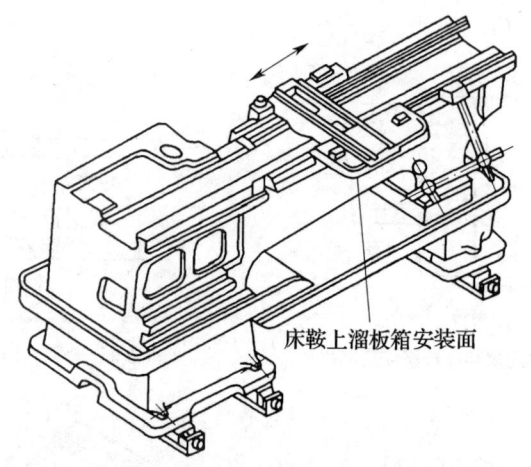

图2—6—54 检测溜板箱安装面与床身导轨平行度

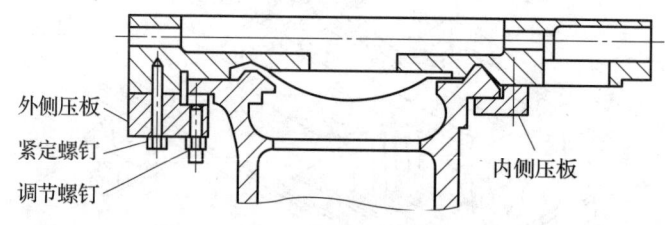

图2—6—55 床鞍两侧压板安装与调整

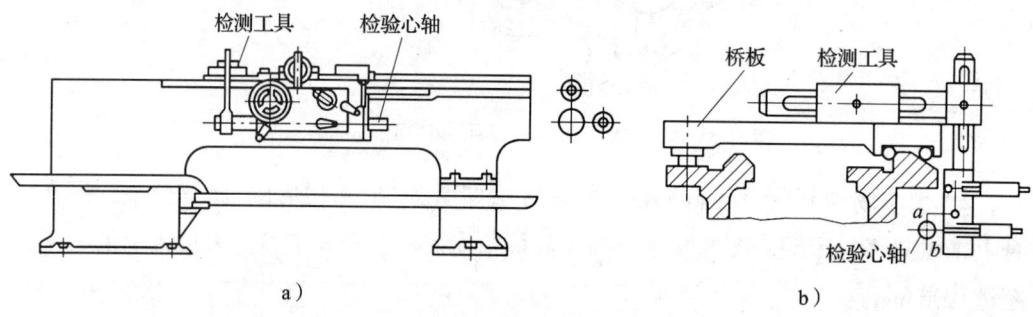

图2—6—56 校正开合螺母中心线与床身导轨平行度

右两端校正检验心轴上母线和侧母线与床身导轨的平行度，其误差应在 0.15 mm 以下。

2）确定溜板箱左右位置。左右移动溜板箱，使床鞍横向进给传动齿轮副有合适的齿侧间隙。如图2—6—57所示，将一张厚度为 0.08 mm 的纸放在齿轮啮合处，转动齿轮使印痕呈现将断不断的状态为正常侧隙。此外，侧隙也可通过控制横向进给手轮空转量不超过 1/30 转来检查。

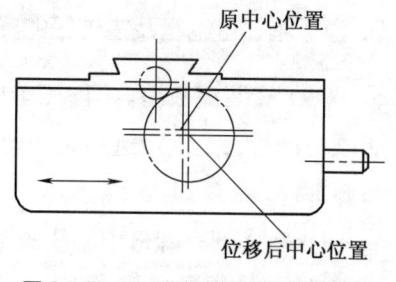

图2—6—57 溜板箱左右位置的确定

3）溜板箱最后定位。溜板箱预装精度校正后，应等到进给箱和丝杠后托架的位置校正后才能钻、铰溜板箱定位销孔，配作锥销，实现最后定位。

（2）安装齿条。溜板箱位置校正后即可安装齿条，主要是保证纵向走刀小齿轮与齿条的啮合间隙。

齿条拼装时，应用标准齿条进行跨接校正，如图 2—6—58 所示。校正后，两根相接齿条的接合端面之间须留有 0.5 mm 左右的间隙。

齿条安装后，必须在床鞍行程的全长上检查纵向走刀小齿轮与齿条的啮合间隙，间隙要一致。齿条位置调好后，每根齿条都配两个定位销钉，以确定其安装位置。

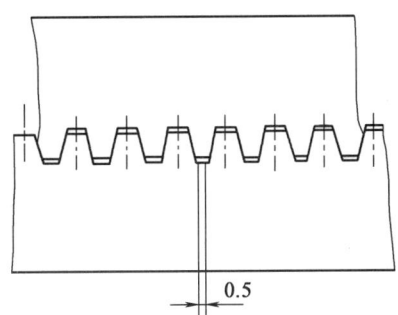

图 2—6—58 齿条跨接校正

（3）安装进给箱和丝杠后托架。安装进给箱和丝杠后托架，主要是保证进给箱、溜板箱、后托架上安装丝杠的三孔的同轴度，并保证丝杠与床身导轨的平行度。

如图 2—6—59 所示，先调整进给箱和后托架安装孔中心线与床身导轨平行度，再调整进给箱、溜板箱和后托架三者丝杠安装孔的同轴度。调整合格后，进给箱、溜板箱和后托架即配作定位销钉，以确保精度不变。

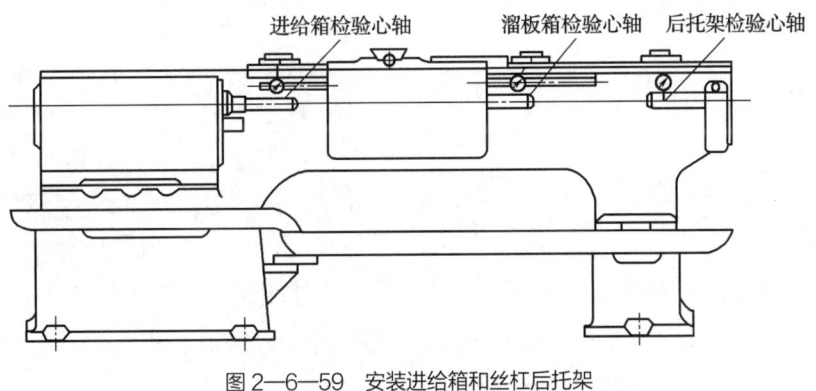

图 2—6—59 安装进给箱和丝杠后托架

（4）安装主轴箱。主轴箱是以底平面和凸块侧面与床身接触来保证正确的安装位置。底面用来控制主轴轴线与床身导轨在垂直平面内的平行度，凸块侧面用来控制主轴轴线在水平面内与床身导轨的平行度。主轴箱安装主要是保证这两个方向的平行度。安装时如图 2—6—60 所示进行检测和调整。在主轴锥孔中插入检验棒，百分表座吸在中滑板上，分别在上母线和侧母线上检测，百分表在检验棒 300 mm 长度范围内的示值差就是主轴轴线与床身导轨平行度误差值，具体允差值可参见表 2—6—4 中 G7 项目的公差值。

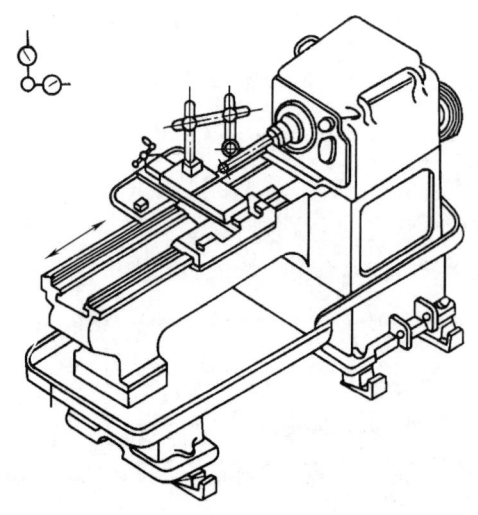

图 2—6—60 主轴轴线对床鞍纵向移动的平行度检测

表 2—6—4　G7 项目的公差值　　　　　　　　　　　　　mm

检验项目	公差		
	精密级	普通级	
	$D_a \leqslant 500$ 和 $DC \leqslant 1\,500$	$D_a \leqslant 800$	$800 < D_a \leqslant 1\,600$
主轴轴线对床鞍纵向移动的平行度测量长度为 $D_a/2$ 或不超过 300[①] a：在水平面内 b：在垂直平面内	a：在 300 测量长度上为 0.01，向前 b：在 300 测量长度上为 0.02，向上	a：在 300 测量长度上为 0.015，向前 b：在 300 测量长度上为 0.02，向上	a：在 500 测量长度上为 0.03，向前 b：在 500 测量长度上为 0.04，向上

①对于 $D_a > 800$ mm 的车床，其测量长度可增加至 500 mm。

安装要求包括：在垂直平面内，只允许检验棒外端向上抬起（俗称"抬头"），若超差，则刮削接合面；在水平面内，只允许检验棒外端偏向操作者方向（俗称"里勾"），若超差，可通过刮削凸块侧面来满足要求。

为消除检验棒本身误差对检测的影响，检测时主轴旋转 180° 做两次检测，两次检测结果的平均值就是平行度误差。

6. 尾座的安装

（1）调整尾座的安装位置。以床身上尾座导轨为基准，配刮尾座底板，使其达到以下两项精度要求。

1)如图 2—6—61 所示,将尾座套筒摇出 100 mm 长,移动床鞍,检测尾座套筒轴线对床鞍移动在水平面和垂直平面内的平行度,其允差值可参见表 2—6—5 G9 项目的公差值。

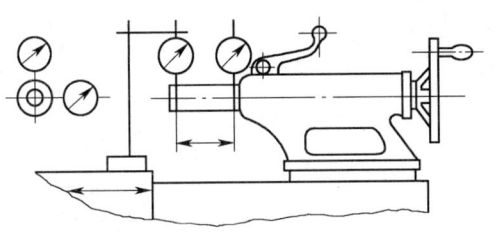

图 2—6—61 尾座套筒轴线对床鞍移动的平行度检测

表 2—6—5　G9 项目的公差值　　　　　　　　　mm

检验项目	公差		
	精密级	普通级	
	$D_a ≤ 500$ 和 $DC ≤ 1\ 500$	$D_a ≤ 800$	$800 < D_a ≤ 1\ 600$
尾座套筒轴线对溜板移动的平行度 a:在水平面内 b:在垂直平面内	a:在 100 测量长度上为 0.01,向前 b:在 100 测量长度上为 0.015,向上	a:在 100 测量长度上为 0.015,向前 b:在 100 测量长度上为 0.02,向上	a:在 100 测量长度上为 0.02,向前 b:在 100 测量长度上为 0.03,向上

2)如图 2—6—62 所示,在尾座套筒锥孔中插入检验棒,移动床鞍,检测尾座套筒锥孔轴线对床鞍移动在水平面和垂直平面内的平行度,其允差值可参见表 2—6—6 中 G10 项目的公差值。

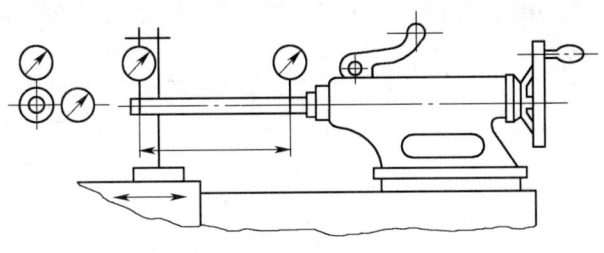

图 2—6—62 尾座套筒锥孔轴线对床鞍移动的平行度检测

(2)调整主轴锥孔轴线与尾座套筒锥孔轴线对床身导轨的等高度。如图 2—6—63 所示,在主轴锥孔和尾座套筒锥孔间装一圆柱检验棒,移动床鞍,检测检验棒两端对床身导轨的等高度。为抵消尾座磨损,延长使用寿命,要求只允许尾座套筒锥孔轴线

表2—6—6　G10项目的公差值　　　　　　　　　　　　　　mm

检验项目	公差		
	精密级	普通级	
	$D_a \leq 500$ 和 $DC \leq 1500$	$D_a \leq 800$	$800 < D_a \leq 1600$
尾座套筒锥孔轴线对溜板移动的平行度 测量长度 $D_a/4$ 或不超过 300① a：在水平面内 b：在垂直平面内	a：在300测量长度上为0.02，向前 b：在300测量长度上为0.02，向上	a：在300测量长度上为0.03，向前 b：在300测量长度上为0.03，向上	a：在500测量长度上为0.05，向前 b：在500测量长度上为0.05，向上

①对于 $D_a > 800$ mm 的车床，其测量长度可增加至 500 mm。

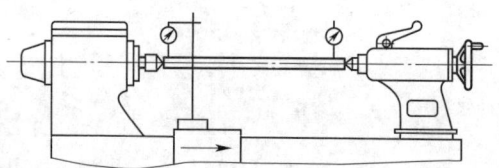

图2—6—63　主轴锥孔轴线与尾座套筒锥孔轴线对床身导轨的等高度检测

高于主轴锥孔轴线，其允差值可参见表2—6—7中G11项目的公差值。若超差，可通过修刮尾座底板来达到要求。

表2—6—7　G11项目的公差值　　　　　　　　　　　　　　mm

检验项目	公差		
	精密级	普通级	
	$D_a \leq 500$ 和 $DC \leq 1500$	$D_a \leq 800$	$800 < D_a \leq 1600$
主轴和尾座两顶尖的等高度	0.02 尾座顶尖高于主轴顶尖	0.04 尾座顶尖高于主轴顶尖	0.06 尾座顶尖高于主轴顶尖

7. 丝杠、光杠的安装

溜板箱、进给箱、后托架三者支承孔同轴度校正后，就能装入丝杠、光杠，并进行以下检验。

（1）丝杠装入后应检验丝杠在开合螺母闭合与打开时的径向圆跳动（分别在丝杠的两端和中间），如图2—6—64a所示。

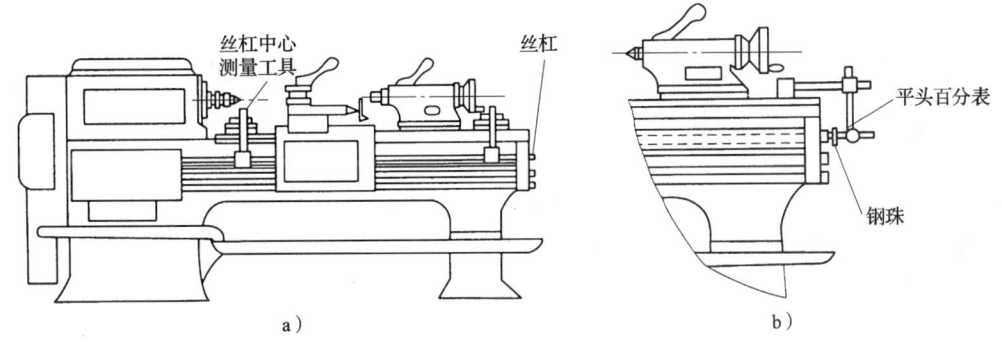

图 2—6—64 丝杠轴向窜动量检测

（2）如图 2—6—64b 所示，用平头百分表检测丝杠的轴向窜动。检测时，将开合螺母闭合，按正、反方向接通丝杠传动，百分表示值差即为丝杠的轴向窜动量。

8. 刀架的安装

如图 2—6—65 所示，将方刀架部件安装在中滑板上，先调整小滑板在水平面内与主轴轴线平行后，再在垂直面内检测小滑板纵向移动对主轴轴线的平行度，其允差值可参见表 2—6—8 中 G12 项目的公差值。

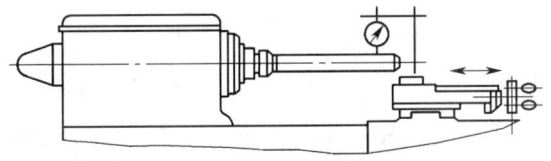

图 2—6—65 小滑板纵向移动对主轴轴线平行度检测

表 2—6—8 G12 项目的公差值　　　　　　　　　　mm

检验项目	公差		
	精密级	普通级	
	$D_a \leq 500$ 和 $DC \leq 1500$	$D_a \leq 800$	$800 < D_a \leq 1600$
小滑板纵向移动对主轴轴线的平行度	在 150 测量长度上为 0.015	在 300 测量长度以上为 0.04	

9. 其他部件的安装

（1）安装电动机，调整两带轮中心平面的位置精度及 V 带的预紧度。

（2）安装交换齿轮架及安全防护装置。

（3）完成操纵杆与主轴箱的传动连接。

六、普通铣床的整机装配

1. 总装配工艺过程

X6132型万能卧式铣床主要由床身、底座、悬梁、悬梁支架、升降台、床鞍、工作台底座及工作台组成。它的装配基准面是床身导轨面，而床身导轨面的测量基准又是主轴轴线。因此，所有部件的装配都要保证与床身导轨和主轴轴线的相互位置精度。

（1）床身与底座的装配。首先检查床身导轨面是否有磕碰、划伤、锈蚀，床身底面和底座上面去毛刺并打磨干净；然后将床身部件吊装到底座上，对正定位销孔，用螺栓紧固好；最后需用0.04 mm塞尺检查接合面间的间隙，塞尺不得插入。

（2）床身与悬梁的装配。悬梁可沿床身顶面的燕尾导轨移动。悬梁前端装刀杆支架，用来支承铣刀心轴，悬梁伸出长度由铣刀心轴的长度决定。在装配悬梁前，需要将床身顶部平面和斜面、齿轮轴孔等处去毛刺、清理干净并涂油，然后将悬梁安装在床身上，装上镶铁，并将悬梁锁紧机构安装在床身上。

（3）床身与升降台的装配。升降台通过它上面的垂直导轨和床身连接，并带动工作台做升降运动，在升降台内还装有进给运动的驱动和传动机构，所以它不仅是一个支承件，还是一个运动执行件。

升降台与床身的装配要求是要保证升降台上的横向导轨与主轴轴线平行，并与床身上的导轨垂直。所以，在安装升降台前，应将底座上用来安装垂直丝杠支座的凸台按要求加工好，凸台与床身导轨的垂直度为0.03 mm/300 mm。凸台可磨削或刮削。然后把丝杠和套筒清理干净，将待装配的床身及升降台导轨去毛刺，并擦净、涂油。

安装升降台时，需要先将升降台吊起并与床身贴合后，再安装导轨平台和楔条，然后安装垂直丝杠及支座，装好后再去掉吊车；或用支架将升降台支好后撤去吊车，再装上垂直丝杠及支座。

2. 装配工艺要点

（1）主轴部件的装配。X6132型万能卧式铣床主轴由三个轴承支承，前支承采用D级精度的圆锥滚子轴承，中间支承采用E级精度的圆锥滚子轴承，后支承采用G级精度的单列向心球轴承。主轴的工作精度主要由前支承和中间支承保证，采用定向装配法可以提高装配精度。

1）主轴（见图 2—6—66）精度要求及检测。

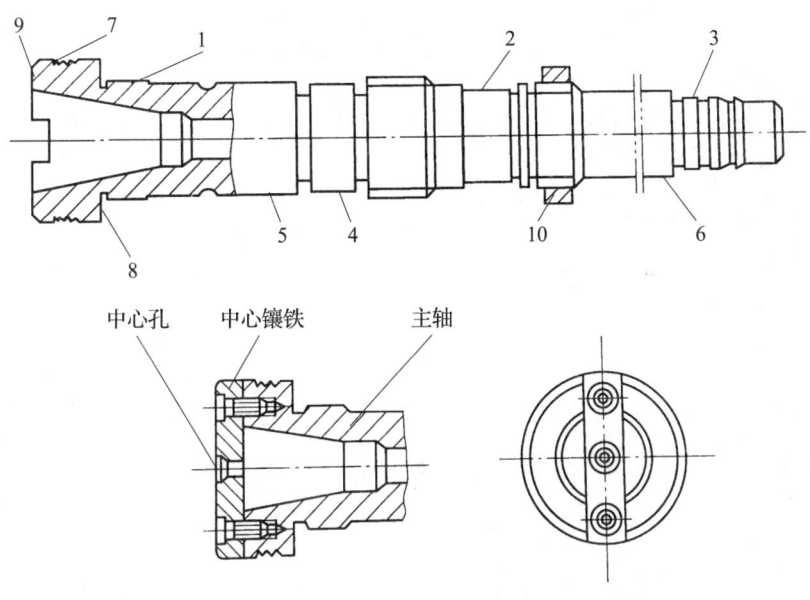

图 2—6—66　主轴

① 主轴精度要求。

a. 主轴外表面。如图 2—6—66 所示，表面 1、2、3 的径向圆跳动和同轴度允差为 0.005 mm，圆度允差为 0.005 mm，锥度允差为 0.005 mm。表面 4、5、6、7 的径向圆跳动及对表面 1、3 的同轴度允差为 0.007 mm。表面 5、6、7 的圆度、锥度允差为 0.005 mm。表面 8、9 的端面圆跳动允差为 0.07 mm。表面 10 的端面圆跳动允差为 0.06 mm。

b. 主轴锥孔。主轴锥孔接触率不小于 70%。主轴锥孔的径向圆跳动允差，在近主轴端为 0.005 mm，距离主轴端 300 mm 处为 0.01 mm。

② 主轴精度检测。

a. 主轴外表面的检测。在主轴锥孔端榫槽内镶上中心镶铁，镶铁与榫槽应紧密配合（用螺钉紧固）。在主轴尾端内孔镶堵塞与内孔紧密配合。校正表面 1、3 径向圆跳动误差小于 0.005 mm，在车床上钻两端中心孔。在偏摆仪上，用千分表测量各表面的同轴度。

b. 主轴锥孔的检测。回转主轴，分别在近主轴端及距离主轴端 300 mm 处检查主轴锥孔的径向圆跳动。用涂色法检查主轴锥孔接触率，如图 2—6—67 所示。

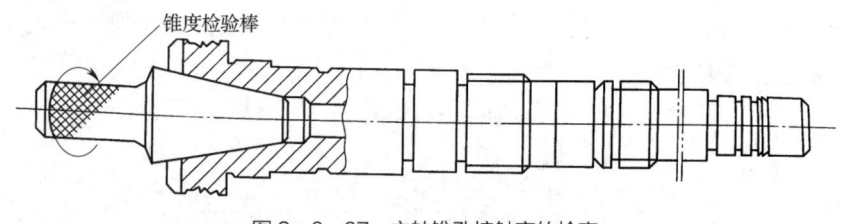

图2—6—67 主轴锥孔接触率的检查

2）主轴部件定向装配法。定向装配法的原理就是装配误差补偿原则。定向装配法操作步骤如下。

①测量主轴前轴承和中间轴承内圈的最高点和最低点。以轴承外圈为基准，在专用检具上固定百分表，百分表测头与轴承内圈接触，旋转内圈，记下最高点（即内圈最厚处）和最低点，做好标记。

②如图2—6—68所示，在两个可调等高V形铁上放置主轴，两个等高V形铁分别支前轴颈和中间轴颈，在锥孔内插入7∶24锥度的检验棒，转动主轴，在百分表读数的最高点和最低点对应主轴位置上做好标记。

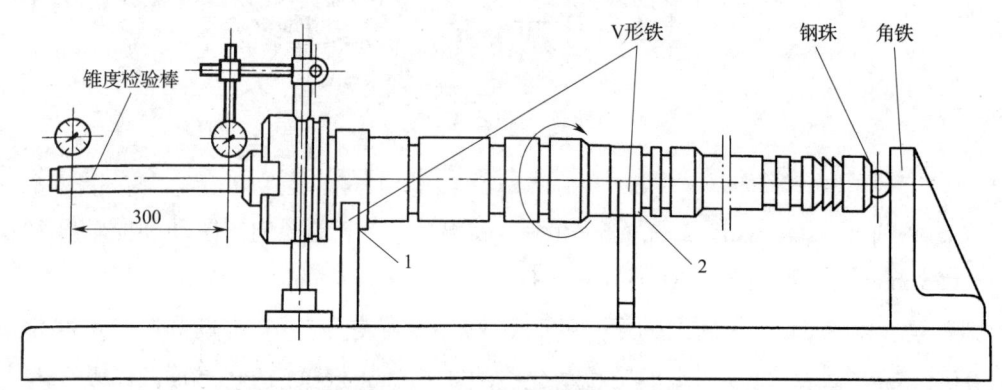

图2—6—68 主轴锥孔径向圆跳动的检查

③定向装配。将两个轴承的最高点与主轴的最低点对齐，中间轴承的最高点与主轴的最高点对齐后装配。

3）主轴部件的装配技术要求。

①主轴锥孔中心线的径向圆跳动。近主轴端1、2处允差为0.01 mm，距离主轴端300 mm处为0.02 mm。

②主轴的轴向窜动允差为0.015 mm。

③主轴轴肩的端面圆跳动允差为0.025 mm。

④主轴轴颈的径向圆跳动允差为0.015 mm。

主轴装配精度的检测如图2—6—69所示。

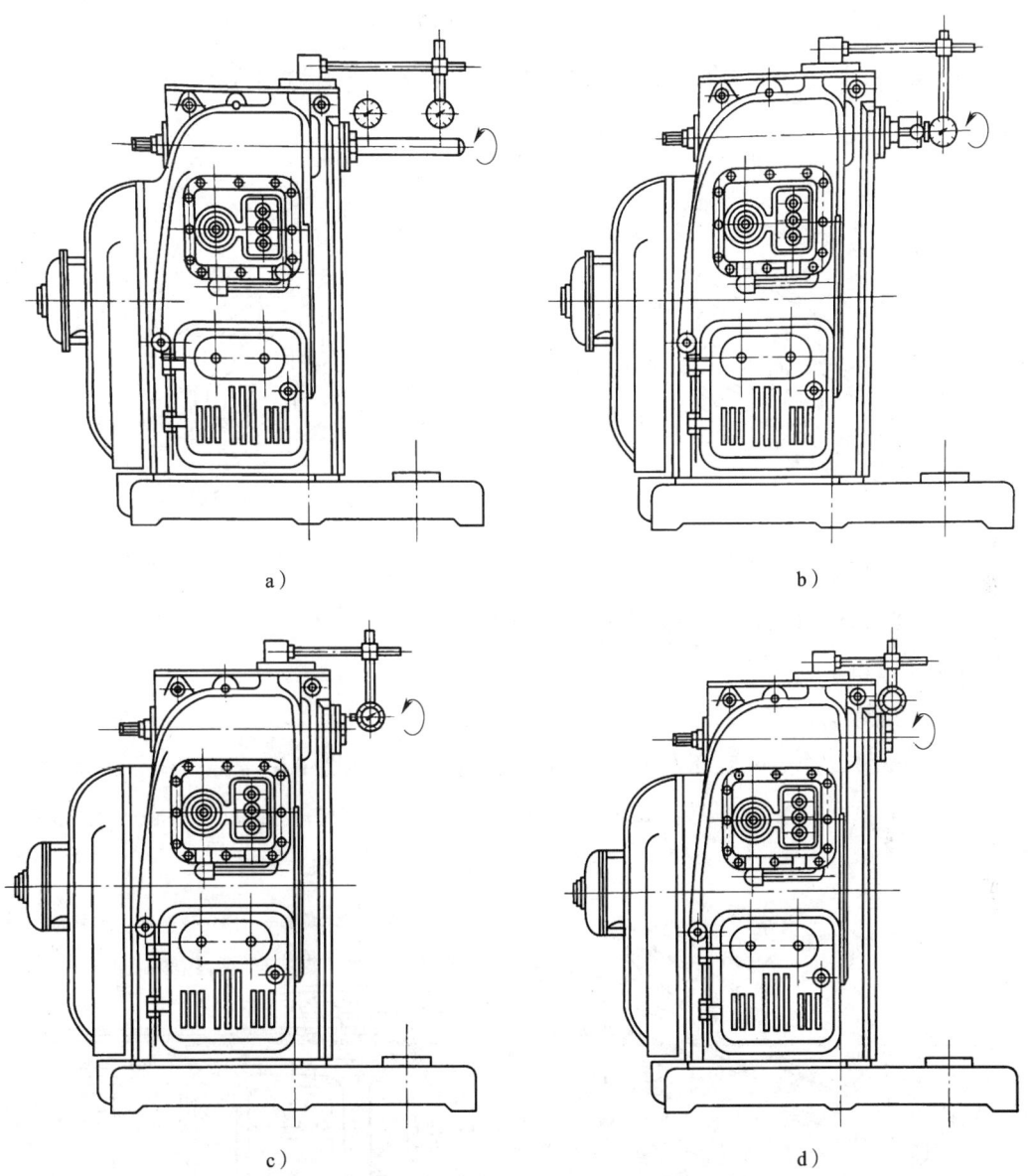

图 2—6—69　X6132 型万能卧式铣床主轴装配精度的检测
a) 主轴锥孔径向圆跳动的检查　b) 主轴轴向窜动的检查
c) 主轴轴肩端面圆跳动的检查　d) 主轴轴颈径向圆跳动的检查

（2）铣床床身的刮研。

1）刮削床身（见图 2—6—70）导轨表面 1。

①平面度允差为 0.02 mm/1 000 mm（只许中间凹）。

②对主轴回转中心的垂直度：纵向允差为 0.015 mm，只许主轴回转中心向下偏；横向允差为 0.01 mm。接触点 8 ~ 10 点 /（25 mm × 25 mm）。

2）刮削导轨面 2。如图 2—6—71 所示，用角形平尺拖研、刮削至要求。表面 2 的直线度以角形平尺的精度及接触点保证。表面 4 只需要清除毛刺即可。

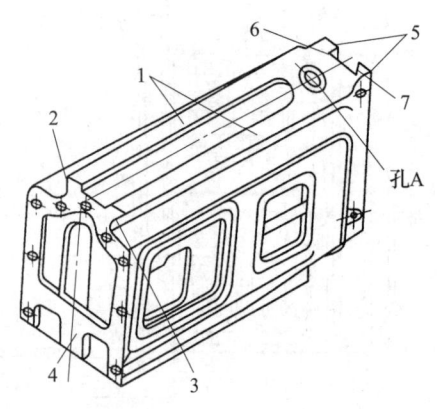

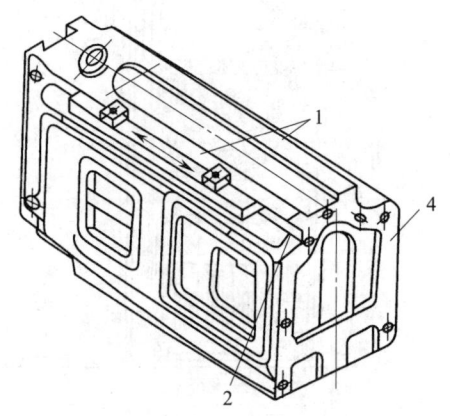

图 2—6—70　床身示意图　　　　　　　图 2—6—71　用角形平尺拖研表面 2

技术要求：直线度允差为 0.02 mm/1 000 mm，只许中间凹；接触点 8～10 点/（25 mm×25 mm）。

3）刮削导轨表面 3。用角形平尺拖研表面 3，刮削至要求。用图 2—6—72 所示方法检查表面 2 对表面 3 的平行度，平行度允差在全长上为 0.02 mm。用图 2—6—73、图 2—6—74 所示方法从纵向、横向上分别测量导轨表面 1 对主轴回转中心的垂直度。

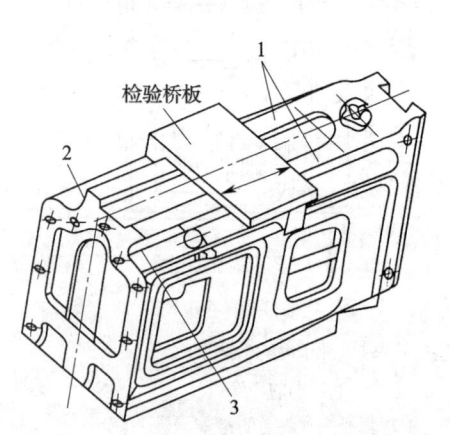

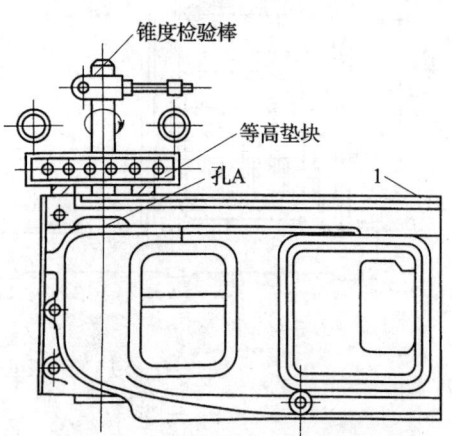

图 2—6—72　床身表面 2 对表面 3 平行度的测量　　图 2—6—73　导轨表面 1 纵向对主轴回转中心垂直度的测量

（3）铣床升降台与床身导轨配刮

1）刮升降台表面。拖动升降台，刮削至要求。如图 2—6—75 所示，移动 55°角度板，检查表面 2 对孔 D 的平行度。用如图 2—6—76、图 2—6—77 所示方法，移动 90°角度板，分别检查升降台表面 4 及表面 5 对床身表面 1 的垂直度。

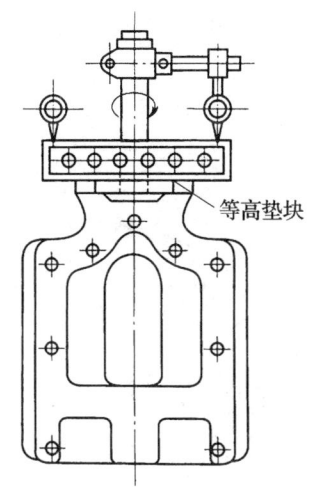

图 2—6—74 导轨表面 1 横向对主轴
　　　　　回转中心垂直度的测量

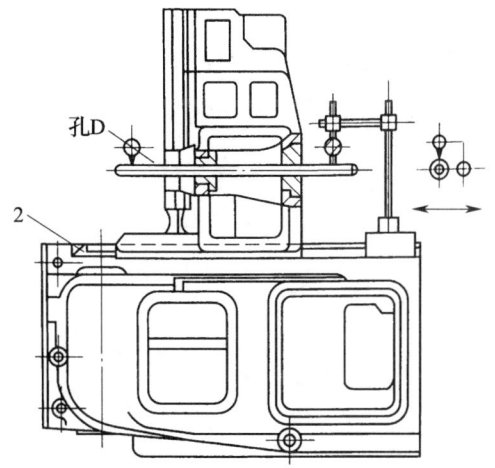

图 2—6—75 床身表面 2 对升降台孔 D
　　　　　平行度的测量

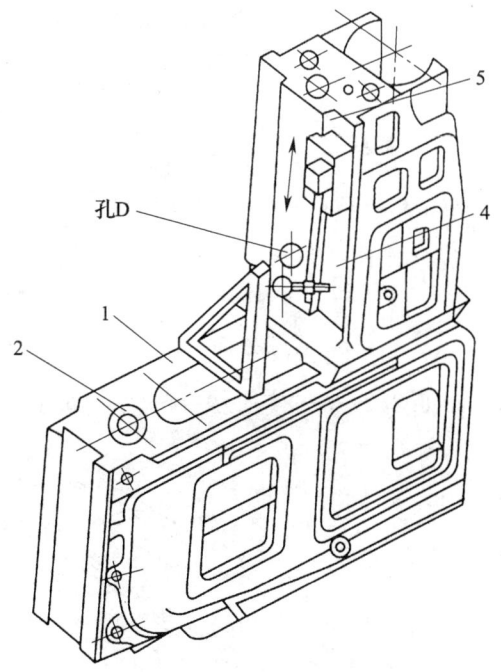

图 2—6—76 升降台表面 4 对床身
　　　　　表面 1 垂直度的测量

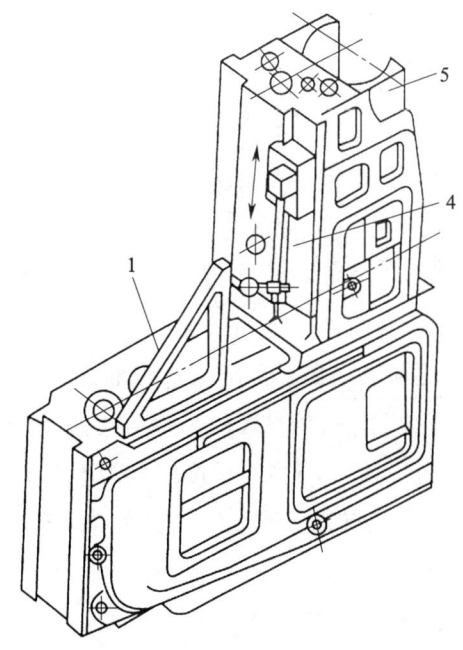

图 2—6—77 升降台表面 5 对床身
　　　　　表面 1 垂直度的测量

技术要求：床身表面对升降台孔 D 的平行度允差为 0.05 mm/1 000 mm，只许升降台向上倾斜；升降台表面对床身表面的垂直度允差为 0.02 ～ 0.03 mm/300 mm，升降台前端必须向上倾斜。

2）刮塞铁。塞铁（见图2—6—78）粗刮后，用如图2—6—79所示方法拖研塞铁表面，刮削至要求。切去塞铁多余长度，留15～20 mm长度用来调整塞铁松紧。用塞尺检查与导轨面的密合程度。

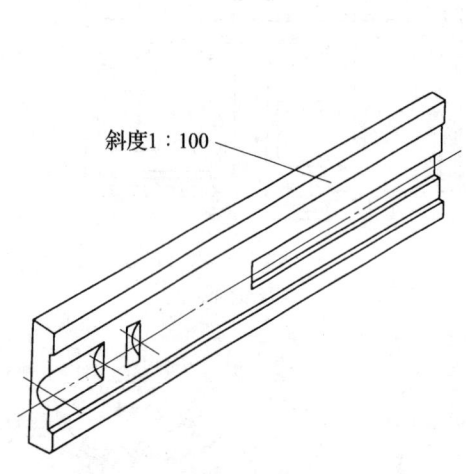

图2—6—78 塞铁

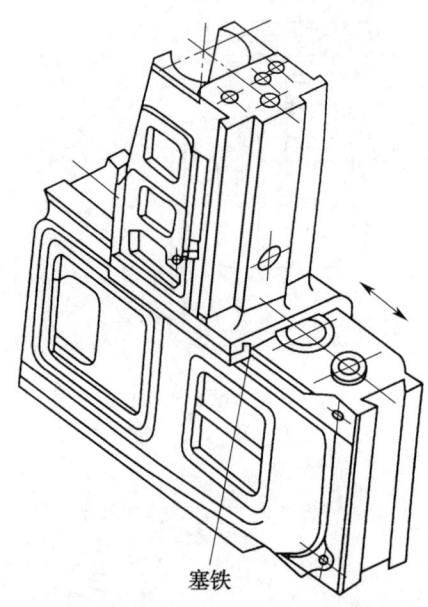

图2—6—79 升降台塞铁的配刮

技术要求：滑动面接触点，8～10点/（25 mm×25 mm）；非滑动面接触点，8～10点/（25 mm×25 mm）；与床身导轨的密合程度允差在0.03 mm，塞尺插入深度应小于或等于20 mm。

（4）悬梁与床身顶面导轨的配刮。如图2—6—80、图2—6—81所示，以悬梁表面1、2来拖研，刮削床身表面5、6至要求。用如图2—6—81所示方法，移动角度板，分别检查床身表面5、6对主轴中心线的平行度。表面5的平面度以悬梁表面1、2精度及接触点来保证。床身表面7无要求，只需要修去毛刺。

技术要求：表面5的平面度允差在全长上为0.02 mm，只许中间凹；表面5对主轴中心线的平行度（上母线）允差为0.025 mm/300 mm；表面6对主轴中心线的平行度（侧母线）允差为0.025 mm/300 mm；表面5的接触点为6～8点/（25 mm×25 mm）。

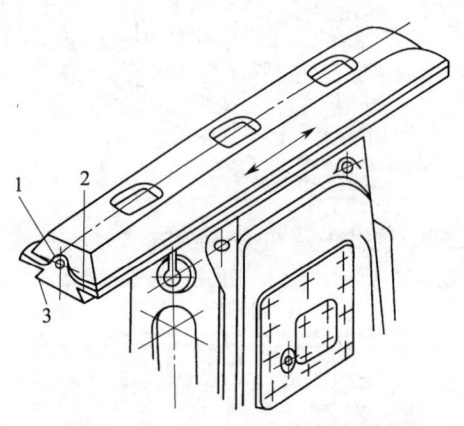

图2—6—80 悬梁与床身顶面导轨的配刮

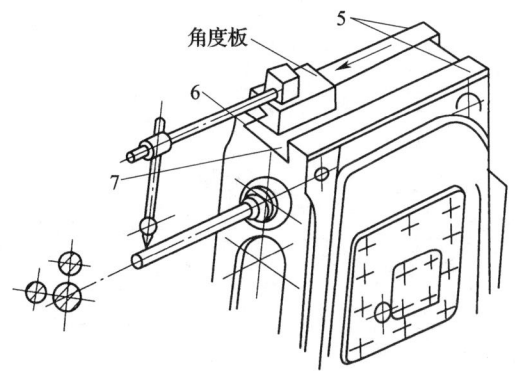

图 2—6—81 床身顶面导轨对主轴中心线平行度的测量

模块 3 设备检验与调试

- 课程 3—1　精度检验
- 课程 3—2　装配质量检验与分析
- 课程 3—3　设备调试

课程设置

课程	学习单元	课堂学时
3—1 精度检验	（1）成套量块的使用与维护 （2）通用量具和专用量具校对调整 （3）使用标准量具测量精密尺寸	12
3—2 装配质量检验与分析	（1）新装设备空运转试验 （2）使用常用量具对试件进行检验 （3）光学仪器的使用 （4）普通车床几何精度检验 （5）普通铣床几何精度检验	30
3—3 设备调试	（1）普通机床设备的检查结果分析 （2）通用机床整机调试	28

课程 3—1 精度检验

学习内容

学习单元	课程内容	培训建议	课堂学时
（1）成套量块的使用与维护	1）量块的结构特点及用途 2）量块的尺寸系列及组合方法 3）量块的维护保养与使用注意事项	（1）方法：讲授法、演示法、练习法 （2）重点与难点：量块的应用	2
（2）通用量具和专用量具校对调整	1）通用量具的校对调整 2）专用量具的校对调整	（1）方法：讲授法、演示法、练习法 （2）重点与难点：校对调整的方法	4

续表

学习单元	课程内容	培训建议	课堂学时
（3）使用标准量具测量精密尺寸	1）正弦规的结构和测量原理 2）精密尺寸的测量	（1）方法：讲授法、演示法、练习法 （2）重点：正弦规的使用 （3）难点：精密尺寸的测量	6

学习单元 1　成套量块的使用与维护

量块又叫块规，是平行的两测量面间具有精确尺寸、无刻度的端面长度计量器具。它是长度量值传递系统中的实物标准，是机械制造中实际使用的长度基准。如图 3—1—1 所示为 40 mm 和 4 mm 长度的两块量块。

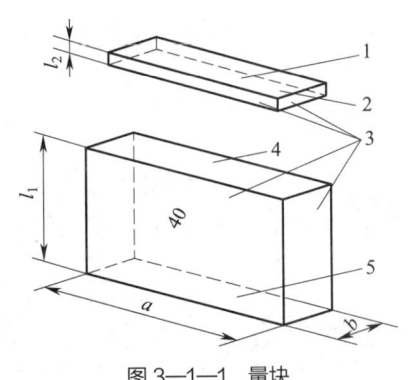

图 3—1—1　量块
1、4—上测量面　2、5—下测量面　3—侧面
a—测量面长度　b—测量面宽度　l_1、l_2—量块长度（量块尺寸）

一、量块的结构特点及用途

1. 量块的结构特点

量块的形状有长方体和圆柱体两种，常用的是长方体。长方体量块上有两个平行的测量面和四个非测量面，两测量面之间的平行度、表面粗糙度要求都极严格（Ra 值

不大于 0.02 μm)。

量块的两个测量面极为光滑、平整，具有研合性。量块用铬锰合金钢制成，线膨胀系数小，不易变形，且耐磨性好。

2. 量块的用途

量块的应用较为广泛，除了作为量值传递的媒介以外，还用于检定和校准其他量具、量仪，相对测量时调整量具和量仪的零位，以及用于精密机床的调整、精密划线和直接测量精密零件等。

为了扩大量块的应用范围，可采用量块附件。量块附件主要有夹持器和各种量爪，如图 3—1—2a 所示。量块及其附件装配后，可测量外径、内径（见图 3—1—2b）或进行精密划线等（见图 3—1—2c）。

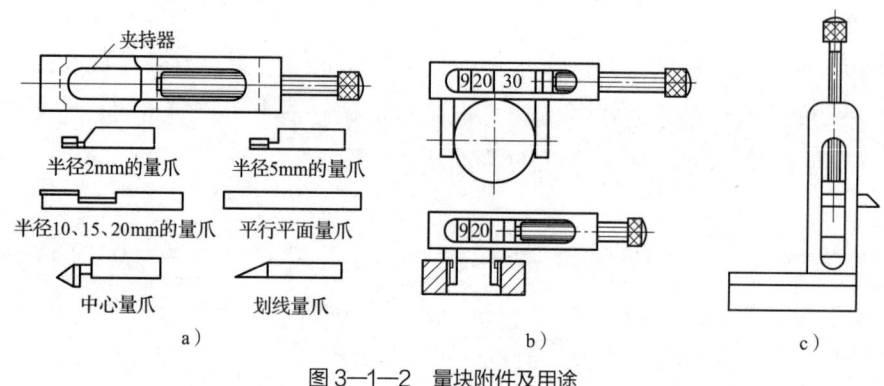

图 3—1—2 量块附件及用途
a）夹持器及量爪类型 b）测量外径、内径 c）精密划线

二、量块的尺寸系列及组合方法

1. 量块的尺寸系列

在实际生产中，量块是成套使用的，每套量块由一定数量、不同公称尺寸的量块组成，装在特制的木盒内（见图 3—1—3），以供选择组合成各种尺寸，满足一定尺寸范围内的测量需求。国家标准推荐了 17 套量块的组合尺寸。常用成套量块的级别、尺寸系列、间隔和块数见表 3—1—1。

图 3—1—3 套装量块

表 3—1—1 常用成套量块尺寸表

套别	总块数	级别	公称尺寸（mm）	间隔（mm）	块数
1	83	0、1、2、3	0.5	—	1
			1	—	1
			1.005	—	1
			1.01、1.02…1.49	0.01	49
			1.5、1.6…1.9	0.1	5
			2.0、2.5…9.5	0.5	16
			10、20…100	10	10
2	46	0、1	1	—	1
			1.001、1.002…1.009	0.001	9
			1.01、1.02…1.09	0.01	9
			1.1、1.2…1.9	0.1	9
			2、3…9	1	8
			10、20…100	10	10
3	38	1、2、3	1	—	1
			1.005	—	1
			1.01、1.02…1.09	0.01	9
			1.1、1.2…1.9	0.1	9
			2、3…9	1	8
			10、20…100	10	10

2. 量块的尺寸组合方法

使用量块时，为了减小量块组合的累积误差，获得较高的组合尺寸精度，应力求用最少的块数组成一个所需尺寸，一般要求不超过 5 块。每选一块量块，应使尺寸数字的位数减少一位，依此类推，直至组合成完整的尺寸。例如，从 83 块一套的量块中选取组成 51.995 mm（见图 3—1—4）尺寸，其选取方法为：

```
 51.995       需要的量块尺寸
-1.005        第一块量块尺寸
─────
 50.99
-1.49         第二块量块尺寸
─────
 49.5
-9.5          第三块量块尺寸
─────
 40           第四块量块尺寸
```

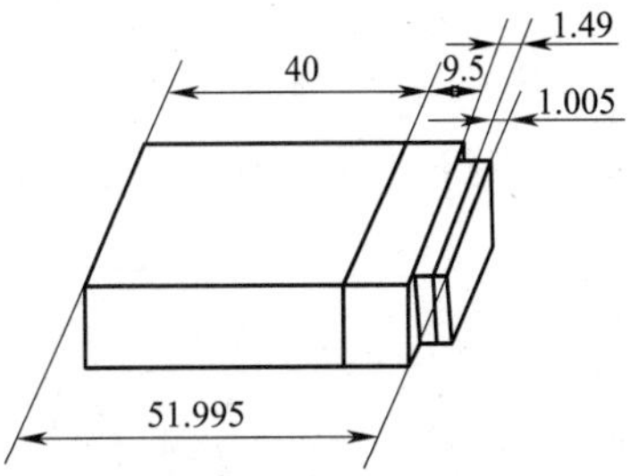

图 3—1—4 量块组合

3. 成组量块的使用方法

制作量块的材料要求刚度高、表面耐磨损、长度稳定、组织均匀、结构紧密及容易加工后得到较小的表面粗糙度值。因量块与量块之间具有良好的研合性，故利用这一特性，将两块甚至多块量块研合在一起组成各种长度尺寸供测量时使用。尺寸不同的量块组合应选择不同的量块进行研合，以提高利用率。量块是成套使用的，具体使用方法如下。

（1）根据所需要的测量尺寸，自量块盒中挑选出最少块数的量块。

（2）每一个尺寸所拼凑的量块数目不得超过5块，因为量块本身也具有一定的误差，量块的块数越多，便会积累成较大的误差。

（3）工作场地要洁净，空气中应无腐蚀性气体、灰尘和潮气。在工作台上应垫衬干净的布。将所选取的量块依次用无水酒精擦拭，以清除量块上的防锈油脂或可能粘着的不洁物。

（4）量块使用时应研合。将量块沿其测量面的长度方向，先将端缘部分测量面接触，使其初步产生研合力，然后将任一量块沿着另一个量块的测量面按平行方向推滑前进，最后使两测量面彼此全部研合在一起，如图3—1—5所示。

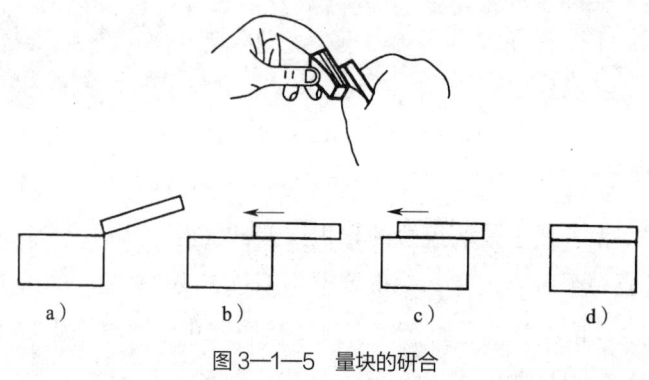

图3—1—5 量块的研合

（5）正常情况下，在研合过程中手指能感觉到研合力，两量块不必用力就能贴附在一起。如研合力不大，可在推进研合时稍加一些力使其研合。推合时用力要适当，不得使用强力，特别是在使用小尺寸的量块时更应注意，以免使量块扭弯和变形。

（6）如果量块的研合性不好，以致研合有困难时，可以在任意一量块的测量面上滴一点汽油，使量块测量面上有一层油膜，以增强其研合力，但不可用手擦拭量块测量面。量块使用完毕应立即用煤油清洗。

（7）量块研合的顺序是，先将小尺寸量块研合，再将研合好的量块与中等尺寸量块研合，最后与大尺寸量块研合，如图3—1—6所示。

（8）选用量块时，依量块研合的顺序从所需组合尺寸的最后一位数开始，每选一块至少应减去所需尺寸的一位尾数。

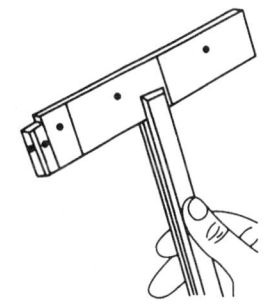

图3—1—6 量块研合的顺序

三、量块的维护保养与使用注意事项

量块是高精度的计量器具，在使用过程中应精心操作，防止量块使用不当产生划伤、碰伤和锈蚀，降低量块的使用精度。因此，对量块防划伤、防碰伤、防锈和检定是非常重要的。

1. 量块的维护保养

量块的维护保养见表3—1—2。

表3—1—2 量块的保养

序号	项目	内容
1	防锈	（1）量块在每次测量完后，应立即用航空煤油或无水酒精和洁净的干布对量块表面加以清理，除掉可能沾染的灰尘、金属屑、油污等。量块不用时要涂上防锈涂料，一般用凡士林油或者防锈油。包装后放入量块专用盒中，不能放在外面。南方气候潮湿，最好在每年三月、九月各清洗一次 （2）量块应避免接触化学物质，如洗涤液等。包装纸、木盒、擦布都不能含有腐蚀性物质，如酸、碱和水分等 （3）量块应存放在干燥、无腐蚀性气体、通风良好、无灰尘的地方，房间温度为18～25℃，湿度不大于50%
2	防划痕	（1）使用量块的场所必须清洁，以防量块在研合时由于测量面存在灰尘而划伤 （2）与量块测量面接触的平晶、平台、仪器、工作台等不允许有锈蚀、碰伤、毛刺等缺陷 （3）量块不准存放在磁场附近
3	防碰伤	（1）量块应平整、平行地放在盛器中。夹持10 mm以上的量块要用大镊子 注意一定要避免用手直接抓取量块，特别是使用后清洗放置阶段，否则很容易生成锈斑。不要直接拿量块的测量面。对于比较大的量块，使用时可以戴手套后拿非工作面。测量过程中不可以用手（即使戴着手套）握着量块，这是出于温度的影响考虑。量块清洗放置时要注意戴手套，握过的部位要清洗并涂油 （2）尽量避免自然光直接照射量块

2. 量块使用的注意事项

（1）量块必须在使用有效期内，否则应及时送专业部门检定。

（2）使用环境良好，防止各种腐蚀性物质及灰尘损伤测量面，影响其研合性。

（3）必须符合温度规范。检定量具或在车间使用量块时，应使量块与量具或工件温度尽可能一致。

（4）量块测量范围应能满足所检量具的需要。

（5）分清量块的"级"与"等"，注意使用规则。

（6）所选量块应用航空煤油清洗，再用洁净软布擦干，待量块温度与环境温度相同后方可使用。

（7）轻拿、轻放量块，杜绝发生磕碰、跌落等情况。

（8）不得用手直接接触量块，以免造成汗液对量块的腐蚀及手温对测量精度的影响。

（9）使用完毕，应用航空煤油清洗所用量块，擦干后涂上防锈油脂存于干燥处。

学习单元2 通用量具和专用量具校对调整

一、通用量具的校对调整

千分尺又称螺旋测微器、分厘卡，是比游标卡尺更精密的测量长度的工具，用它测长度可以精确到 0.01 mm。

千分尺是在生产中经常会用到的一种量具，作为检测工具，必须保证其测量精度达到规定指标。由于长期使用会对量具精度造成一定的影响，所以要定期对量具进行校正。

1. 千分尺的分类

千分尺按用途不同，主要分为外径千分尺、内径千分尺、杠杆千分尺、公法线千分尺、内测千分尺、螺纹千分尺、孔径千分尺、深度千分尺和 V 形砧千分尺等。

2. 千分尺的调校

以机械式外径千分尺为例，根据 JJG 21—2008《千分尺检定规程》标准规定，外径千分尺锁紧装置紧固与松开时，千分尺两工作面的平行度均应不超过表 3—1—3 规定。根据以下标准进行千分尺的调校工作。

表 3—1—3　外径千分尺示值最大允许误差及两测量面的平行度

测量范围（mm）	最大允许误差（μm）	两测量面的平行度（μm）
0～25、25～50	±4	2
50～75、75～100	±5	3
100～125、125～150	±6	4
150～175、175～200	±7	5
200～225、225～250	±8	6
250～275、275～300	±9	7
300～325、325～350	±10	9
350～375、375～400	±11	
400～425、425～450	±12	11
450～475、475～500	±13	

（1）首先检查千分尺外观，标尺标记清晰，无目力可见的断线或粗细不均。数显千分尺数字显示应清晰、完整，无黑斑和闪跳现象。各按钮功能稳定，工作可靠。

（2）检查外观，确定没有影响计量特性的因素后再进行校准，如图 3—1—7 所示。

（3）先通过量具自带的校正标准量杆进行量具的校正，再用标准量块进行校正。用量块校准时，取合适尺寸的量块（因为千分尺的测量范围相对固定），用千分尺测数，根据示值刻度的偏差进行相应的修正，见表 3—1—4。

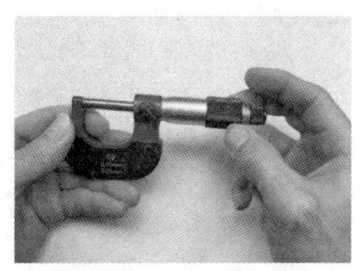

图 3—1—7　千分尺的校准

表 3—1—4 外径千分尺的校正

序号	校对要点	示意图
1	以示值刻度轻微偏差为例，首先准备好必要的工具——专用扳手	
2	准备工具——螺钉旋具。可选用套装有多种规格的替换头，基本能满足使用要求	
3	先将外径千分尺的两个测砧清洁干净，用适当的力将两个测砧扭合起来，检查刻线是否对齐于正确位置	
4	校正千分尺时，考虑到千分尺的使用频率，个别地方的测微螺杆会有磨损或松动，所以在使用量块进行校正时，需要对不同位置进行校正。以 0～25 mm 千分尺为例，可以先将两个测砧旋合，观察"0位"的对齐情况	
5	再用 10 mm 量块进行检测，观察示值是否与量块相符	

续表

序号	校对要点	示意图
6	依次再用20 mm的量块重复上一动作,并检查示值与量块标称值是否相符	
7	最后用25 mm标准量杆校正最后一个位置	
8	如示值刻度出现轻微偏差,将两个测砧旋合,并将锁紧装置锁上,做好校正前的准备	
9	取出合适的专用扳手,卡到固定套筒的卡孔内	
10	双手扶稳,根据出现偏差的方向,将固定套筒用力往相应的方向转动,直至固定套筒的示值刻线与微分筒上的刻线对正	

续表

序号	校对要点	示意图
11	最后将锁紧装置解锁,并重新拧合千分尺,检查示值刻线的对齐情况	
12	如果用量块校正时出现局部示值刻线有误差,则需将千分尺拆解调整	

(4)高强度的使用,可能导致千分尺的固定套筒出现较严重的位移,对使用和读数带来极大的不便,因此必须进行重组校正。调整后按表3—1—5的方法进行最后校核。

表3—1—5 重组方法

序号	调整方法	示意图
1	将千分尺完全旋开、分解	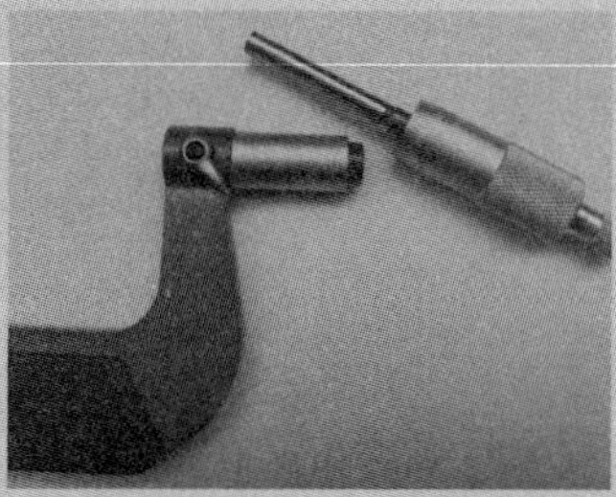
2	用专用扳手小端钩住测力装置颈部的小孔,拆下测力装置	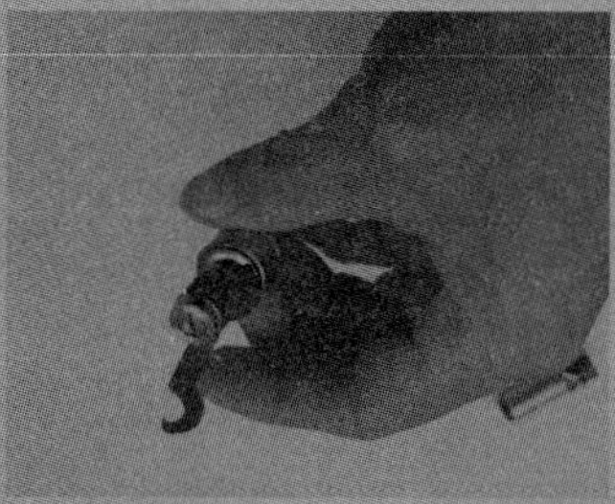
3	用与测力装置连接螺母同规格的螺钉拧入测微螺杆后端,再用铝棒或铜棒轻轻敲击,将测微螺杆与微分筒拆分	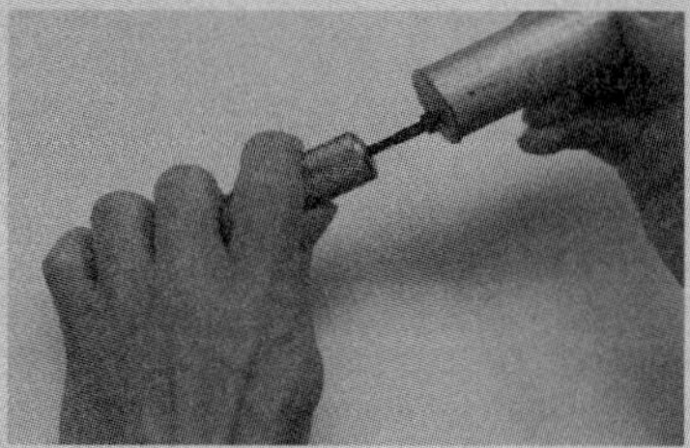

续表

序号	调整方法	示意图
4	将拆开的测微螺杆与微分筒等用柴油清洗干净,并检查微动螺纹有无异常	
5	如果测微螺杆在尺子旋拧过程中有明显的间隙感,将固定套筒调整至合适的位置	
6	装入测微螺杆,拧合至两个测砧正常贴合	
7	确认测微螺杆的位置正确,将锁紧装置推向锁紧方向,上锁	
8	如果原先的微分筒与千分尺基座上的刻度线有较大的偏移,可以适当地调整微分筒内的套筒位置	
9	将微分筒与千分尺基座上的固定套筒刻度线对齐,压入至微分筒边缘与固定套筒"0位"相差 0.5 mm 左右,并调整好微分筒与固定套筒的同轴度	

序号	调整方法	示意图
10	使用铝棒将微分筒轻轻敲紧至微分筒边缘与固定套筒"0位"对齐	
11	将测力装置先拧入测微螺杆（不完全拧紧），解开锁紧装置，轻轻将微分筒往后拧几毫米，再锁紧锁紧装置，并拧紧测力装置	

二、专用量具的校对调整

1. 塞尺

塞尺（又称为厚薄规或间隙片，见图3—1—8）是用来检验两个接合面之间间隙大小的片状量规。

塞尺有两个平行的测量平面，其长度制成50 mm、100 mm 或 200 mm，由若干片叠合在夹板里。厚度为 0.02 ~ 0.1 mm 的塞尺，相邻两片的尺寸间隔为 0.01 mm；厚度为 0.1 ~ 1 mm 的塞尺，相邻两片的尺寸间隔为 0.05 mm。

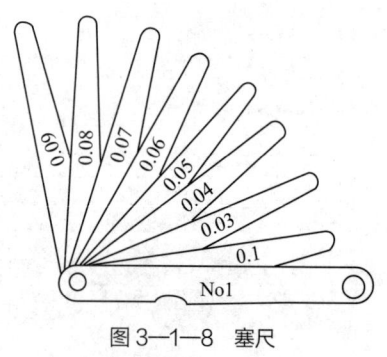

图3—1—8 塞尺

使用塞尺时，根据间隙的大小，用一片或数片重叠在一起插入间隙内，以对间隙进行测量。例如，0.3 mm 的塞尺可以插入工件的间隙，而 0.35 mm 的塞尺插不进去，说明零件的间隙在 0.3 ~ 0.35 mm 之间。

塞尺很薄，容易弯曲和折断，测量时不能用力太大。还应注意不能测量温度较高的工件。用完后要擦拭干净，及时合到夹板中去。

2. 塞规和环规

塞规和环规均属于专用量具，对成批生产工件进行测量有很高的效率，操作方便、测量准确。光面塞规（又称为圆孔塞规）和光面环规分别用来检验内孔和外圆尺寸是否合格。

光面塞规是用来测量工件内孔尺寸的精密量具，两端分别做成最大极限尺寸和最小极限尺寸。最小极限尺寸的一端称为通端，最大极限尺寸的一端称为止端。常用的塞规形式如图3—1—9所示，塞规的两头各有一个圆柱体，长圆柱体的一端为通端，短圆柱体的一端为止端，检查工件时，合格的工件应当能通过通端而不能通过止端。光面环规（见图3—1—10）也分为通端和止端，用于综合测量光面圆柱工件。

如图3—1—11所示的螺纹塞规用于综合检验内螺纹，如图3—1—12所示的螺纹环规用于综合检验外螺纹。

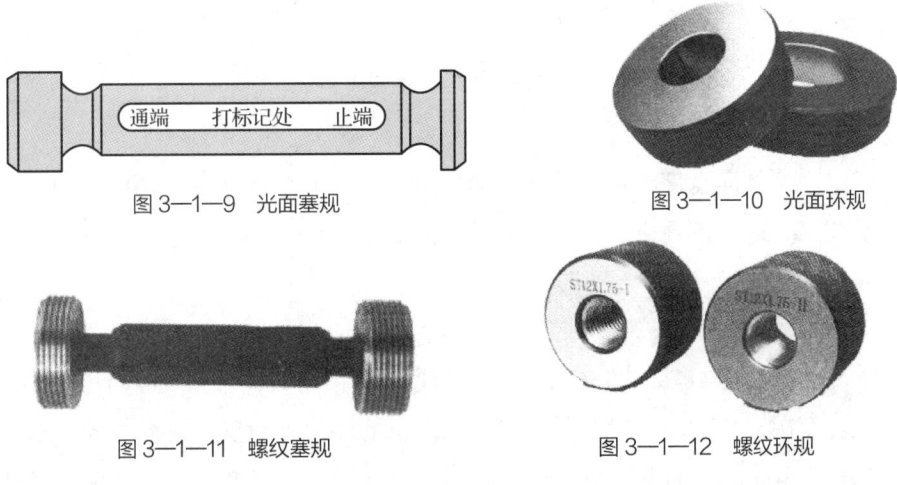

图3—1—9　光面塞规　　　　　图3—1—10　光面环规

图3—1—11　螺纹塞规　　　　　图3—1—12　螺纹环规

学习单元3　使用标准量具测量精密尺寸

一、正弦规的结构和测量原理

1. 正弦规的结构和基本尺寸

正弦规是利用正弦定义测量角度和锥度的量规，也称正弦尺。正弦规一般配合量块使用，利用量块垫起一端使之倾斜一定角度，以便在水平方向按微差比较方式测量检验圆锥量规等工具的锥度和角度偏差。

正弦规主要由一钢制长方体和固定在其两端的两个相同直径的钢圆柱体组成。如图3—1—13所示，正弦规工作面主体3与底部两个等直径圆柱4的公切面平行，挡板1、2用来安放被测工件。

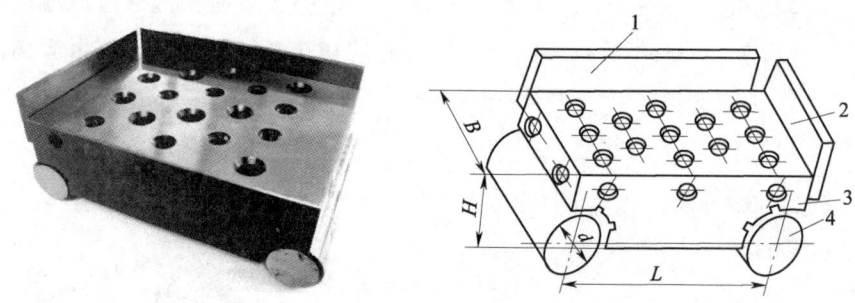

图3—1—13 正弦规
1—侧挡板 2—前挡板 3—工作面主体 4—圆柱

按正弦规工作面宽度B的不同，正弦规分为宽型和窄型两种。两圆柱中心距L有100 mm和200 mm两种规格。正弦规常用的精度等级为0级和1级，其中0级精度高。

2. 正弦规的测量原理

正弦规测量原理如图3—1—14所示。测量外圆锥角时，正弦规4与尺寸恰当的量块组5配合使用，它们均放置在平台1的工作面上，构成一基本圆锥角α。被测圆锥2安放在正弦规的工作面上，指示表3的测头与被测圆锥最高的素线接触，从指示表上读得的示值反映出实际被测外圆锥角的偏差$\Delta\alpha$。

测量前，根据基本圆锥角α和正弦规两圆柱的中心距L，计算出量块组的尺寸h：

$$h = L\sin\alpha$$

按尺寸h组合量块组，把该量块组垫在正弦规无挡板一端圆柱的下面。

如果被测圆锥的实际圆锥角等于α，则该圆锥最高的素线必然平行于平台的工作面，由指示表在最高的素线两端a、b两点测得的示值相同；否则由指示表在这两点测得的示值就不相同，分别为M_a（mm）与M_b（mm），这时圆锥角偏差$\Delta\alpha$按下式计算：

$$\Delta\alpha = \frac{M_a - M_b}{l}（\text{rad}）= \frac{M_a - M_b}{l} \times 2 \times 10^5（″）$$

式中 l——a、b两点间的距离，mm。

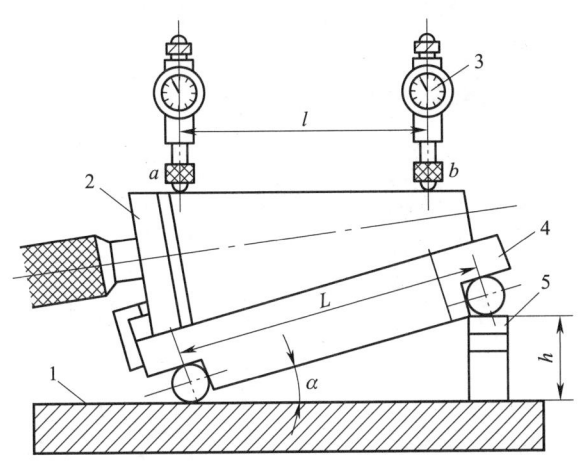

图 3—1—14 正弦规测量原理
1—检验平台 2—被测圆锥 3—指示表 4—正弦规 5—量块组

二、精密尺寸的测量

1. 用正弦规测量外圆锥角（见图 3—1—14）

（1）操作准备。

1）材料准备。外圆锥零件、软绸洁布、优质航空汽油。

2）工具准备。检验平台、正弦规、磁性表座、百分表、83 块套装量块等。

（2）操作步骤。

1）选取量块组合成量块组。根据被测圆锥图样上标注的基本圆锥角和正弦规两圆柱的中心距计算量块组的尺寸，然后选取量块，把它们研合组成量块组。

2）将正弦规 4 放在检验平台 1 上，有挡板一端圆柱与平台接触，另一圆柱下面垫上组合好的量块组 5，把被测圆锥 2 固定在正弦规 4 的工作面上。

3）将百分表安装在磁性表座上，并调整指示表零位。

4）测量 M_a 和 M_b，计算 M_a（平均）和 M_b（平均）。在被测圆锥最高的素线两端，分别取距离圆锥两端面约 3 mm 的 a、b 两点，这两点间的距离 l 用直尺测出。把磁性表座放在平台工作面上，用指示表 3 在 a、b 两点处分别测出示值 M_a 和 M_b。重复测量两次，分别计算 a、b 两点的两次示值的平均值 M_a（平均）和 M_b（平均）。

5）计算圆锥角偏差 $\Delta\alpha$，判断合格性。根据测得的数据 M_a（平均）和 M_b（平均）

和 l 计算圆锥角偏差 $\Delta\alpha$，并判断被测圆锥角的合格性。

（3）注意事项。

1）圆锥零件放置在正弦规工件面上时，应保持接触良好、稳固。

2）为了保证测量锥角的准确性，最好是第一次测量完后，将圆锥体转过90°再测量一次，测量结果取两次测量的平均值。

2. 用正弦规测量斜面角度 β（见图3—1—15）

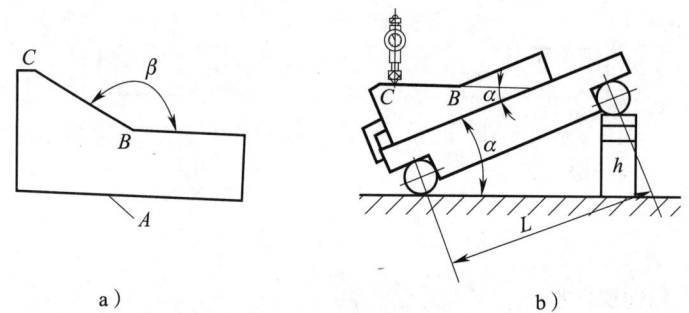

图3—1—15 用正弦规测量斜面角度
a）零件图 b）测量示意图

（1）操作准备。

1）材料准备。被测零件、软绸洁布、优质航空汽油。

2）工具准备。检验平台、正弦规、磁性表座、百分表、83块套装量块等。

（2）操作步骤。

1）将正弦规放在检验平台上。以工件 A 面为基准面，将 A 面放在正弦规的工作面上并固定。

2）将百分表安装在磁性表座上，并调整指示针零位。

3）确定量块组 h 尺寸数值。在正弦规无挡板一端圆柱下垫上量块组 h，使工件 BC 面与正弦规所在的基准平台平行，即 h 值的大小（可能需要经过多次调整才能获得）应使百分表在工件 BC 平面上各点示值相同。

4）计算 β 角度值。由正弦规两圆柱中心距 L 和所垫量块组的尺寸 h 值，可以算得 α 角，$\alpha = \arcsin\dfrac{h}{L}$，而 $\beta = 180° - \alpha$。

课程 3—2　装配质量检验与分析

学习内容

学习单元	课程内容	培训建议	课堂学时
（1）新装设备空运转试验	1）新装设备的特点 2）新装设备空运转试验	（1）方法：讲授法、练习法 （2）重点与难点：新装设备空运转试验	4
（2）使用常用量具对试件进行检验	1）试件检验的目的和项目 2）使用常用量具对试件进行检验	（1）方法：讲授法、练习法 （2）重点与难点：使用常用量具对试件进行检验	4
（3）光学仪器的使用	1）激光干涉仪的结构特点和测量原理 2）激光干涉仪的测量应用 3）激光干涉仪的使用 4）自准直仪的使用	（1）方法：讲授法、练习法 （2）重点：激光干涉仪的测量原理 （3）难点：激光干涉仪的使用	2
（4）普通车床几何精度检验	1）普通车床质量检验的项目和方法 2）普通车床几何精度检验 3）普通车床装配常见质量问题判断	（1）方法：讲授法、练习法 （2）重点与难点：普通车床几何精度检验	10
（5）普通铣床几何精度检验	1）普通铣床质量检验的项目和方法 2）普通铣床几何精度检验 3）普通铣床装配常见质量问题判断	（1）方法：讲授法、练习法 （2）重点与难点：普通铣床几何精度检验	10

学习单元 1　新装设备空运转试验

一、新装设备的特点

设备安装是一个大概念，其涉及面广，学科跨度大，虽有它的固有特征，但其通用性也很强。其施工活动从设备采购开始，涉及安装、调试、生产运行、竣工验收各个阶段，直至满足使用功能或正常生产。设备安装施工过程中，涉及新技术、新工艺、新材料、新设备等新兴技术。目前工业规模日益扩大，安装工程也越来越大。大型工程对吊装、装配、检测技术的要求越来越高，这就需要不断更新施工技术及施工设备和新测量仪。

机床设备是金属冷加工的切削设备，用来对金属件进行形状和尺寸及精度的加工，使金属件符合要求。它广泛应用于机械制造业及其他行业的修理工作。金属机床按加工工作特点可分为车床、钻床、镗床、刨床、铣床、插床、磨床、齿轮和螺纹加工机床等；按能完成加工件尺寸大小，又可分为小型、中型和大型机床。

机床设备安装工程施工质量的验收与建筑构筑物相比较，也有着明显不同，其特点主要表现在对质量评估方法、设备验收和售后服务手段的区别。

二、新装设备空运转试验

在完成机床安装的相关工作，并完成了就位安装的相关验收工作后，可以进行机床功能验收和调试，为后续的几何精度和工作精度验收和调试进行前期的准备工作。通常而言，只有完成了功能验收和空运转试验后，才能进行几何精度和工作精度的验收、调试工作。

空运转试验是在无负荷状态下运转机床，检验各机构的运转状态、温度变化、功率消耗、操纵机构动作的灵活性、平稳性、可靠性及安全性。

机床的主运动机构应从最低速度起依次运转，每级速度的运转时间不得少于 2 min。用交换齿轮、带传动变速和无级变速的机床，可做低、中、高速运转。在最高速度时应运转足够的时间（不得少于1 h），使主轴轴承（或滑枕）达到稳定温度。

进给机构应做依次变换进给量（或进给速度）的空运转试验。对于正常生产的产品，检验时可仅做低、中、高进给量（或进给速度）试验。有快速移动的机构，应做快速移动试验。

为了全面地检查机床功能及工作可靠性，数控机床在安装调试后应在一定负载或空载下进行较长一段时间的自动运行考验（考机）。国家标准GB/T 9061—2006《金属切削机床　通用技术条件》中规定，数控车床的自动运行考验时间为16 h，加工中心的自动运行考验时间为32 h。在自动运行期间，不应发生除误操作所致的故障以外的任何故障。如故障时间超过了规定时间，应重新调整后再次从头进行运行考验。

考机程序一般应包括下列步骤。

步骤一：主轴转动要包括最低、中间和最高转速在内的五种以上速度的正转、反转及停止运动。

步骤二：各坐标轴以最低、中间和最高进给速度运动，各坐标轴快速运动，进给移动行程应接近该轴的全行程，快速移动距离应在该轴全行程的1/2以上。

步骤三：切削加工所用的准备功能指令和辅助功能指令。

步骤四：自动换刀应至少交换刀库中2/3以上的刀号，而且都要装上重量在中等以上的刀柄进行实际交换。

步骤五：用到一些特殊功能，如测量功能、工作台自动交换功能、用户宏程序等。

1. 试运行前的准备工作

（1）再次擦洗设备，油箱及各润滑部位加够润滑油。

（2）手动盘车，各运动部件应轻松灵活。

（3）试运转电气部分。为了确定电动机旋转方向是否正确，可先摘下传动带或脱开联轴器，使电动机空转，经确认无误后再与主机连接；电动机传动带应均匀受力、松紧适当。

（4）检查安全装置，保证正确可靠；制动和锁紧机构应调整适当。

（5）各操作手柄转动灵活、定位准确并将手柄置于"停止"位置上。

（6）试车中需高速运行的部件（如磨床的砂轮），应无裂纹和碰损等缺陷。

（7）清理设备部件运动路线上的障碍物。

2. 空运转试验要求

（1）空运转试验是为了考察设备安装精度的保持性、稳固性以及传动、操纵、控制、润滑和液压等系统是否正常和灵敏可靠。

（2）空运转应分步进行，由部件至组件，由组件至整机。启动时先"点动"，观察无误后再正式启动运转，并由低速逐级增加至高速。

（3）试验检查内容

1）检查变速运行情况，由低速至高速逐级检查，每级速度运转时间不少于 2 min。

2）检查各部位轴承温度。

3）检查设备各变速箱在运行时的噪声，不应有冲击声。

4）检查进给系统的平稳性、可靠性，检查机械、液压、电气系统工作情况及在部件低速运行或进给时的均匀性，不允许出现爬行现象。

5）检查各种自动装置、联锁装置、分度机构及联动装置的动作是否协调、正确。

（4）设备负荷试验

1）设备负荷试验主要是为了试验设备在一定负荷下的工作能力。

2）负荷试验可按设备设计公称功率的 25%、50%、75%、100% 的顺序分别进行。

3）在负荷试验中要按规范检查轴承的温升，液压系统的泄漏，传动、操纵、控制、自动和安全装置工作是否正常，运转声音是否正常。

4）设备运行试验中要做好记录，并对整个设备的试运转情况加以评定，作出准确的结论。

5）对无法调整及解决的问题，按设备原设计问题、设备制造质量问题、设备安装质量问题、调整中的技术问题等进行分类。

3. 机床功能试验

（1）手动功能试验。用手动或手动数据输入方式操作机床各部件进行试验。对主轴连续进行不少于 5 次的锁刀、松刀和吹气的动作试验，动作应灵活、可靠、准确。

用中速连续对主轴进行 10 次正、反转的启动、停止（包括制动）和定向操作试验，动作应灵活、可靠。

无级变速的主轴至少应在低、中、高转速范围内，有级变速的主轴应在各级转速进行变速操作试验，动作应灵活、可靠。

对各直线坐标、回转坐标上的运动部件，用中等进给速度连续进行各 10 次正向、负向启动、停止操作试验，并选择适当的增量进给进行正向、负向操作试验，动作应灵活、可靠、准确。

对进给系统在低、中、高进给速度和快速范围内，进行不少于 10 种变速操作试验,动作应灵活、可靠。

对分度回转工作台或数控回转工作台连续进行10次分度、定位试验,动作应灵活、可靠、准确。

对托板连续进行3次交换试验,动作应灵活、可靠。

对刀库、机械手以任选方式进行换刀试验。刀库上刀具配置应包括设计规定的最大质量、最大长度和最大直径的刀具,换刀动作应灵活、可靠、准确,机械手的承载质量和换刀时间应符合设计规定。

对机床数字控制的各种指示灯、控制按钮、纸带阅读机、数据输出/输入设备和风扇等进行空运转试验,动作应灵活、可靠。

对机床的安全、保险、防护装置进行必要的试验,功能必须完备,动作应灵活、可靠、准确。

对机床的液压、润滑、冷却系统进行试验,应密封可靠,冷却充分,润滑良好,动作灵活、可靠、准确,各系统不得渗漏。

对机床各附属装置进行试验,动作应灵活、可靠。

(2)数控功能试验。用数控程序操作机床各部件进行试验。

用中速连续对主轴进行10次正、反转启动、停止(包括制动)和定向操作试验,动作应灵活、可靠。

无级变速的主轴至少在低、中、高转速范围内,有级变速的主轴在各级转速进行变速操作试验,动作应灵活、可靠、准确。

对各直线坐标、回转坐标上的运动部件,用中等进给速度连续进行正、负向启动、停止和增量进给方式的操作试验,动作应灵活、可靠、准确。

对进给系统至少进行低、中、高进给速度和快速变速操作试验,动作应灵活、可靠、准确。

对分度回转工作台或数控回转工作台连续进行10次分度、定位试验,动作应灵活,运转应平稳、可靠、准确。

对各种托板进行5次交换试验,动作应灵活、可靠。

对刀库总容量中包括最大质量刀具在内的每把刀具,以任选方式进行不少于3次的自动换刀试验,动作应灵活、可靠。

对机床所具备的坐标联动、坐标选择、机械锁定、定位,直线及圆弧等各种插补,螺距、间隙、刀具等各种补偿,程序的暂停、急停等各种指令,有关部件、刀具的夹紧、松开,以及液压、冷却、气动、润滑系统的启动、停止等数控功能逐一进行试验,其功能应可靠,动作应灵活、准确。

4. 机床的连续空运转试验

（1）连续空运转试验应用包括机床各种主要功能在内的数控程序，操作机床各部件进行连续空运转，时间应不少于 48 h。

（2）连续空运转的整个过程中，机床运转应正常、平稳、可靠，不应发生故障，否则必须重新进行空运转。

（3）连续空运转程序中应包括下列内容：

1）主轴速度应包括低、中、高在内的 5 种以上正转、反转、停止和定位，其中高速运转时间一般不少于每个循环程序所用时间的 10%。

2）进给速度应把各坐标上的运动部件包括低、中、高速度和快速的正向、负向组合在一起，在接近全程范围内运行，并可选任意点进行定位。运行中不允许使用倍率开关，高速进给和快速运行时间不少于每个循环程序所用时间的 10%。

3）刀库中各刀位上的刀具不少于 2 次自动交换。

4）分度回转工作台或数控工作台的自动分度、定位不少于 2 个循环。

5）各种托板不少于 5 次自动交换。

6）各联动坐标的联动运行。

7）各循环程序间的暂停时间不应超过 0.5 min。

5. 机床的负荷试验（按设计编制的负荷试验规范进行）

机床应做下列负荷试验：

（1）机床承载工件最大质量的运转试验（抽查）。

1）用与设计规定的承载工作最大质量相当的重物作为工件置于工作台上，使其载荷均匀。

2）分别以最低、最高进给速度和快速运转。用最低进给速度运转时，一般应在接近行程的两端和中间往复进行，每次移动距离应不少于 20 mm；用最高进给速度和快速运转时，均应在接近全行程上进行，分别往复 1 次和 5 次。

3）试验时机床运转应平稳、可靠，无明显爬行现象。

（2）机床主传动系统最大转矩试验。

1）在机床主轴恒转矩调速范围内选择一适当的主轴速度，采用铣削或镗削方式进行试验，改变进给速度或背吃刀量，使机床主传动系统达到设计规定的最大转矩。

2）切削试件材料：HT200 或 45 钢。切削刀具：端铣刀或硬质合金镗刀。

3）试验时，机床传动系统各零部件和变速机构工作应正常、可靠，运转应平稳、准确。

(3) 机床最大切削抗力试验（抽查）。

1）在机床主轴恒转矩转速范围内选择一适当的主轴转速，采用铣削或镗削进行试验，改变进给速度或背吃刀量，使机床达到设计规定的最大切削抗力。

2）切削试件材料：HT200。切削刀具：端铣刀或硬质合金铣刀或高速钢麻花钻。

3）试验时机床工作应正常，各运动机构应灵活、可靠，过载保护装置应正常、可靠。

(4) 机床主传动系统达到最大功率试验（抽查）。

1）在机床主轴恒功率调速范围内选择一适当的主轴转速，采用铣削方式进行试验，改变进给速度或背吃刀量，使机床达到主电动机的额定功率或设计规定的最大功率。

2）切削试件材料：45钢。切削刀具：端铣刀。

3）试验时，机床各部分工作应正常、可靠，无明显的颤振现象，并记录金属切除率。

6. 主轴轴承温升检验

在主轴轴承达到稳定温度时，检验主轴轴承的温度和温升，其值均不得超过表3—2—1中主轴轴承温度和温升的规定。

表3—2—1 主轴轴承温度和温升　　　　　　　　　　　　　　　　℃

轴承类型	温度	温升
滑动轴承	60	30
滚动轴承	70	40

注：机床经过一定时间的运转后，其温度上升幅度不超过5℃/h时，一般可认为已达到稳定温度。

7. 机床动作检验

机床动作试验包括以下内容：

(1) 用适当速度检验主运动和进给运动的启动、停止（包括制动、反转和点动等）动作是否灵活、可靠。

(2) 检验自动机构（包括自动循环机构）的调整和动作是否灵活、可靠。

(3) 反复变换主运动和进给运动的速度，检查变速机构是否灵活、可靠以及指示的准确性。

（4）检验转位、定位、分度机构动作是否灵活、可靠。

（5）检验调整机构、夹紧机构、读数指示装置和其他附属装置是否灵活、可靠。

（6）检验装卸工件、刀具、量具和附件是否灵活、可靠。

（7）与机床连接的随机附件应在该机床上试运转，检查其相互关系是否符合设计要求。

（8）检验其他操纵机构是否灵活、可靠。

（9）检验有刻度装置的手轮反向空程量及手轮、手柄的操纵力。空程量应符合有关标准的规定。操纵力应符合表3—2—2中手轮、手柄的操纵力要求。

表3—2—2 手轮、手柄的操纵力

机床质量（t）			≤2	>2~5	>5~10	≥10
使用频繁程度	经常使用	操纵力（N）	40	60	80	120
	不经常使用		60	100	120	160

8. 安全防护装置和保险装置的检验

按 GB 15760—2004《金属切削机床 安全防护通用技术条件》等标准的规定，检验安全防护装置和保险装置是否齐备、可靠。

9. 噪声检验

机床运动时不应有不正常的尖叫声和冲击声。在空运转条件下，对于精度等级为Ⅲ级和Ⅲ级以上的机床，噪声声压级不得超过75 dB（A）；对于其他机床精度等级的机床，噪声声压级不应超过85 dB（A）。

10. 液压、气动、冷却、润滑系统的检验

一般应有观察供油情况的装置和指示油位的油标，润滑系统应能保证润滑良好。机床的冷却系统应能保证冷却充分、可靠。机床的液压、气动、冷却和润滑系统及其他部位均不得漏油、漏水、漏气。冷却液不得混入液压系统和润滑系统。

11. 整机连续空运转试验时间控制

对于自动、半自动和数控机床，应进行连续空运转试验，整个运转过程中不应发生故障，连续运转时间应符合表3—2—3中整机连续空运转时间规定。试验时自动循环应包括所有功能和全部工作范围，各次自动循环之间休止时间不得超过1 min。

表3—2—3 整机连续空运转时间　　　　　　　　　　　　　h

自动控制类型	机械控制	电液控制	数字控制	
			一般数控机床	加工中心
时间	4	8	16	32

12. 检验场地应符合有关标准要求,通常包含以下条件:

(1)环境温度:15 ~ 35℃。

(2)相对湿度:45% ~ 75%。

(3)大气压力:86 ~ 106 kPa。

(4)工作电压:保持为额定值的 −15% ~ +10% 范围。

学习单元2 使用常用量具对试件进行检验

一、试件检验的目的和项目

1. 试件检验的目的

生产过程中的试件(首件)检验主要是防止产品出现成批超差、返修、报废,是预先控制产品生产过程的一种手段,是产品工序质量控制的一种重要方法,是企业确保产品质量,提高经济效益的一种行之有效、必不可少的方法。

试件(首件)检验合格后方可进入正式生产。长期实践经验证明,通过试件检验,可以发现诸如工夹具严重磨损或安装定位错误、测量仪器精度变差、看错图样、投料或配方错误等系统性原因存在,从而采取纠正或改进措施,以防止批次性不合格品发生。

通常在下列情况下应该进行试件(首件)检验:

(1)一批产品开始投产时。

(2)设备重新调整或工艺有重大变化时。

(3)轮班或操作工人变化时。

（4）毛坯种类或材料发生变化时。

2. 试件检验项目

（1）图号与工作单是否符合。

（2）材料、毛坯或半成品和工作任务单是否相符。

（3）材料、毛坯的表面处理、安装定位是否相符。

（4）配方配料是否符合规定要求。

（5）首件产品加工出来后的实际质量特征是否符合图样或技术文件所规定的要求。

二、使用常用量具对试件进行检验

1. 指示表的使用

百分表是一种精度较高的比较量具，它只能测出相对数值，不能测出绝对值，主要用于检测工件的形状和位置误差（如圆度、平面度、垂直度、跳动等），也可在机床上用于工件的安装找正。百分表分为机械式百分表和数显式百分表。

（1）百分表的结构。

1）百分表的结构如图3—2—1所示。

2）杠杆百分表的结构如图3—2—2所示。

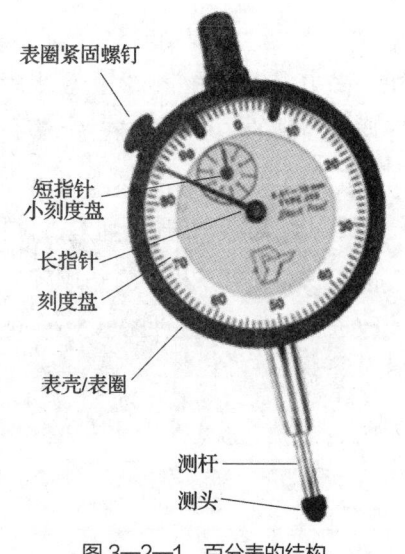

图3—2—1 百分表的结构

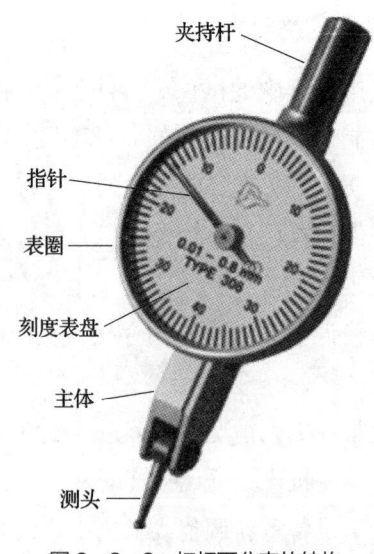

图3—2—2 杠杆百分表的结构

（2）百分表的读数及使用方法。

1）百分表的读数。带有测头的测量杆，相对刻度圆盘做直线运动，并把直线运动转变为回转运动传送到长针上，此长针会把测杆的运动量显示到圆形表盘上。长针的一转等于测杆的 1 mm，长指针可以读到 0.01 mm。

①刻度盘上的转数指针，以长针的一转（1 mm）为一个刻度。盘式指示器的指针随量轴的移动而改变。因测量时只需读指针所指的刻度，测量如图 3—2—3 所示台阶的高度差时，首先将测头端子接触到下段，把指针调到"0"位置，然后把测头调到上段，读指针所指示的刻度即可。

②刻度盘一个刻度表示 0.01 mm，若长针指到 10，台阶高度差是 0.1 mm。

③测量尺寸较大（如 4 mm 或 5 mm）时，长针会不断地回转，最好看短针所指的刻度读出整毫米数，然后加上长指针所指的刻度。

2）百分表的使用方法（见图 3—2—4）。

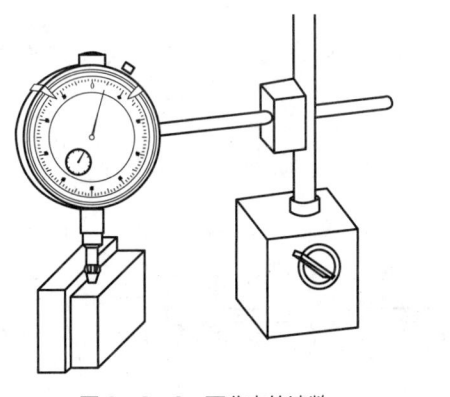

图 3—2—3　百分表的读数

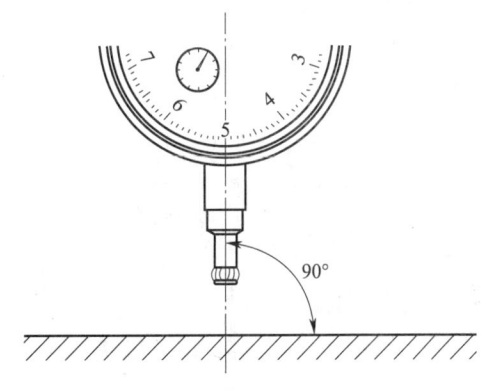

图 3—2—4　百分表的使用

①测量面和测杆要垂直。

②使用规定的支架。

③测头要轻轻地接触测量物或量块。

④测量圆柱形产品时，测杆轴线与产品直径方向一致。

3）杠杆百分表的读数及使用方法。

①杠杆百分表的分度值为 0.01 mm，测量范围不大于 1 mm，它的表盘是对称刻度的。

②使用时，测量面和测头须在水平状态，在特殊情况下也应该在 25°以内。

③使用前应检查球形测头，如果球形测头已被磨出平面，不应再继续使用。

④杠杆百分表测杆能在正反方向上工作。根据测量方向的要求，应把换向器扳到

需要的位置上。

⑤扳动测杆，可使测杆相对杠杆百分表壳体转动一个角度，如图 3—2—5 所示。

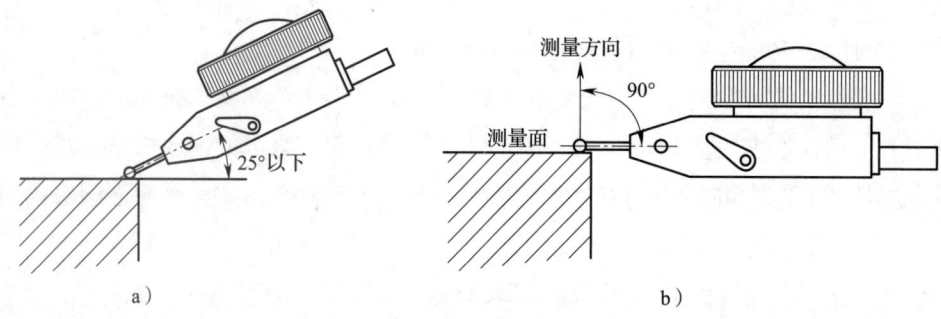

图 3—2—5 百分表转动 90°角

2. 试件的检测

（1）直线度的检验方法。

1）如图 3—2—6 所示，将直尺平行地放于测量面，用塞尺测量直尺与被测定物之间的空隙。

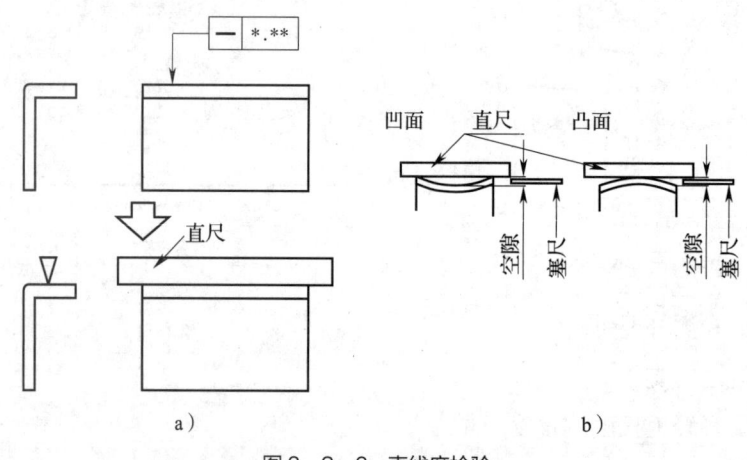

图 3—2—6 直线度检验

①测量凹面时，与直线度相等数值厚度的塞尺不能插入中间的空隙。

②测量凸面时，在两端放置与直线度相等数值厚度的塞尺。

2）将杠杆百分表置于测量面，在 A 点调零，确认到 B 点，测量值等于最大值减最小值，如图 3—2—7 所示。

（2）平面度的检验方法。

1）用直尺测量平面度，如图 3—2—8 所示。

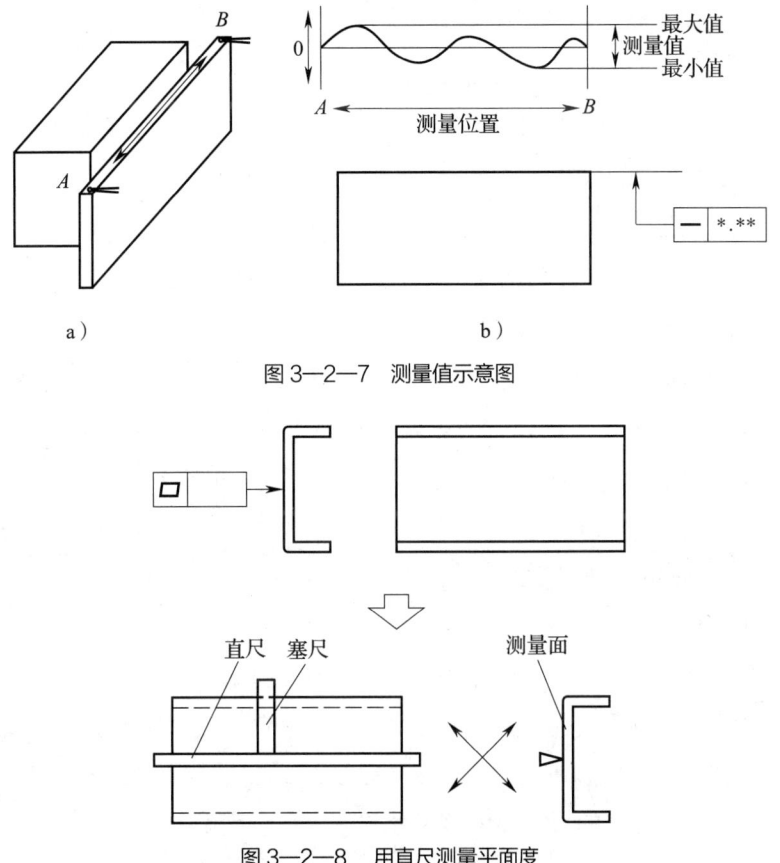

图 3—2—7　测量值示意图

图 3—2—8　用直尺测量平面度

测量方法：如图 3—2—8 所示不包括自重的方法将测量物支撑，将直尺放在整个表面（纵、横、对角线方向）用塞尺（数值与平面度相符）测定。

判定：在所有的地方塞尺应不能通过。

2）用平台测量平面度。如图 3—2—9 所示，将工件平放于平台，用塞尺测量工件与平台之间的间隙。

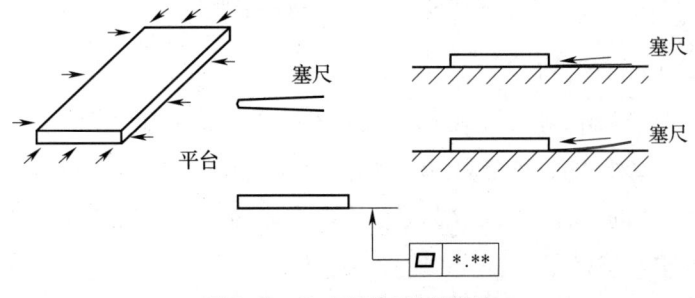

图 3—2—9　用平台测量平面度

3）用杠杆百分表测量平面度。如图3—2—10所示，将杠杆百分表置于测量面，在 A 点调零，确认到 B 点，测量值等于最大值减最小值。

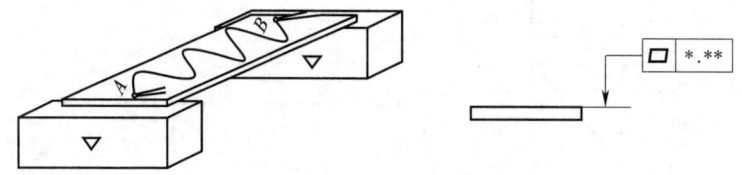

图3—2—10　用百分表测量平面度

（3）平行度的检验方法。

1）面与面的平行度检验。如图3—2—11所示，在平台上支承基准平面，用杠杆百分表测量测量面的全表面，在 A 点调零，确认到 B 点。

2）线与面的平行度检验。

①将合适的塞规插入两个基准孔内。

②将塞规的两端用平行块（或磁铁）支承。

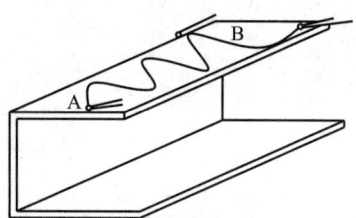

图3—2—11　面—面的平行度

③将基准面调至与平台平行，在 A 点调零，确认到 B 点。

④测量测量面，将读数的最大差值（最高点减去最低点）作为平行度误差。

3）面与线的平行度检验。如图3—2—12所示，在平台上使用磁铁支承基准面整体，测量两个孔到基准面的尺寸，将该尺寸差作为平行度误差。

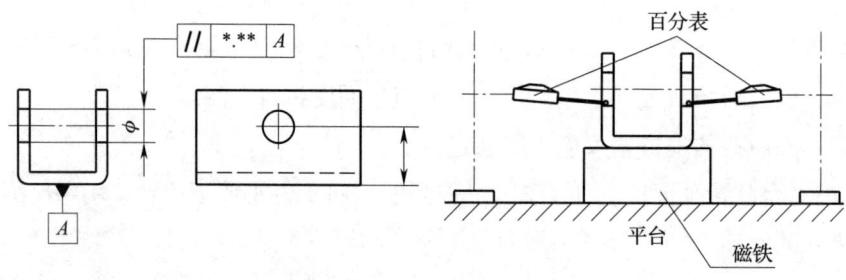

图3—2—12　面—线的平行度

4）线与线的平行度检验。

①如图3—2—13所示，将合适的塞规插入两个基准孔内。

②用平行块（或磁铁）将塞规两端固定。

③依照图在0°的位置求出 ϕB 与 ϕC 的中心偏移（X），并求出在90°回转位置上的 ϕB 与 ϕC 的中心偏移（Y）。

④将求出值用公式 $\sqrt{X^2+Y^2}$ 计算，所得值即为平行度误差。

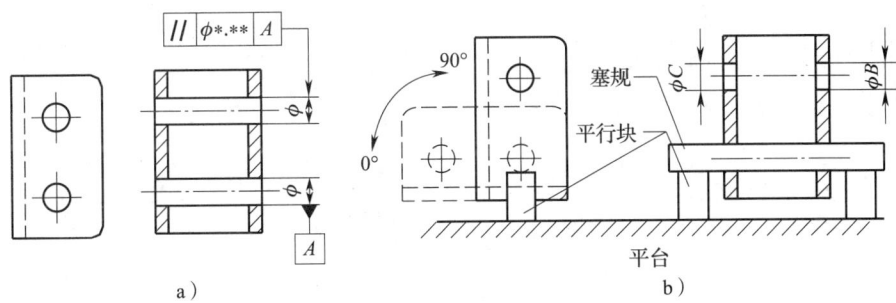

图 3—2—13 线—线的平行度

（4）垂直度的检验方法。

1）面与面的垂直度检验，如图 3—2—14 所示。

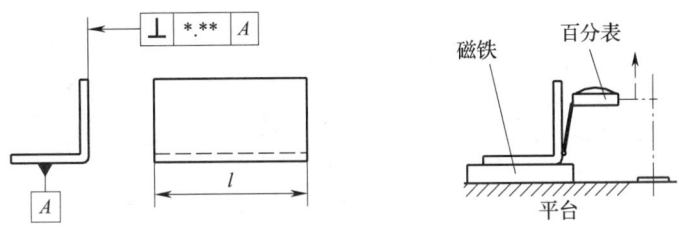

图 3—2—14 面与面的垂直度

①将基准面用磁铁与平台平行地支承。

②将百分表从弯曲根部起移动至前端止，将读数的最大差值作为垂直度误差。注：测定整个面。

2）线与面的垂直度检验，如图 3—2—15 所示。

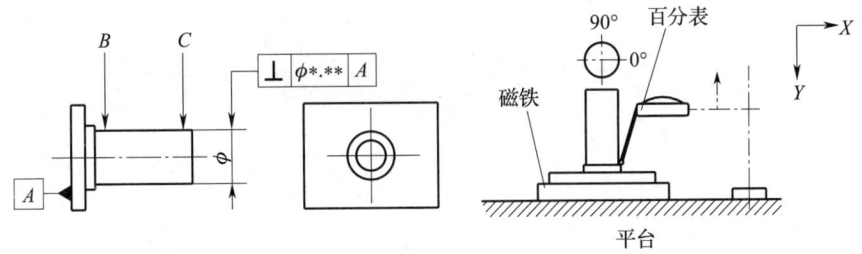

图 3—2—15 线与面的垂直度

①在平台上用磁铁支承测量物。

②将百分表接触于测量物上，在 B 点调零，确认到 C 点。

③将百分表接触于测量物上，将其在指示范围内所有地方上下移动。

④将各读数的最大差值用公式 $\sqrt{X^2+Y^2}$ 计算，所得值即为垂直度误差（在 0° 的读数最大差值为 X，在 90° 的读数最大差值为 Y）。

（5）同轴度的测量。

1）指定基准的同轴度误差的测量。如图 3—2—16 所示，以 A 孔轴线为基准，测量 B 孔对 A 孔的同轴度。必须在水平和垂直两方向分别进行测量。

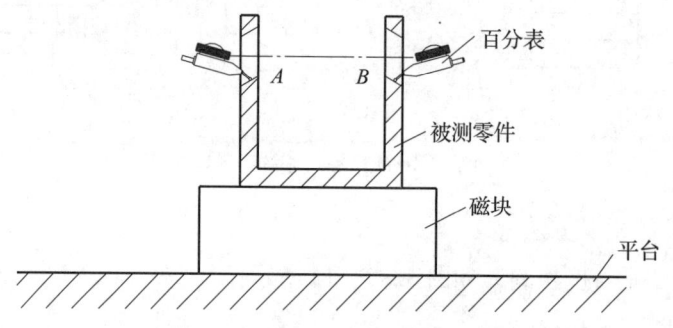

图 3—2—16　指定基准的同轴度的测量

2）以公共轴心线为基准的同轴度误差的测量。如图 3—2—17 所示，测量 A、B 两孔轴线对公共轴线的同轴度误差。

测量时，首先将被测零件固定在平台上，分别在 A、B 两孔被测轴线全长进行测量。被测轴线到公共轴线的最大读数差，就是同轴度误差。

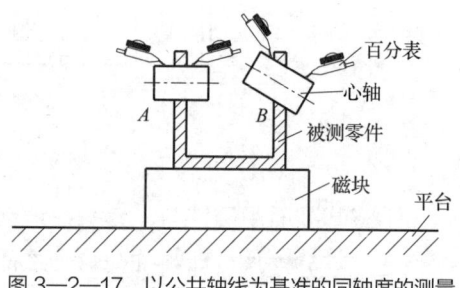

图 3—2—17　以公共轴线为基准的同轴度的测量

学习单元 3　光学仪器的使用

一、激光干涉仪的结构特点和测量原理

1. 激光干涉仪的结构特点

由于激光具有良好的方向性、单色性和能量集中、相干性强等优点，因而用激光作为光源，以激光稳定的波长作为基准，利用光波干涉计数原理对大尺寸进行

精密测量，得到了广泛的应用。激光干涉仪（见图3—2—18）具有快速、高准确度测量的优点，是校准数控机床、三坐标测量机及其他定位装置精度及线性指标最常用的标准仪器。激光干涉仪有单频和双频两种。

图3—2—18 激光干涉仪

2. 激光干涉仪的测量原理

（1）单频激光干涉仪。单频激光干涉仪的测量原理为干涉计数法，即将同一激光器发出的激光光波经分光镜分成两束频率相同的参考光波和测量光波，这两束相干光波分别被固定的参考镜和同一工作台上的测量镜反射，两束光波在分光面重新汇合而产生干涉，测量镜随工作台每移动一个半波长，干涉场的信号变化一个周期，相应的被测长度对应于一定的信号变化次数，通过光电转换和电路处理，求得相应被测长度值。因此，被测长度L是以干涉条纹的数目K来计量的，即$L=K\lambda/2$，这是光波干涉测长的基本公式。

当光波接收装置相对光源做相对运动时，单位时间内接收装置所接收的光波数（即频率）与光源实际发出的光波数（即频率）随着光源与光波接收装置之间相对速度v的不同而改变，这种现象称为光波的多普勒效应。多普勒效应是声、光、电中普遍存在的现象。

如图3—2—19所示，设光源固定不动，接收装置以速度v趋向于光源，即接收装置迎着光波的传播方向移动，则相当于光波以$(c+v)$的速度射向接收装置，c为光波的传播速度。因此，单位时间内到达接收装置的光波数（即频率f）为：

$$f=(c+v)/\lambda=(c+v)/(cT)$$
$$f_0=1/T$$
$$f=f_0(1+v/c)$$

公式说明，接收装置接收到的光波频率等于光源发出的光波频率的$(1+v/c)$倍。当接收装置以目标速度远离光源时，运动速度v规定为负值，公式仍然成立。

激光束被分光镜分成两路后，一路从固定不动的参考镜返回，另一路从可动的测量镜返回。当测量镜以速度v移动时（不一定

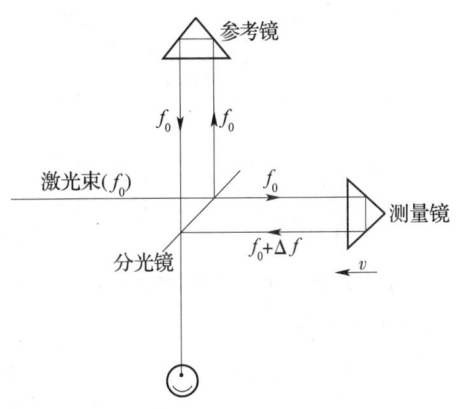

图3—2—19 激光干涉仪测量原理

是恒速），光波接收装置收到由测量镜返回的光束，由于多普勒效应，其光波频率将发生变化，即：

$$f=f_0+\Delta f=f_0(1+2v/c)$$

所以：

$$\Delta f=f-f_0=(2v/c)f_0$$

将激光波长 $\lambda=c/f$ 代入上式得：

$$\Delta f=2v/\lambda$$

频率为 f_0 的参考信号与频率为 $(f_0+\Delta f)$ 的测量信号叠加后，发生"拍"的现象（即光波干涉），Δf 就是它的拍频（即单位时间内的干涉次数）。当测量镜静止不动时，拍频为零，干涉场上光强无变化；反之则有亮暗的起伏。设在时间 t 内干涉场上发光强度亮暗变化的次数为 K，则：

$$K\int_0^t=\Delta f\mathrm{d}t=\int_0^t(2v/\lambda)\mathrm{d}t=(2/\lambda)\int_0^t v\mathrm{d}t$$

$\int_0^t v\mathrm{d}t$ 就是在时间 t 内测量镜移动的距离，即被测长度 L，故有

$$L=K\lambda/2$$

为了减少激光光源的热辐射、振动等有害因素对其他部分的影响和满足大尺寸测量的需要，仪器设计采用分开式结构，做成几个分开的独立部件，如图3—2—20所示。

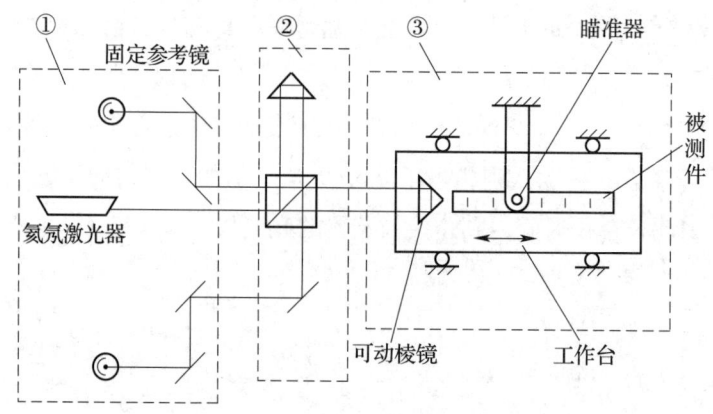

图3—2—20 单频激光干涉仪的光学系统

1）图3—2—20中①为激光发射和信号接收转换部分，由激光器、光电转换和光路转折元件组成。它除了作干涉光源之外，还对干涉信号进行接收和转换，然后以电信号输出。

2）图3—2—20中②为干涉系统，由分光镜、固定的直角参考棱镜和光路转折元件组成。

3）图3—2—20中③为反射靶及瞄准系统，包括反射靶的可动棱镜、工作台的瞄准装置等。

单频激光干涉仪一般没有专用的空气折射率测量装置，由于在大尺寸测量时温度误差将对被测件尺寸有较大影响，故对测量环境有一定要求，必要时应对上述影响进行修正。

（2）双频激光干涉仪

1）双频激光干涉仪的特点。单频激光器的根本缺点就是受环境影响严重，在测试环境恶劣、测量距离较长时，这一缺点十分突出。激光干涉仪可动反光镜移动时，光电接收器会输出信号，如果信号超过了计数器的触发电平则就会被记录下来，而如果激光束强度发生变化，就有可能使光电信号低于计数器的触发电平而使计数器停止计数。使激光器强度或干涉信号强度变化的主要原因是空气湍流、机床油雾、切屑对光束的影响，结果光束发生偏移或波面扭曲。这种无规则的变化较难通过触发电平的自动调整来补偿，因而限制了单频干涉仪的应用，只有设法用交流测量系统代替直流测量系统才能从根本上克服单频激光干涉仪的这一缺点。

双频激光干涉仪正好克服了这一缺点，它是在单频激光干涉仪的基础上发展的一种外差式干涉仪。和单频激光干涉仪一样，双频激光干涉仪也是一种以波长作为标准对被测长度进行度量的仪器。所不同的是，一方面，当可动棱镜不动时，前者的干涉信号是介于最亮和最暗之间的某个直流电平，而后者的干涉信号是一个频率约为1.5 MHz 的交流信号；另一方面，当可动棱镜移动时，前者的干涉信号是在最亮和最暗之间缓慢变化的信号，而后者的干涉信号是使原有的交流信号频率增加或减少了Δf，结果依然是一个交流信号。因而对于双频激光干涉仪来说，可用放大倍数较大的交流放大器对干涉信号进行放大，这样，即使光强衰减90%，依然可以得到合适的电信号。双频激光干涉仪的优越性主要有以下几点：

①精度高。双频激光干涉仪是以波长作为标准对被测长度进行度量的仪器，即使不做细分也可达到 μm 量级，细分后更可达到 μm 量级（安捷伦5530激光干涉仪线性精度能达到0.4 PPM）。

②应用范围广。双频激光干涉仪除了可用于长度的精密测量，测量角度、直线度、平面度、振动距离及速度等，还可以分光进行多路测量。既可以对几十米的大量程进行精密测量，也可以对手表零件等微小运动进行精密测量。既可以对几何精度如长度、角度、直线度、平行度、平面度、垂直度等进行测量，也可以用于特殊场合，诸如半导体光刻技术的微定位和计算机存储器上记录槽间距的测量等。

③环境适应能力强。即使光强衰减90%，仍然可以得到有效的干涉信号。由于这一特点，双频激光干涉仪既可在恒温、恒湿、防振的计量室内检验量块、量杆、刻尺、微分校准器和坐标测量机等的精度，也可以在普通车间内对大型机床的刻度进行标定。

2) 双频激光干涉仪的工作原理。双频激光干涉仪是将同一激光器发出的光波分成频率不同的两束光波产生干涉而进行测量的，其光学系统如图3—2—21所示。

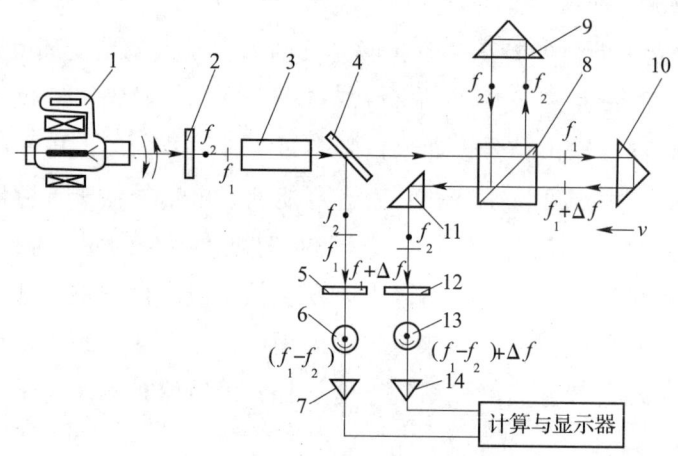

图3—2—21 双频激光干涉仪的光学系统

1—双频氦氖激光器　2—波片　3—光束扩展器　4—分光镜　5、12—检偏器　6、13—光电管
7、14—前置放大器　8—偏振分光棱镜　9—参考镜　10—测量镜　11—反射棱镜

双频激光器1是在小功率全内腔氦氖气体激光管上，加上0.03 T（300 Gs）的轴向磁场，由于磁场的作用，能发出一束含有两个不同频率的左、右旋圆偏振光，这两部分谱线（f_1、f_2）分布在氖原子谱线f_0的两边，并且对称，如图3—2—22所示。这种现象称为塞曼效应。此时有$f_2-f_0=f_0-f_1=550$ MHz，即$f_1-f_2=1\ 100$ MHz。这样大的频率差是不能形成光波干涉的。但又由于频率牵引效应，能使此两谱线的频率向中心频率f_0靠拢，使f_1、f_2不能离中心频率f_0太远，故实际的f_1-f_2约为1.5 MHz。

双频激光束通过$\lambda/4$波片2后成为两束互相垂直的线偏振光（设f_1平行于纸面，f_2垂直于纸面），经光束扩展器3扩束后，双频激光束被分光镜4分为两部分。一小部分作为参考光束反射到45°放置的检偏器5，根据马吕斯定律，这两个互相垂直的线偏振光在45°方向上的投影，形成新的线偏振光并产生"拍"。这个"拍"的频率就等于激光器所发出的两个光频的差值，即$f_1-f_2=$

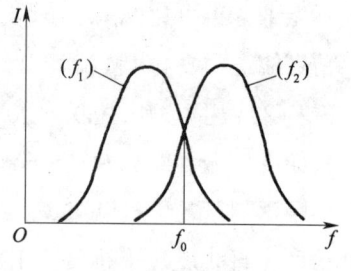

图3—2—22 塞曼效应

1.5 MHz。该信号由光电管 6 接收，进入前置放大器 7，最后被送至计算机。另一部分（大部分）透过分光镜 4 沿原方向射向偏振分光棱镜 8，分成互相垂直的线偏振光，即 f_1 透过偏振分光棱镜 8 到测量镜 10，f_2 被偏振分光棱镜 8 反射至参考镜 9。这时，如果测量棱镜以速度 v 运动，则根据多普勒效应，返回光束的频率便有了变化，即变成 $(f_1+\Delta f)$。该光束返回后重新通过偏振分光棱镜 8 并与 f_2 的返回光束汇合，然后被反射棱镜 11 反射到 45° 放置的检偏器 12 上产生"拍"。拍频信号由光电管 13 接收，再进入前置放大器 14，最后也被送至计算机。

计算机对两路信号进行比较，计算出它们之间的差值 $\pm\Delta f$（即多普勒效应），于是便可按照公式求得被测长度 L 值。在双频激光干涉仪测长中，"双频"起了调制作用。它在被测物体相对于干涉仪静止时仍然保持 1.5 MHz 的交流信号，被测物体的运动只是使这个信号的频率增加或减少，因而前置放大器可采用较高倍数的交流放大器，避免了直流放大器的零点漂移问题。这就是双频激光干涉仪抗干扰能力较强的原因。

另外，与单频激光干涉仪一样，双频激光干涉仪也做成三个分开的独立部件，使干涉仪部件远离电源和热源，适当地靠近测量起始点的位置，使干涉仪的双臂在零位时光程接近相等，这样可以避免所谓"闲区"的误差。

遥置式干涉仪还便于更换干涉仪的组件，以扩大应用范围，如测角度和直线度等。

双频激光干涉仪最大测量长度为 60 m，最小分辨率为 0.08 μm，最大位移速度为 300 mm/s，其测量精度为 $5\times10^{-7}L$（L 为被测长度）。

二、激光干涉仪的测量应用

激光干涉仪一般能测量的项目有定位精度、距离、重复性速度及加速度、静态测量角度、直线度、垂直度、平面度、平行度、回转轴等。

1. 激光干涉仪对数控车床位置精度的检验

激光干涉仪不仅用于精密测长，还可用作大型机床的精密定位，以及大型数控机床的感应同步器（也是一种长度标准器件）的接长和精密机床位置精度检验等。下面是利用激光干涉仪对数控车床位置精度的检验过程。

（1）位置精度检验项目。位置精度主要包括以下三项检验项目。

1）重复定位精度 R。

2）反向差值 B。

3）定位精度 A。

（2）激光干涉仪的安装方法。在机床不动部位固定激光干涉仪，使其光束通过主平面，且平行于回转刀架的运动方向。在回转刀架上固定反射镜，调整反射镜，使激光干涉仪能接收到反射镜反射光束。如图3—2—23所示，图中a、b分别为Z轴及X轴位置精度的检验。

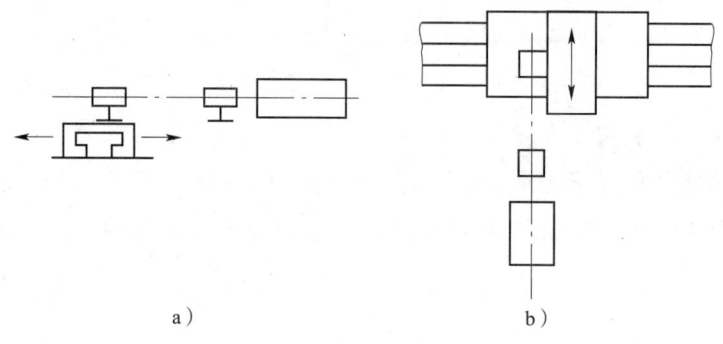

图3—2—23 数控车床位置精度的检验
a）Z轴位置精度的检验 b）X轴位置精度的检验

（3）检验方法。在工作行程内选取10个目标位置。按数控程序，分别对每个目标位置从正、负两个方向趋近，以线性循环方式连续检测五次，测出每个位置偏差，即实际位置与目标位置之差值。

（4）计算方法。按国家标准规定的方法，计算出正、负方向的平移位置偏差（$\bar{x}_j\uparrow$、$\bar{x}_j\downarrow$）和标准偏差（$s_j\uparrow$、$s_j\downarrow$）。

重复定位精度 R 以 $6s_j\uparrow$、$6s_j\downarrow$ 中的最大值计，即 $R=6s_{j\max}$。

反向差值 B 以（$\bar{x}_j\uparrow-\bar{x}_j\downarrow$）中的最大绝对值计，即 $B=|B_{j\max}|$。

定位精度 A 以（$\bar{x}_j\uparrow+3\bar{x}_j\uparrow$）、（$\bar{x}_j\downarrow+3\bar{x}_j\downarrow$）中的最大值与（$\bar{x}_j\uparrow-3\bar{s}_j\uparrow$）、（$\bar{x}_j\downarrow-3\bar{s}_j\downarrow$）中的最小值之差值计，即 $A=(\bar{x}_j+3s_j)_{\max}-(\bar{x}_j-3s_j)_{\min}$。

2. 激光干涉仪测角

激光干涉仪测角的原理与小角度干涉仪类似，都是采用三角正弦原理。如图3—2—24所示，双频激光器发出的垂直的线偏振光 v_1 和 v_2 进入偏振分光棱镜组1后被分离成为相距为 R 的两个平行光束，分别射向角锥棱镜组2的角锥棱镜 A 和 B。平移一段距离后沿原方向返回，在分光棱镜组上重新汇合，经过检偏器3和3′在光电接收器4和4′形成差频信号。当角锥棱镜组2移动过程中发生转动，角锥棱镜 A 和 B 反射回来的光的多普勒频移 Δv_{D1} 和 Δv_{D2} 不再相同，由此可通过下式得到被测的转角：

$$\theta = \arcsin\frac{\Delta L}{R} = \arcsin\frac{\lambda \int_0^t (\Delta v_{D1} - \Delta v_{D2})\,dt}{2R}$$

双频激光干涉仪的测角分辨率为 0.1″，测量范围可达 ±1 000″。

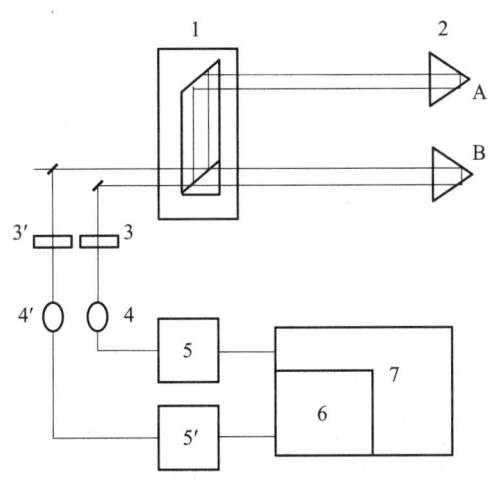

图 3—2—24　双频激光干涉仪测量角度原理图
1—偏振分光棱镜组　2—角锥棱镜组　3、3′—检偏器　4、4′—光电接收器
5、5′—放大器　6—倍频和计数卡　7—计算机

3. 激光干涉仪测量螺距误差

机床的定位精度主要取决于高精度的滚珠丝杠（见图 3—2—25），但丝杠总有一定的螺距误差，因此在加工过程中会造成零件的外形轮廓偏差。螺距误差是指由螺距累积误差引起的常值系统性定位误差，检测螺距误差是为了减小加工过程中造成零件的外形轮廓偏差。

检测螺距误差的操作步骤如下：

（1）安装高精度位移检测装置。

图 3—2—25　滚珠丝杠

（2）编制简单的程序，在整个行程中顺序定位于一些位置点上。所选点的数目及距离受数控系统的限制。

（3）记录运动到这些点的实际精确位置。

（4）将各点处的误差标出，形成不同指令位置处的误差表。

（5）多次测量，取平均值。

（6）将该表输入数控系统，数控系统将按此表进行补偿。

三、激光干涉仪的使用

1. 软件安装

（1）将原厂驱动光盘放入光盘驱动器中，即会自动执行安装程序完成安装。若计算机无法执行自动安装，请点选软件中 Setup.exe 执行安装。

（2）接着安装在线辅助说明。软件安装完成后，计算机会要求重新开机，请点选重新开机。

2. 打开测量软件

（1）由开始工具列中选择程序名进入。

（2）点选要运行的软件。有线性测长（定位量测）、角度测量、长距离直线度测量、短距离直线度测量、回转轴分度精度测量、平面度测量、动态测量、双轴线测量、数据分析，以上所有软件均附上，但测量时须搭配镜组。

（3）除上述方法之外，也可将快捷方式置于 Windows 桌面上，直接点选即可。

3. 定位测量系统，进行测量

先空跑预测量轴的行程，降低误差，并将镜组架于机床的工作台与主轴上。

四、自准直仪的使用

1. 自准直仪的特点

利用自准直仪（见图3—2—26）可以精确地测量机床或仪器导轨的直线度误差，也可以测量平台等的平面度误差；配上光学直角器和带磁性座的反射镜等附件，还可以测量垂直导轨的直线度误差,以及垂直导轨和水平导轨之间的垂直度误差;与多面体联用可以测量圆分度误差。

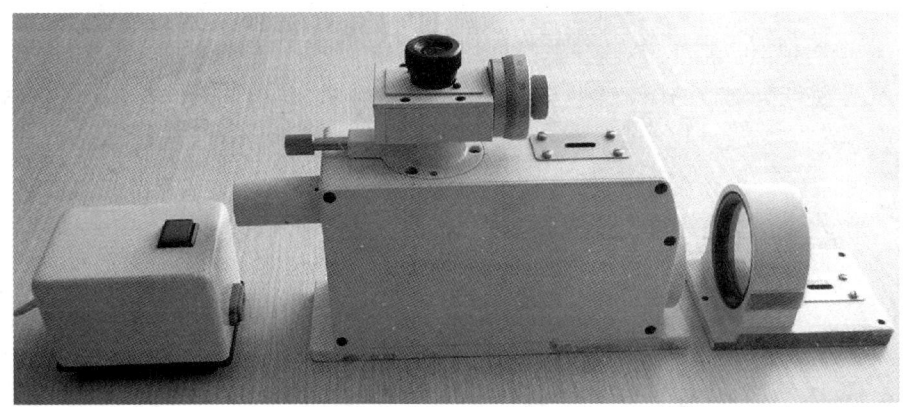

图3—2—26 自准直仪

2. 自准直仪的工作原理

双向自准直仪具有原理、结构简单,体积小,精度高,使用方便,配以一定的附件后能扩大使用范围等特点。

利用双向自准直仪测量圆周分度误差,其原理是将被测圆分度盘与一个更高精度的圆分度标准量——多面棱体直接进行比较测量,以测得被测圆分度器件的分度误差,如图3—2—27所示。这里多面棱体代替了平面反射镜。若多面棱体的面数为 n,那么每隔 $360°/n$ 测量一次。

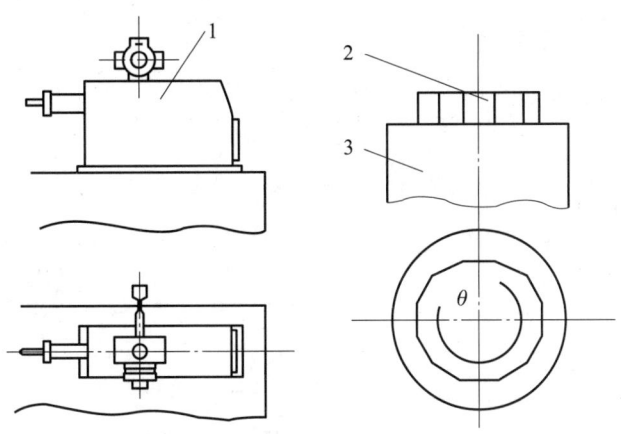

图3—2—27 圆周分度误差测量
1—仪器主体 2—多面体 3—被测转台

小角度测量的工作原理如图 3—2—28 所示。由仪器主体射出一束平行光线垂直投射到折射率为 n 的平台玻璃上，若平台玻璃的平行度误差小于仪器的精度，则该平台玻璃前后表面发射的分划板十字线的两个自准直像是重合的。若平台玻璃的平行度误差大于仪器的格值，则从目镜分划板可以看到由平台玻璃前后两表面反射回来而被分开的两个十字线分划板的像。根据两个像分开的角距离 α 就可以计算出平台玻璃的平行度偏差 θ。

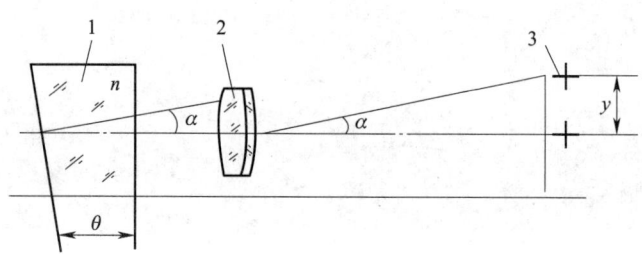

图 3—2—28 小角度测量——双像法测玻璃平台平行差原理
1—被测件　2—仪器物镜　3—十字线

由几何光学定律，可以推出

$$\theta = \alpha / n$$

式中　n——玻璃的折射率；
　　　α——从目镜测微鼓轮上直接读出的两个像分开的角距离。

3. 仪器的结构特征

双向自准直仪由仪器主体、变压器和反射镜等构成。仪器主体如图 3—2—29 所示。

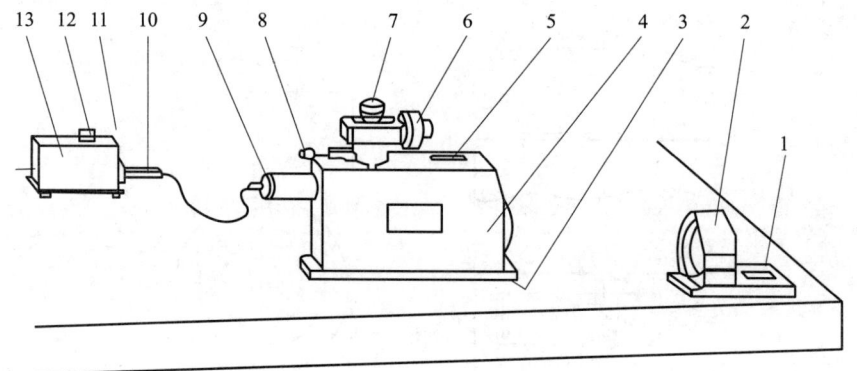

图 3—2—29 仪器的结构特性
1、5—水准泡　2—反射镜　3—箱体基面　4—仪器箱体　6—测微鼓轮　7—目镜　8—锁紧螺钉
9—照明灯座　10—6V3W 插头　11—6V3W 插座　12—按钮　13—变压器

仪器主体内装有一套自准直光学系统。照明灯座 9 可插进套筒内照明十字线分划板，侧面有紧定锁紧螺钉。测微器装在仪器主体上方，外部有鼓轮 6、目镜 7 和换向锁紧螺钉 8。目镜上有视度调整螺旋，可正反旋转，适应不同视力的检测员检测。换向锁紧螺钉用来在垂直方向上锁紧测微器。仪器箱体基面 3 是工作定位面，安放在测量基面上。水准泡 5 用来判断仪器安放是否水平。

4. 自准直仪的使用

（1）使用前的准备和检查。

1）用汽油和脱脂棉或绸布清洁仪器主体和附件，清洁被测表面。将照明灯插入仪器主体并锁紧，接通电源。

2）选择仪器的安放位置。仪器安放一定要稳固可靠、位置合适、易于观察，测量过程中不得移动仪器主体。

3）安装仪器主体，使其与水平调整板或被测表面接触良好，并尽量使物镜光轴与测量方向一致。

4）视度调节，直到能看清分划板上的刻线和刻度为止。

（2）找像与读数。

1）找像。

①仪器主体与平面反射镜处于同一被测面上。当反射镜离主体较近时，摆动反射镜，明亮的十字线就会出现在视场中。当反射镜离主体较远时，可以使用取景器快速找像，其方法是：首先把取景器放在反射镜的前面，在取景器内找到由主体物镜射出光束所形成的绿色十字簇，然后摆动反射镜，这时在取景器内可以看见一簇随着反射镜摆动而移动的绿色十字，当两簇十字重合时，十字线像就会出现在主体目镜的视场中央。

②主体与反射镜不在同一被测平面上。主体应放在水平调整板上，使主体物镜中心和反射镜中心大致处于同一高度，调整水平调整板，使主体上和反射镜上的水准泡具有同一示值，然后重复。

2）读数。十字线的像成在分划板之后，转动测微鼓轮，使指标线在视场内移动，直到指标线套在十字线内，即可从刻线分划板及测微鼓轮上的刻度读出数值。测微鼓轮一圈等分 100 格，相当于刻线分划板上的一格。

学习单元 4 普通车床几何精度检验

一、普通车床质量检验的项目和方法

1. 检验意义

车削加工时，车床、刀具、工具、切削用量和操作工艺等因素直接影响加工精度，而在正常加工条件下进行的切削加工，车床本身的精度一般来说是其中最重要的因素。例如，车端面时的平面度和垂直度，主要取决于中拖板移动对主轴轴线的垂直度；车削圆柱面时，圆柱度主要取决于工件回转轴线的稳定性；车刀刀尖移动轨迹的直线度以及与工件回转轴线的平行度，主要取决于车床主轴与刀架的运动，包括主轴与刀架移动的平行度。因此，掌握车床精度的检验项目和检验方法，对保证加工质量是极其重要的。

2. 检验项目

几何精度是机床在不运转时部件间的相互位置精度以及主要零件的形状精度和位置精度，是机床某些基础零件工作面的几何精度，决定加工精度的零部件之间及其运动轨迹之间的相对精度。

常见的车床几何精度检验项目有导轨的直线度、工作台面的平行度、导轨或部件之间的垂直度、主轴回转中心线的径向跳动和轴向窜动、主轴中心与其他对应构件中心或孔中心的同轴度、回转工作台的分度精度等，这些几何精度是评定机床精度的主要指标。

3. 检测方法

检测机床几何精度的常用工具有精密水平仪、精密方箱、直角尺、平尺、平行光管、指示表（如千分表、百分表、杠杆表）、测微仪、激光干涉仪等。

（1）导轨直线度的检测方法。一根导轨或一副导轨，其直线度可以分解为垂直的两部分,即水平面内的直线度和垂直平面内的直线度。矩形导轨的水平表面控制导轨在垂直平面内的直线度(见图 3—2—30a),矩形导轨的两侧面控制导轨在水平面内的直线度(见图 3—2—30b)。

对 V 形或棱形导轨,因为组成导轨的是两个斜表面,所以两个斜表面既控制垂直平面内的直线度(见图 3—2—30c),同时也控制水平面内的直线度(见图 3—2—30d)。

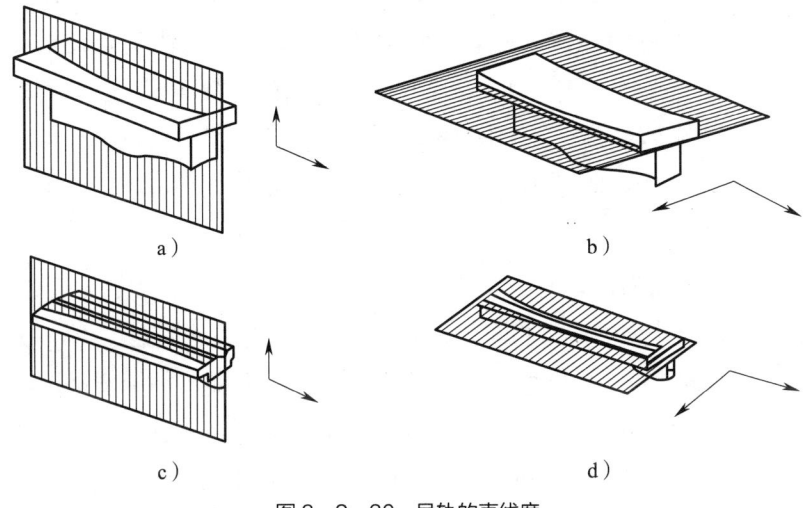

图 3—2—30 导轨的直线度

1)研点法。选一根标准平尺,其精度等级根据被检导轨的精度要求来选择,一般不低于 2 级,长度应不短于被检导轨的长度(在精度要求较低的情况下,平尺长度可比导轨短 1/4)。研点法常用于较短导轨的检验,因平尺超过 2 m 时制造困难而且容易变形,影响测量精度。

用平尺检测导轨直线度时,在被检导轨表面均匀涂上一层很薄的红丹油,检查覆在被检导轨表面的研点分布情况及点子最疏处的单位密度。如研点在导轨全长上均匀分布,则表示导轨的直线度已达到平尺的相应精度。采用刮研法修整导轨直线度时大都采用此法。刮研短导轨时,导轨的直线度通常由平尺的精度来保证,同时对单位面积内研点的密度也有一定的要求。可根据机床的精度要求和导轨在本机床所处部位及重要程度,分别规定为每 25 mm×25 mm 内研点数不少于 10~20 点(即每刮方内点子数)。

用研点法检查导轨直线度时,由于不能测量出导轨直线度的绝对数值,因而当有水平仪时一般都不用于最后测量。但是应当指出,在缺乏测量仪器(水平仪、光学平直仪)的情况下,采用三根平尺互研法生产的检验平尺,可以有效地解决一般机床短导轨直线度的检查问题。

2）平尺拉表比较法。此法通常用来检查短导轨在垂直面内和水平面内的直线度。为了提高测量读数的稳定性，在被检导轨上移动的垫铁长度一般不应短于 200 mm。垫铁与导轨的接触面应与被检导轨进行配刮，使其接触良好，否则就会影响测量的准确性。

① 垂直面内直线度的检查方法。如图 3—2—31 所示，将平尺工作面放成水平，置于被检导轨旁边，距离越近越好，这是为了减少导轨扭曲对测量精度的影响。在导轨上放一个与导轨刮配好的垫铁，将千分表架固定于垫铁上，使千分表测头先后顶在平尺两端表面。调整平尺，使千分表在平尺两端表面的读数相等，然后移动垫铁，每隔 200 mm 读千分表数值一次，千分表各读数的最大差值即为导轨全长内的直线度误差。在测量时，为了避免刮点的影响，使读数准确，最好在千分表测头下面垫一块量块。

② 水平面内直线度的检查方法。将平尺的工作面侧放在被检导轨旁边，调整平尺，使千分表在平尺两端表面的读数相同，其测量和误差计算方法同上。

a. 垫塞法。如图 3—2—32 所示，在被检平面导轨上安放一标准平尺，在离平尺两端各为 $2L/9$ 距离处，用两个等高垫块支承在平尺下面，用量块或塞尺检查平尺工作面和被测导轨面间的间隙。如普通车床导轨直线度允差为 0.02 mm/m，即用等于等高垫块厚度 0.02 mm 的量块或塞尺在导轨上的相距 1 m 长度的任何地方均不能塞进去就为合格。测量精密机床导轨时，宜采用精度较高的量块，以便能较正确地量出导轨直线度误差的绝对值。

此法也可以用千分表代替塞尺，但等高垫块的厚度要增加使千分表能进入测量。

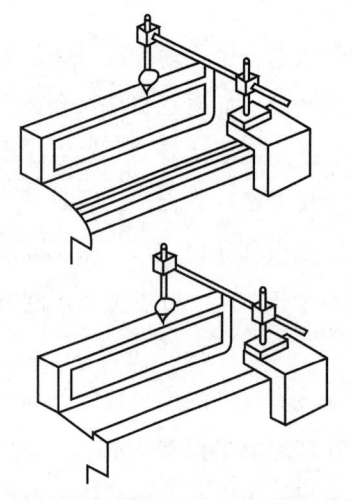

图 3—2—31 测量导轨在垂直平面内的直线度

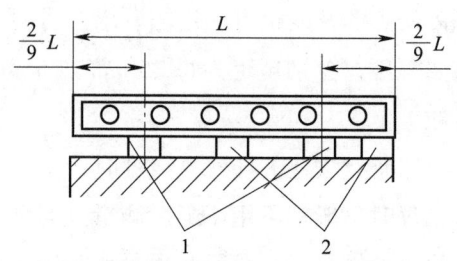

图 3—2—32 利用垫塞法测量导轨面的直线度
1—等高垫块　2—塞尺或量块

b. 拉钢丝检测法。利用拉紧后的钢丝作为理想直线，利用它直接测量导轨上各段组成面的直线度误差。对于此理想直线的偏移距离的比较，如用平尺拉表检查法一样是一种线值测量法。

这种方法只可以检测导轨在水平面内的直线度。测量方法如图3—2—33所示。

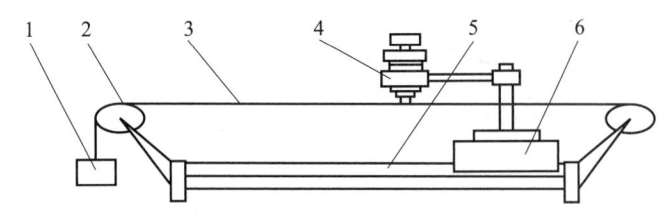

图3—2—33 拉钢丝检测导轨直线度
1—重锤 2—滑轮及支架 3—钢丝 4—读数显微镜 5—被检测导轨 6—V形垫铁

3）水平仪检查法。由于水平仪测量精度较高，使用方便，因此在安装机床和测量导轨直线度中广泛采用。但它只能检查导轨在垂直面内的直线度，而且气泡会因温度的变化而有极灵敏的变化。

①关于水平仪读数的几何意义。假定平台处于自然水平位置，在平台上放一根1 m长的平行平尺，平尺两平面假定绝对平行，平尺上的水平仪所示的读数为零，即水平状态。如将平尺右端抬高0.02 mm，相当于使平尺与平台平面形成4″的角度（如果水平仪的规格每格为0.02 mm/1 000 mm），水平仪的气泡向右移动一格，读数为0.02/1 000。它的测量单位是用斜率作刻度，如0.02/1 000含义就是测量面与自然水平倾斜≈4″，斜率为0.02/1 000。

在用水平仪测量单导轨的直线度时，为了能精确地量出导轨的实际形状，应将水平仪放在专用垫铁上进行测量。垫铁底面的两个支承面间的距离L_1，如用0.02/1 000精度的水平仪，则取200 mm、250 mm或500 mm，如转化为线值时，每格相应为0.004 mm、0.005 mm或0.01 mm。测量长度在4 m以下的导轨时，可选用200～250 mm的垫铁；超过4 m长的导轨，如测量龙门刨床的导轨，应选用长度为500 mm的垫铁。

②水平仪的读数方法。图3—2—34所示为在测量时对水平仪上水准器气泡的移动位置进行读数。读数的方法有两种，一种是相对读数法，另一种是绝对读数法。采用绝对位置读数时，水平仪起端测量位置唯有气泡在中间时才读作"0"，偏向起端时读"−"，偏向终端时读"+"，或用箭头表示气泡的偏移方向。采用相对读数方法时，总是将水平仪在起端测量位置读作零位，不管气泡位置是在中间或偏在一边。然后依次移动水平仪垫铁，记下每一位置的气泡与前一位置的气泡的移动变化方向和刻度的格

数，根据气泡移动方向来评定被检导轨的倾斜方向。如气泡移动方向与水平仪移动方向一致，一般读为正值，表示导轨向上倾斜，可用符号"+1"表示；如方向相反，则读作负值，用符号"-1"表示。

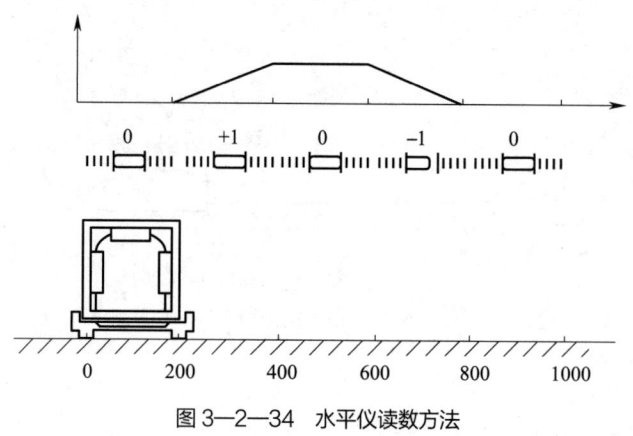

图 3—2—34 水平仪读数方法

两种读数方法在实践中都采用。安装水平较差时，可用相对读数法，避免因安装水平的误差而使运动曲线离开自然水平线太多而无法作图。安装水平已初步调整的床身，可采用绝对读数法，并可为进一步调整安装水平作出形象化的运动曲线图。

（2）单导轨表面扭曲度的检查方法。对于每条导轨的表面形状，除了在水平面内和垂直平面内有直线度要求外，为了保证导轨和运动部件相互配合良好，提高接触率，还要求导轨表面的扭曲度，这对大型导轨特别重要。在刮研时，为了测量导轨间的平行度，作为基准测量用的导轨要防止有严重扭曲。

检查扭曲度的方法如图 3—2—35 所示。V 形导轨用 V 形水平仪垫铁，平导轨用平垫铁。从导轨的任一端开始，移动水平仪垫铁，每隔 200～500 mm 读数一次，水平仪读数的最大代数差值就是导轨的扭曲度误差。该项误差在机床精度标准中都未列入，主要规定于刮研或配磨工艺中。

（3）导轨之间、导轨与表面之间垂直度的检查方法。机床溜板的导轨，如车床溜板、铣床溜板、镗床溜板等，一般都设计成上下垂直的十字导轨，便于在工作时能加工出纵横垂直的工件表面。横梁类零件，它本身在立柱上垂直移动，而刀架又在其导轨上水平移动，因此也要求横梁的前后两导轨面垂直。立柱类零件，则要求其安装表面与导轨面在纵横两个方向垂直。而牛头刨床

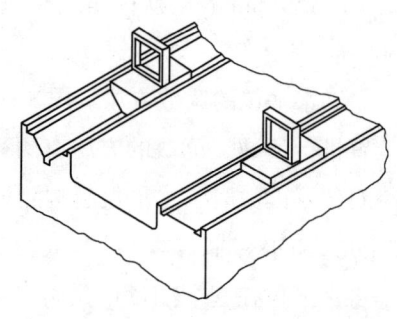

图 3—2—35 检查单导轨表面的扭曲度

的工作台又要求其安装工件表面垂直。这类零件都要求其导轨之间、导轨与表面之间垂直，是保证总装后精度检验项目通过的重要基础。

1）直角尺（或方尺）拉表检查法。车床溜板上部的燕尾导轨和下部的V—平形导轨，其垂直度有一定要求，目的是要满足在加工工件时平面只准中凹。要保证这项精度，主要是使溜板的上下导轨垂直，其偏差的方向有利于满足加工工件的精度要求。在床身导轨上安放一方尺或直角尺，在溜板上固定一千分尺，其测头顶在方尺的边上，移动溜板，调整方尺与溜板移动方向平行。然后在溜板的燕尾导轨上安放一块检具，其上固定千分表杆，千分表测头顶在方尺的另一边上，移动角形垫铁进行测量，千分表读数的最大代数差，就是导轨在该检具移动长度内的误差。

2）回转校表法。上下导轨要求垂直的溜板类零件，视零件的结构特点，有的可用回转校表法检查导轨之间的垂直度。如图3—2—36所示，利用圆柱棒及千分表等工具，用回转校表法测量导轨侧面 A、B 两点，千分表在 A、B 两点读数的差值，即为该回转半径内的垂直度误差。但采用这种检查方法的先决条件是导轨的直线度必须满足要求，检查仅是测得垂直度的数值。有些拼接的长床身，是由多段单节床身拼接的，其拼接表面要求与导轨垂直。

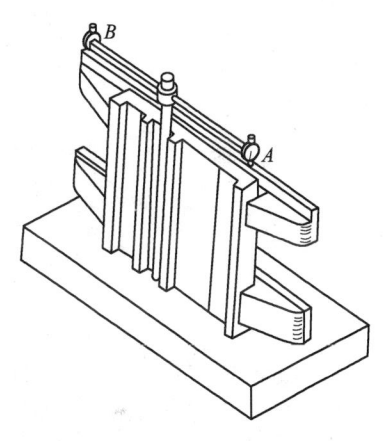

图3—2—36 回转校表法

二、普通车床几何精度检验

1. 床身导轨在垂直平面内的直线度

（1）导轨的纵向直线度（见图3—2—37）

检验要求：在 500～1 000 mm 长度内只许凸起 0.02 mm。

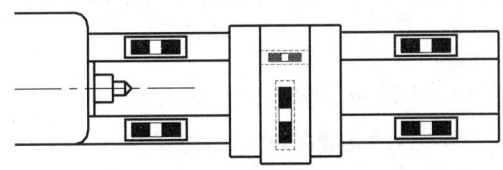

图3—2—37 导轨的纵向直线度

检验方法：将水平仪纵向放在溜板上靠近前导轨处，从刀架处于主轴箱一端的极限位置开始，从左向右等距离移动溜板，依次记录溜板在每一位置时水平仪的读数。

导轨在垂直平面内的直线度曲线以溜板在起始位置时的水平仪读数为起点，从坐标原点起作一线段，其后每次读数都应以前一读数的线段的终点作为起点。

例如，检验一台最长工件长度 D_c=750 mm 的卧式车床，溜板每移动 250 mm 测量一次，水平仪刻度值为 0.02/1 000，溜板在各个测量位置时水平仪的读数依次为 +1.8、+1.4、−0.8、−1.6 格，根据读数画出曲线图，如图 3—2—38 所示。

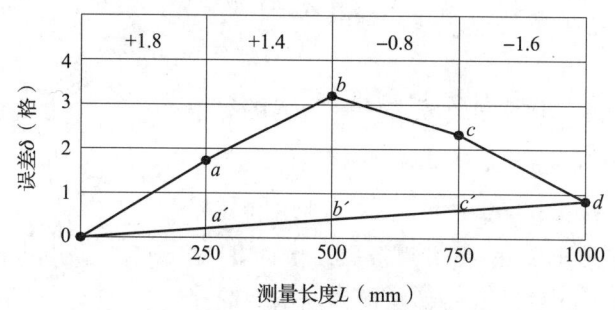

图 3—2—38　导轨直线度曲线图

由上图可以得出，导轨全长的直线度误差 $\delta_全$ 为：

$$\delta_全 = 2.8 \times 0.02/1\,000 \times 250 = 0.014 \text{ mm}$$

这台车床的导轨在垂直平面内的直线度检验合格。

床身导轨在垂直平面内的直线度对加工质量的影响表现在车床车内、外圆时，刀具纵向移动过程中高低位置发生变化，影响工件素线的直线度，但影响较小。

（2）横向导轨的平行度（见图 3—2—39）

检验要求：在 0～1 000 mm 长度内只许 0.04 mm 的误差。

检验方法：将水平仪固定放置在溜板的横向位置，纵向从左到右等距离移动溜板，记录溜板在每一位置的水平仪读数，取水平仪在全部测量长度上读数的最大代数值。

例如，检验一台最长工件长度 D_c=750 mm 的卧式车床，溜板每移动 250 mm 测量一次，水平仪刻度值依次为 0、+1、+2、+3.8，根据读数画出导轨平行度的示意图，如图 3—2—40 所示。

由图 3—2—40 可知导轨（横向）的平行度误差为：

$$\delta_平 = 3.8 \times 0.02/1\,000 \times 350 = 0.0266 \text{ mm}$$

床身导轨的平行度对加工质量的影响主要是在车内、外圆时，刀具纵向移动过程中前后摆动，影响工件素线的直线度，且影响较大。

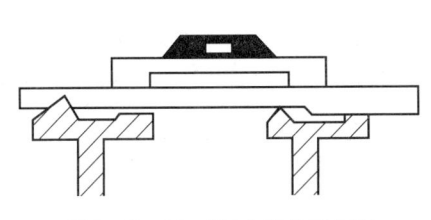

图 3—2—39 横向导轨的平行度

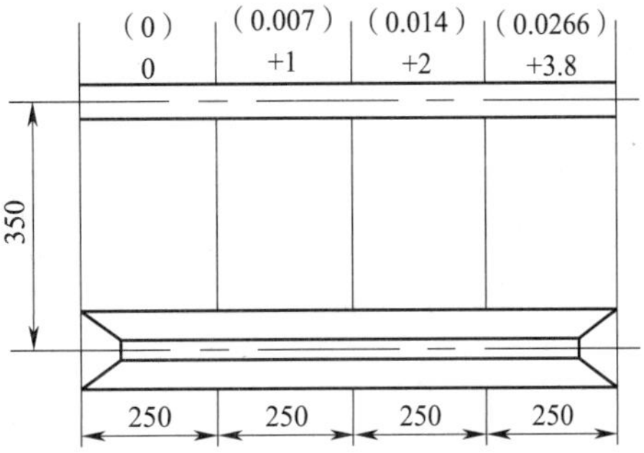

图 3—2—40 横向导轨的平行度示意图

2. 刀架横向移动对主轴轴线的垂直度（见图 3—2—41）

检验要求：允差 0.02/300，偏差方向 α ≥ 90°。

检验方法：将检验平盘固定在主轴上，千分表固定在中滑板上，移动中滑板进行检验；然后将主轴旋转 180°，再测一次，取两次测量结果的代数差。或是以水平仪直角边的一面为基准，即把水平仪放在导轨上，千分表装在中

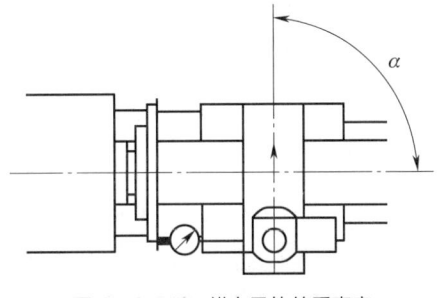

图 3—2—41 横向导轨的垂直度

滑板上，在纵向测量水平仪一底面左右两边的读数相等（如不相等则调整水平仪左右两边位置直到相等），然后横向测量千分表的最大代数差值。

中滑板移动对主轴轴线的垂直度对加工质量的影响，主要是车端面时影响工件端面的平面度和垂直度。

3. 主轴定心轴颈的径向跳动（见图 3—2—42）

检验要求：允差 0.01 mm。

检验方法：将千分表固定在机床上，使其测头垂直触及主轴定心轴颈（包括圆锥轴颈）表面，旋转主轴，取千分表读数的最大差值。

主轴定心轴颈的径向跳动对加工质量的影响，一是用卡盘夹持工件车内外圆时加工表面的圆度和与夹持面的同轴度超差，二是在多次装夹中加工出的各表面的同轴度超差。

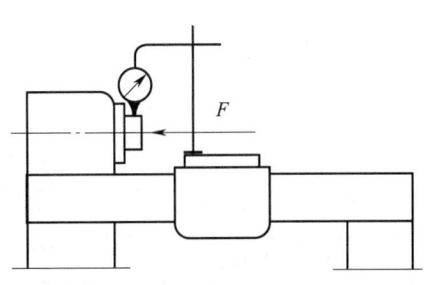

图 3—2—42 主轴定心轴颈的径向跳动

4. 主轴锥孔轴线的径向跳动（见图3—2—43）

检验要求：a. 靠近主轴端面，允差0.01 mm；b. 距主轴端面不超过300 mm，允差0.02 mm。

测量方法：在主轴锥孔中插入一检验棒，将千分表固定在机床上，使其测头触及检验的圆柱面，旋转主轴，分别在a和b处检验，取千分表的读数差值。

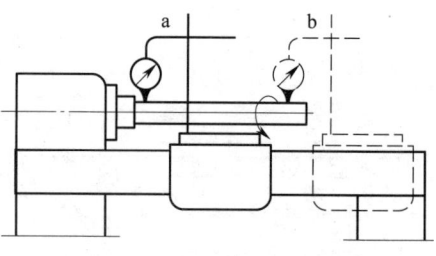

图3—2—43 主轴锥孔轴线的径向跳动

主轴锥孔轴线的径向跳动对加工质量的影响，是在两顶尖支承工件车削外圆时，对加工表面的圆度、加工表面与中心孔的同轴度、多次装夹时加工出的各表面的同轴度，以及工件表面粗糙度均有影响。

5. 主轴轴线对溜板移动的平行度（见图3—2—44）

检验要求：a. 在垂直平面内，300 mm测量长度上允差为0.02 mm（只许向上偏）；b. 在水平面内，300 mm测量长度上允差为0.015 mm（只许向前偏）。

检验方法：在主轴锥孔中插入一检验棒，把千分表固定在刀架上，使千分表测头触及检验棒表面，分别在a、b两处移动溜板检验，取千分表的最大差值。

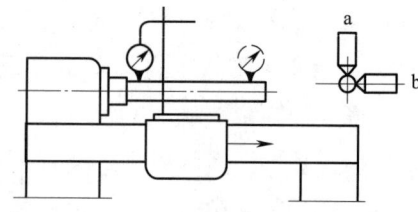

图3—2—44 主轴轴线对溜板移动的平行度

主轴轴线对溜板移动的平行度对加工质量的影响：用卡盘或其他夹具夹持工件（即不用后顶尖支承）车削内、外圆时，刀尖移动轨迹与工件回转轴线在水平面内的平行度误差→工件产生锥度；在垂直平面内的平行度误差→工件素线的直线度误差。

6. 顶尖的跳动（见图3—2—45）

检验要求：允差0.015 mm。

测量方法：将检验用的专用顶尖插入主轴锥孔，用千分表进行检测，使其触头垂直触及顶尖表面，旋转主轴，取千分表的最大差值。

以上几项是检验车床几何精度较为重要的项目。下面几项几何精度检验项目，由于测量

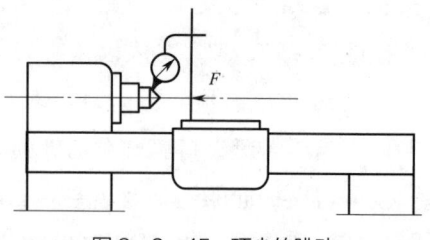

图3—2—45 顶尖的跳动

较为简单，就不进行详细图解和分析，但这些项目也是必须掌握和必须检验的项目。

7. 溜板移动在水平面内的直线度

（1）允差：0.02 mm。

（2）对加工质量的影响：车内、外圆时，刀具纵向移动过程中前后位置发生变化，影响工件素线的直线度，影响较大。

8. 尾座移动对溜板移动的平行度

（1）检验要求。在垂直平面内和在水平面内允差均为 0.03 mm，任一 500 mm 长度上局部公差为 0.02 mm。

（2）对加工质量的影响：尾座移至床身导轨上不同纵向位置时，尾座套筒的锥孔轴线与主轴轴线会产生等高度误差，影响钻、扩、铰孔以及两顶尖支承工件车削外圆时的加工精度。

9. 尾座套筒轴线对溜板移动的平行度

（1）检验要求。

1）在垂直平面内，允差 0.015 mm/100 mm（只许向上偏）。

2）在水平面内，允差 0.01 mm/100 mm（只许向前偏）。

（2）对加工质量的影响：用装在尾座套筒锥孔中的刀具进行钻、扩、铰孔时，刀具轴线与工件回转轴线间产生同轴度误差，使加工孔的直径扩大并产生喇叭形。

10. 床头和尾座两顶尖的等高度

（1）检验要求：允差 0.04 mm（只许尾座高）。

（2）对加工质量的影响：用两顶尖支承工件车削外圆时，刀尖移动轨迹与工件回转轴线间产生平行度误差，影响工件素线的直线度；用装在尾座套筒锥孔中的孔加工刀具进行钻、扩、铰孔时，刀具轴线与工件回转轴线间产生同轴度误差，使加工孔的直径扩大。

11. 丝杠的轴向窜动

（1）检验要求：允差 0.015 mm。

（2）对加工质量的影响：用车刀车削螺纹时，影响被加工螺纹的螺距精度。

机床的几何精度只能在一定程度上反映机床的加工精度，因为机床在实际工作状态下,还有一系列因素会影响加工精度。例如,在切削力、夹紧力的作用下,机床的零部件会产生弹性变形;在内外热源的影响下,机床零部件会产生热变形;在切削力和运动速度的影响下,机床会产生振动。所以目前生产中常通过切削加工出来的工件精度来考核车床的加工精度,称为机床的工作精度。工作精度是各种因素对加工精度影响的综合反映。

三、普通车床装配常见质量问题判断

车床装配完成后应对其装配质量、工作性能、工作状态进行全面检查。在空运转试验过程中,往往会遇到各种各样的故障,而这些故障跟装配质量有着密切的联系。普通车床常见装配质量问题及解决方法见表3—2—4。

表3—2—4 普通车床常见装配质量问题及解决方法

序号	装配质量问题	产生原因	解决方法
1	主轴达不到额定转矩	(1)主轴传动带过长 (2)主传动离合器过松	(1)调整电动机座张紧带 (2)调整离合器 (注:如是液压离合器,不要随意更换离合片,很可能是液压泵、换向阀故障。液压离合器、电磁离合器基本没有调整松紧的余地)
2	主轴启停操作手柄操纵力过大甚至操作不到位	(1)主轴传动离合器调整过紧 (2)床头箱内制动闸带过紧	(1)调整离合器 (2)调整闸带
3	主轴启停操作手柄操作主轴停止时,停止时间过长	床头箱内制动闸带过松	调整闸带
4	脚踏紧急停止主轴停止时间过长	前床脚主电动机制动闸带过松	调整闸带
5	主轴头径向跳动超差	主轴前后轴承间隙过大	调整主轴前后轴承

续表

序号	装配质量问题	产生原因	解决方法
6	主轴轴向窜动超差	主轴角止推轴承游隙过大	调整主轴角止推轴承
7	主轴转速手柄出现左右晃动	床头箱内操作链条过松	张紧链条
8	尾座夹紧手柄压紧不到位并夹不紧	尾座压紧螺帽调整过紧	正确调紧压紧螺帽
9	尾座夹紧手柄压紧到位但夹不紧	尾座压紧螺帽调整过松	正确调紧压紧螺帽
10	尾座纵向移动推力过大	尾座悬浮机构失调	调整安装在尾座底板中的悬浮轴承
11	刀架重复定位精度超差	（1）刀架初定位钢球过紧 （2）刀架定位面脏	（1）调节钢球弹簧螺丝 （2）清洗刀架
12	刀架调刀过位	（1）调刀用力过大 （2）刀架初定位钢球弹簧过松	（1）减小调刀用力 （2）调节钢球弹簧螺钉
13	刀架横向移动反向间隙过大	（1）丝杆螺母配合松 （2）丝杆轴向固定螺母松	（1）调整横向丝杆螺母间隙 （2）调整轴向固定螺母
14	燕尾导轨移动不平稳	轨道镶条失调	正确调整镶条两端调节螺钉
15	进给达不到额定进给力	溜板箱安全离合器松	调节离合器
16	进给方向操作手柄搭上后无进给运动	（1）主轴未启动 （2）螺纹旋向变换手轮未置于右旋位置 （3）其他螺纹螺距变换手柄变换未到位	（1）启动主轴 （2）将螺纹旋向变换手柄置于右旋位置 （3）检查并使各变换手柄置于正确位置
17	螺纹车削螺距超差	（1）丝杆窜动 （2）开合螺母座镶条螺钉松 （3）开合螺母与丝杆间隙过大	（1）调整丝杆轴承间隙 （2）调整开合螺母座镶条螺钉 （3）调整开合螺母座间隙调节螺钉

续表

序号	装配质量问题	产生原因	解决方法
18	加工零件表面粗糙	（1）车刀钝、刃磨不好、几何角度不正确 （2）车刀尚未夹紧、刀尖高度不正确、车刀尖悬伸过长 （3）工件未夹紧或定紧 （4）工件支承不够 （5）切削用量选择不当 （6）主轴轴承游隙过大 （7）地基不平或机床水平校正不好	（1）分析切削刃，重新刃磨刀具 （2）正确夹固车刀 （3）清洁卡盘、尾座套筒锥孔或更换夹爪、顶尖，然后重新夹紧、定紧工件 （4）用尾座顶尖或中心架提供较好支承 （5）改变进给量和主轴转速 （6）重新调整主轴轴承 （7）检查地基和校正水平
19	加工零件尺寸超差	（1）车刀磨损碎裂或未夹紧 （2）夹爪夹口不平或尾座套筒偏移 （3）机床安装水平不正确 （4）床鞍、下刀架、上刀架导轨间隙过大	（1）刃磨刀具，重新装夹 （2）更换卡盘、夹爪或调整套筒 （3）检查安装水平 （4）调整导轨压板和导轨镶条

学习单元5 普通铣床几何精度检验

一、普通铣床质量检验的项目和方法

1. 机床精度的概念

机床的加工精度是衡量机床性能的一项重要指标。影响机床加工精度的因素很多，有机床本身的精度影响，还有因机床及工艺系统变形、加工中产生振动、机床磨损以及刀具磨损等因素的影响。在上述各因素中，机床本身的精度是一个重要

因素。

机床的精度包括几何精度、传动精度、定位精度以及工作精度等，不同类型的机床对这些方面的要求是不一样的。

2. 检验项目

（1）铣床的几何精度检验项目一般包含 X、Y、Z 轴轴向运动的直线度，X、Y、Z 轴轴向运动的角度偏差，Z 轴轴向运动的平行度、垂直度，主轴的周期性轴向窜动，主轴锥孔的径向跳动，工作台面的平面度，工作台面和 X 轴轴向运动间的平行度，工作台纵向中央或基准 T 形槽和 X 轴轴向运动间的平行度等。

（2）机床精度检验时，环境温度应保持在 15～25℃内。且应符合机床占用空间内任一点的最大温度变化小于 5℃/12 h，任一点的最大温度梯度小于 0.5℃/m；机床占用空间内任两点的最大温度差小于 5℃，最大温度梯度小于 0.5℃/m。

（3）检测时，应按拆装检验工具和检验方便、热检项目的要求安排实际检验次序。

3. 检验方法

检测机床几何精度的常用工具有精密水平仪、精密方箱、直角尺、平尺、平行光管、指示表（如千分表、百分表、杠杆表）、测微仪、激光干涉仪等。

（1）导轨平行度的检测方法。机床的床身、滑座、立柱等件，通常由三条以上导轨表面组成。对于这些导轨，不仅要求单导轨表面分别达到一定的直线度要求，而且它们之间的平行度也给予严格的精度要求，才能使机床运动部件在工作时平稳，并保证工件能达到所要求的尺寸精度和几何精度。测量其平行度时，可根据导轨的不同结构选用不同的量具。

1）千分表拉表检查法。这是较常用的测量方法之一。图 3—2—46 所示是利用各种专用垫铁或桥板结合千分表检验导轨与导轨表面的平行度的方法。在全长内千分表指针的最大偏差，就是导轨之间的平行度误差。当利用千分表测量导轨的平行度时，要防止单导轨的扭曲使专用垫铁和千分表产生回转，这样往往会造成测量误差。因此，在测量平行度时，应检查三角导轨的单导轨扭曲，先修刮三角导轨，使单导轨扭曲合格后再测量平行度。

2）千分尺测量法。千分尺测量导轨面是否平行，也是在机床刮研时较多采用的一种测量方法。机床导轨两个要求平行的导轨表面，在导轨的前中后三点用千分尺测量，比较三个读数的大小，以了解平行度情况。下接触式的燕尾导轨，利用两端进行测量，千分尺读数的变化值就是导轨的平行度误差。

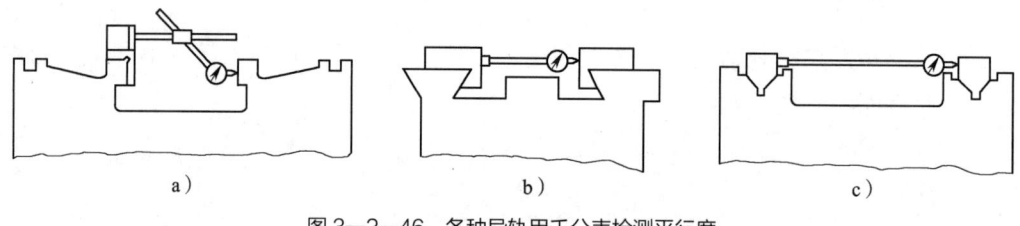

图 3—2—46 各种导轨用千分表检测平行度
a）车床导轨 b）燕尾导轨 c）双 V 形导轨

（2）工作台表面平面度的检测方法。机床的工作台面是用作固定工件或夹具的基准表面，在机床精度标准中，一般都规定为测量工作台面在各个方向（纵、横、对角、辐射）上的直线度误差值后，取其中最大值作为工作台面的直线度误差。这种检查方法实际上与平面度的定义并不完全相符，因为测量得到的最大直线度误差并不能真正代表工作台面的平面度。

机床工作台有圆形和矩形两种。对中等（600～1 000 mm）的矩形工作台，机床精度专业标准中规定用平尺、量块和塞尺检验台面与平尺检验面之间的间隙，共测量八次，取其中的最大值为工作台面的平面度误差值。

在精密机床的精度标准中，有的将工作台面的平面度允差值分别规定为纵向、对角和横向的平面度误差。

检验圆工作台面平面度时，平尺安装位置的辐射方向均分 3 个或 4 个位置进行测量。

为了在工作台面上可靠地紧固工件或夹具，工作台面要求呈凹形，因此工作台的平面度公差一般都规定为中凹。

检验机床工作台面平面度所采用的方法，基本上与检查导轨直线度的方法相同。

1）平台研点法。这种方法是对中小台面，利用标准平台涂色后对台面进行研点，检查斑点的分布情况，以验证台面的平面度。使用工具最简单，但不能得出平面度数值。

2）塞尺检查法。图 3—2—47 所示为用塞尺检查万能铣床工作台面平面度的方法。用一根相应长度的平尺，精度为 0～1 级；在台面上放两个等高垫块，平尺放在垫块上；用量块或塞尺检查工作台面至平尺检验面的间隙。

3）平尺和千分表检查法。如图 3—4—28 所示，在工作台面上放两个等高垫铁，垫铁上放平尺，将千分表装于表座上，检查台面至平尺检验面的距离，按图示虚线方向检查八个位置，取其最大值为平面度误差。

4）水平仪检查法。此法用于测量精度要求较高的工作台面，或尺寸较大的工作台面。检查方法与检查导轨直线度相似，即在工作台面上放一水平仪垫铁，垫铁两支承

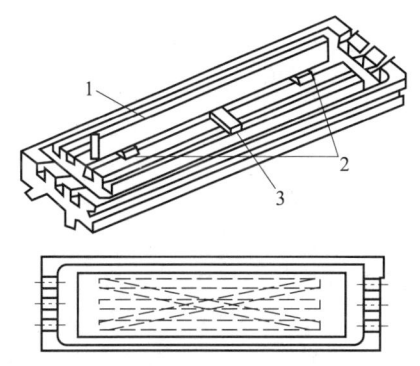
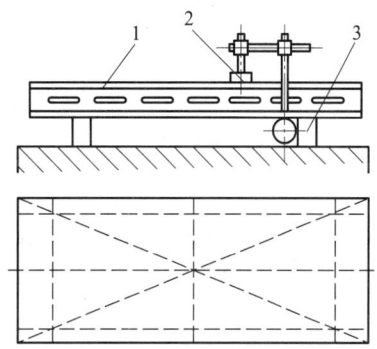

图 3—2—47 用量块、平尺检查台面的平面度
1—平行平尺 2—等高垫块 3—量块或塞尺

图 3—2—48 用平行平尺和千分表检查台面的平面度
1—平行平尺 2—千分表座 3—等高垫铁

面间的距离为 200 mm 或 250 mm；在垫铁上放一精度为 0.02/1 000 的水平仪，移动水平仪垫铁，依次记录水平仪读数，并作出水平仪座的运动曲线图，分别计算出直线度误差，取其中最大值即为平面度误差。

（3）导轨对轴线的垂直度、导轨对轴线平行度的检测方法。在恢复机床的几何精度时，不仅要满足精度要求，而且要满足传动性能的要求，机床某些基准零件的导轨或平面与主轴或传动件应保证其所要求的位置公差。卧式铣床主轴孔应与床身导轨平面垂直，在主轴孔内插锥柄检验棒和千分表，用回转校表法测量轴线与平面导轨的垂直度。当轴线与平面的垂直度要求不高时，也可采用直角尺与心轴靠紧，利用塞尺进行检查。

机床的立柱、横梁等件，其导轨一般都要求与传动轴或丝杠轴线保持平行，在检查导轨与轴线的平行度时，利用垫铁在导轨上移动，千分表装于垫铁上，在传动轴孔或丝杠轴孔内插入检查心轴，使千分表测头在心轴的上母线或侧母线上，检查轴线与导轨表面的平行度。

二、普通铣床几何精度检验

1. 主轴箱垂向移动的直线度（见图 3—2—49）

（1）检验要求。a（允差）在 300 mm 测量长度上 0.010 mm，b（允差）在 300 mm 测量长度上 0.010 mm。

（2）检验方法。将直角尺放在工作台面上（a 横向垂直平面内，b 纵向垂直平面内），固定千分表，使其测头触及直角尺的检验面。调整直角尺，使千分表读数在测量长度的两端相等。按测量长度移动主轴箱进行检验。a、b 的误差分别计算，误差以千分表读数的最大差值计。

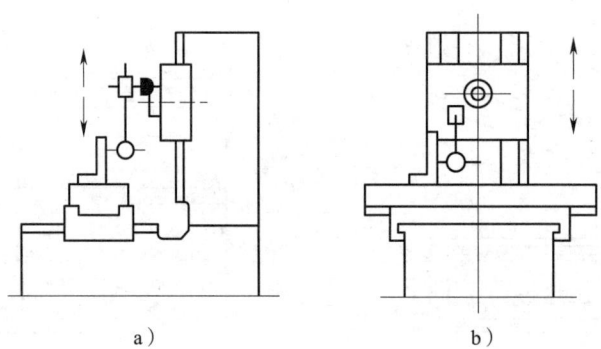

图 3—2—49 主轴箱垂向移动的直线度
a）在机床的横向垂直平面内　b）在机床的纵向垂直平面内

2. 工作台面对主轴箱垂向移动的垂直度（见图 3—2—50）

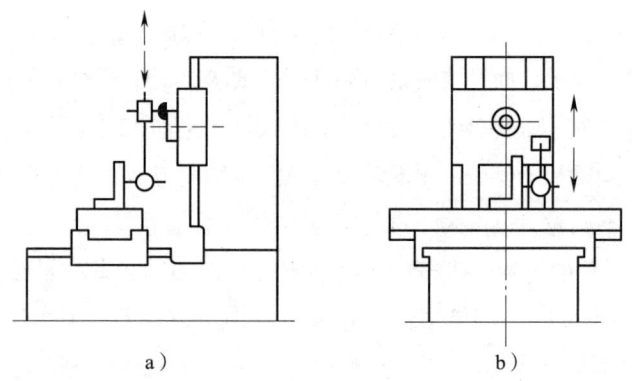

图 3—2—50 工作台面对主轴箱垂向移动的垂直度
a）在机床的横向垂直平面内　b）在机床的纵向垂直平面内

（1）检验要求。a（允差）在 300 mm 测量长度上 0.010 mm，b（允差）在 300 mm 测量长度上 0.010 mm。

（2）检验方法。将直角尺放在工作台面上，固定千分表，使其测头触及直角尺的检验面。移动主轴箱进行检验。a、b 的误差分别计算。误差以千分表读数的最大差值计。

3. 工作台面对工作台（或立柱、滑枕）移动的平行度（见图 3—2—51）

（1）检验要求。a（允差）在任意 300 mm 测量长度上 0.025 mm，b（允差）在 300 mm 测量长度上 0.016 mm。最大允差 a（允差）0.05 mm，最大允差 b（允差）0.03 mm。

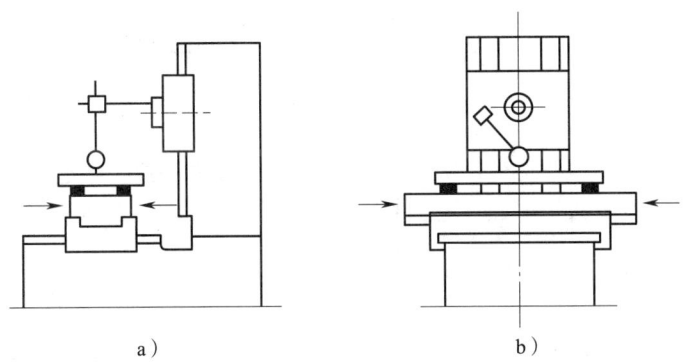

图 3—2—51 工作台面对工作台（或立柱、滑枕）移动的平行度
a）横向　b）纵向

（2）检验方法。在工作台面上放两个等高垫块，平尺放在等高垫块上。在主轴中央处固定千分表，使其测头触及平尺的检验面。按测量长度，横向移动工作台（或立柱、滑枕）和纵向移动工作台进行检验。a、b 的误差分别计算。误差以千分表读数的最大差值计。当工作台长度大于 1 600 mm 时，则将平尺逐次移动进行检验。

4. 主轴端部的跳动（见图 3—2—52）

（1）检验要求。a（允差）0.006 mm，b（允差）0.006 mm，c（允差）0.012 mm。

（2）检验方法。固定千分表，使其测头分别触及：a 主轴定心轴颈表面，b 插入主轴锥孔中的专用检验棒端面中心处，c 主轴轴肩支承面靠近边缘处。旋转主轴进行检验。a、b、c 的误差分别计算。跳动或窜动误差以千分表读数的最大差值计。

b、c 项检验时，应通过主轴中心线加一个由制造厂规定的轴向力 F（对已消除轴向游隙的主轴，可不加力）。

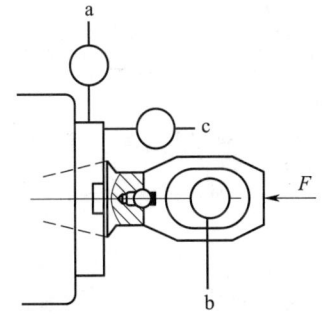

图 3—2—52 主轴端部的跳动
a—主轴定心轴颈的径向跳动（用于有定心轴颈的铣床）　b—主轴的轴向窜动
c—主轴轴肩支承面的跳动

5. 主轴旋转轴线对工作台面的垂直度（见图 3—2—53）

（1）检验要求。a（允差）在 300 mm 测量长度上 0.010 mm，b（允差）在 300 mm 测量长度上 0.010 mm。

（2）检验方法。用专用检验棒，工作台位于纵向行程的中间位置。将千分表装在插入主轴锥孔中的专用检验棒上，使其测头触及工作台面（a 横向垂直平面内，b 纵向

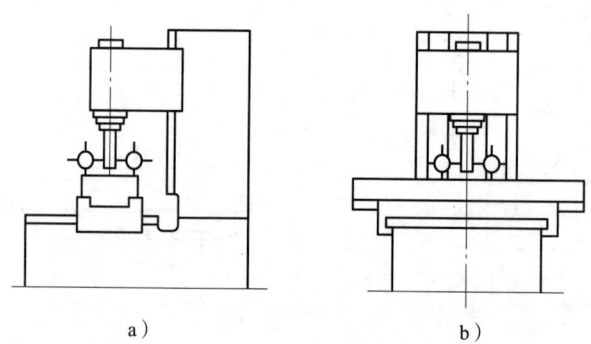

图 3—2—53 主轴旋转轴线对工作台面的垂直度
a）在机床的横向垂直平面内　b）在机床的纵向垂直平面内

垂直平面内）。按测量长度旋转主轴进行检验。拔出检验棒，旋转 180°，插入主轴锥孔中，重复检验一次。

a、b 的误差分别计算。误差以两次测量结果的代数和的一半计。

6. 主轴旋转轴线对工作台横向移动的平行度（见图 3—2—54）

（1）检验要求。a、b（允差）在 300 mm 测量长度上 0.010 mm。

（2）检验方法。用检验棒，工作台位于纵向行程的中间位置。在主轴锥孔中插入检验棒，将千分尺固定在工作台面上，使其测头触及检验棒表面进行测量。

7. 工作台中央或基准 T 形槽的直线度（见图 3—2—55）

（1）检验要求。在 500 mm 测量长度上允差 0.008 mm。

（2）检验方法。用平尺检验。在工作台面上放两个等高垫块，平尺放在等高垫块上。将带有千分表的专用滑板放在工作台面上并紧靠 T 形槽一侧，使千分表测头触及平尺的检验面。调整平尺，使千分尺读数在 T 形槽全长的两端相等。移动专用滑板进行检验，误差以千分表读数的最大差值计。

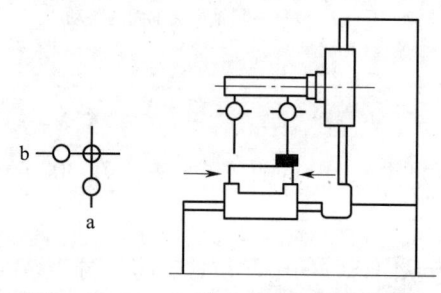

图 3—2—54　a/b 在机床的横向垂直平面内

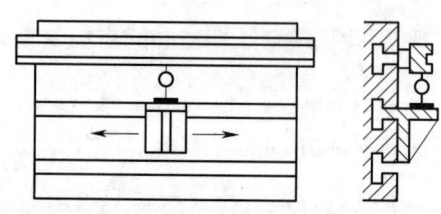

图 3—2—55　工作台中央或基准 T 形槽的直线度

8. 工件试切件的直线度、平行度、垂直度（a. 四面的直线度，b. 相对面间的平行度，c. 相邻两面间的垂直度）（见图 3—2—56）

（1）检验要求。在 300 mm 测量长度上，a（允差）0.012 mm，b（允差）0.025 mm，c（允差）0.025 mm。

（2）检验方法。用 X、Y 坐标对 A、B、C、D 四周面进行精铣，立铣刀切削深度为 0.1 mm，试切前应确保试件安装基准平直。

试件安装在工作台的中间位置，使其一个加工面与 X 坐标平行。在平台上放两个垫块，试件放在其上。固定千分表，使其测头触及被检验面。调整垫块，使千分表在试件两端的读数相等。沿加工方向，按测量长度在平台上移动千分表进行检验。直线度误差以千分表在各面上读数最大差值中的最大值计。

在平台上放两个等高垫块，试件放在其上。固定直角尺于平台上，再固定千分表，使其测头触及被检验面。沿加工方向，按测量长度在直角尺上移动千分表进行检验。垂直度误差以千分表在各面上读数最大差值中的最大值计。

9. X、Y 坐标方向的孔距，对角线方向的孔距（a. X、Y 坐标方向的孔距，b. 对角线方向的孔距）（见图 3—2—57）

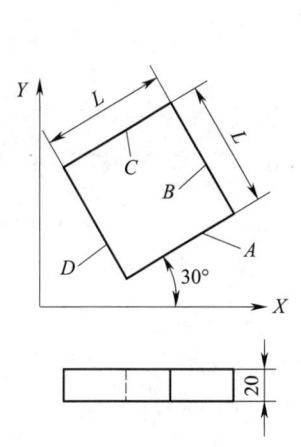

图 3—2—56 工件试切件的直线度、平行度、垂直度

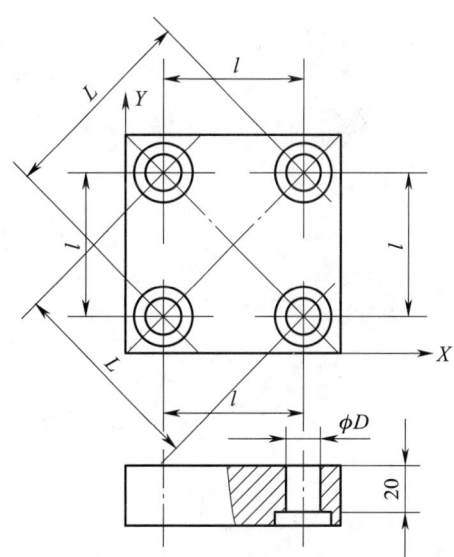

图 3—2—57 X、Y 坐标方向的孔距，对角线方向的孔距

（1）检验要求。在 250 mm 测量长度上，a（允差）0.02 mm，b（允差）0.025 mm。

（2）检验方法。X、Y 坐标方向定位，按镗孔路线依次对四孔进行精镗，硬质合金镗刀切削深度为 0.1 mm，进给量为 0.05 mm/r，试切前应确保试件安装基准面平直。

试件安装在工作台的中间位置，分别在 X 和 Y 坐标方向测量两孔间的实际距离。X 和 Y 坐标方向的孔距误差以实测值与指令值的最大差值计。

对角线方向的孔距可对两孔进行实测，也可通过测量孔的 X、Y 坐标值的方法经计算求得。对角线方向的孔距误差以实测或计算的孔距与理论值的最大差值计。

三、普通铣床装配常见质量问题判断

铣床装配完成后应对其装配质量、工作性能、工作状态进行全面检查。在空运转试验过程中，往往会遇到各种各样的故障，而这些故障跟装配质量有着密切的联系。普通铣床常见装配质量问题及解决方法见表 3—2—5。

表 3—2—5　普通铣床常见装配质量问题及解决方法

序号	装配质量问题	产生原因	解决方法
1	主轴变速箱：操纵手柄自动脱落	操纵手柄内的弹簧松弛	在弹簧尾端加一垫圈，也可将弹簧拉长重新装入。如弹簧磨损就更换，装配时要牢固、可靠
2	主轴变速箱：扳动变速手柄，扳力超过 20 kg 或扳不动	（1）竖轴手柄与孔咬死 （2）扇形齿轮与其啮合的齿条卡住 （3）拨叉移动轴弯曲或咬死 （4）齿条轴未对准孔盖上的孔眼	（1）拆下，修去毛头，加润滑油 （2）调整啮合间隙至 0.15 mm 左右 （3）校直、修光或换新轴 （4）变换其他各级转速或左右微动变速盘，调整星轮的定位器弹簧，使其定位可靠
3	主轴变速箱变速时开不出冲动动作	主轴电动机的冲动线路接触点失灵或接触不良	检查电气线路，调整冲动小轴的尾端调整螺钉，达到冲动接触的要求
4	主轴轴端漏油（对立铣头而言）	（1）主轴端部的封油圈损坏 （2）封油圈的安装位置偏心	（1）更新封油圈 （2）调整封油圈装配位置，消除偏心
5	进给箱：没有进给运动	（1）进给电动机没有接通或损坏 （2）进给电磁离合器不能吸合	检查电气线路及电器元件的故障，做相应的排除

续表

序号	装配质量问题	产生原因	解决方法
6	进给箱：进给时电磁离合器摩擦片发热冒烟	摩擦片间隙量过小	适当增加摩擦片的总间隙量，保证在 3 mm 左右
7	进给箱：正常进给时突然跑快	（1）摩擦片调整不当，正常进给时处于半合紧状态 （2）快进和工作进给的互锁动作不可靠 （3）摩擦片润滑不良，突然出现咬死 （4）电磁铁安装不正，电磁铁断电后不能可靠地松开，使摩擦片间仍有一定的压力	（1）适当调整摩擦片的间隙 （2）检查电气线路的互锁性是否可靠 （3）改善摩擦片之间的润滑，保持一定的润滑量 （4）调整电磁离合器安装位置，使其动作可靠正常
8	进给箱：噪声大	（1）进给箱第Ⅰ轴上的悬挂齿轮磨损，轴松动，滚针磨损 （2）Ⅵ轴上的滚针磨损 （3）电磁离合器摩擦片自由状态时没有完全脱开 （4）传动齿轮发生错位或松动 （5）电动机噪声	（1）检查Ⅰ轴齿轮及轴、滚针是否磨损、松动，并采用相应的补偿措施 （2）检查滚针是否磨损或漏装 （3）检查摩擦片在自由状态时是否完全脱开，并做相应调整 （4）检查各传动齿轮是否松动、打牙 （5）检查电动机噪声产生原因并排除
9	工作台下滑板横向移动手感过重	（1）下滑板塞铁调整过紧 （2）导轨面润滑条件差或拉毛 （3）操作不当使工作台越位，导致丝杠弯曲 （4）丝杠、螺母中心同轴度差 （5）下滑板中央托架上的锥齿轮中心与中央花键轴中心偏移量超差	（1）适当放松塞铁 （2）检查导轨润滑油供给是否良好，清除导轨面上的垃圾、切屑等 （3）注意适当操作，不要做过载及损坏性切削 （4）检查丝杠、螺母轴线的同轴度，若超差，则调整螺母托架位置 （5）检查锥齿轮轴线与中央花键轴轴线的重合度

课程 3-3　设备调试

学习内容

学习单元	课程内容	培训建议	课堂学时
（1）普通机床设备的检查结果分析	1）光学仪器检验结果的分析方法 2）通用机床设备的检查结果分析	（1）方法：讲授法、练习法 （2）重点与难点：设备超差分析	8
（2）通用机床整机调试	1）机械设备安装规程 2）普通车床的整机调试 3）普通铣床的整机调试	（1）方法：讲授法、练习法 （2）重点与难点：普通机床的整机调试	20

学习单元 1　普通机床设备的检查结果分析

一、光学仪器检验结果的分析方法

1. 三坐标测量机的工作原理

三坐标测量机又称三坐标测量仪，是一种高效率高精密测量仪器，是测量和获得尺寸数据的最有效工具之一，它可以代替传统测量工具及昂贵的组合量规，缩短测量时间，提高测量精度，对工件的尺寸、形状和位置公差进行精密检测，从而完成零件检测、外形测量、过程控制等任务。

几何坐标测量原理是：通过测量机空间轴系运动与操作系统（探头）的配合，根据测量要求对被测几何特征进行离散空间点坐标的获取，然后根据相应的几何定义对所测点进行几何要素拟合计算，获得被测几何要素，并在此基础上根据图样的公差标注进行尺寸误差和几何误差的评定。

2. 三坐标测量机的组成

（1）硬件。测量机主机、探测系统、控制系统，如图 3—3—1 所示。

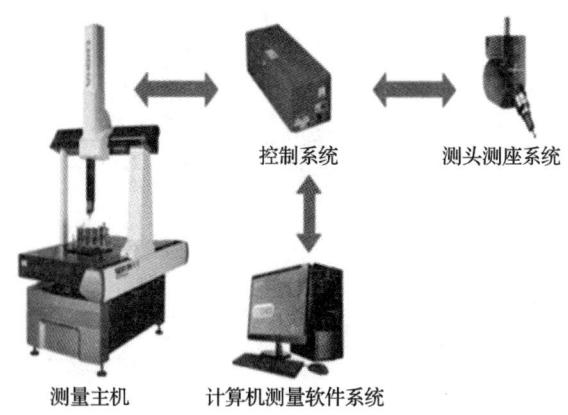

图 3—3—1　三坐标测量机的组成

（2）软件。操作系统，测量软件 CALYPSO、GEARPRO、HOLOS、BLADE PRO、CALIGO 等。

1）控制系统的作用。
①控制测量机的运动。
②采集数据，对光栅读数进行处理。
③根据补偿文件进行误差补偿。
④和计算机进行各种交流。

2）软件的作用。
①测头定义、测头校正、测针补偿。
②建立零件坐标系。
③对测量数据进行计算、统计、处理。
④输出测量报告。

3. 三坐标测量机的分类及用途

三坐标测量机可分为移动桥式测量机、固定桥式测量机、龙门式测量机、悬臂式测量机、水平臂式测量机，如图 3—3—2 所示。

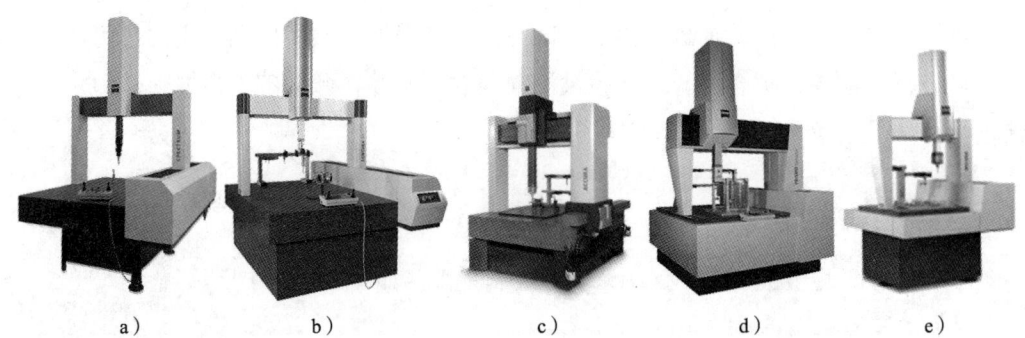

图3—3—2 三坐标测量机的种类

a）移动桥式 b）固定桥式 c）龙门式 d）悬臂式 e）水平臂式

三坐标测量机适用于汽车钣金件以及航空、船舶、卫星设备等大型产品尺寸测量。

4. 检验结果分析示例

铅笔轴零件图如图 3-3-3 所示。

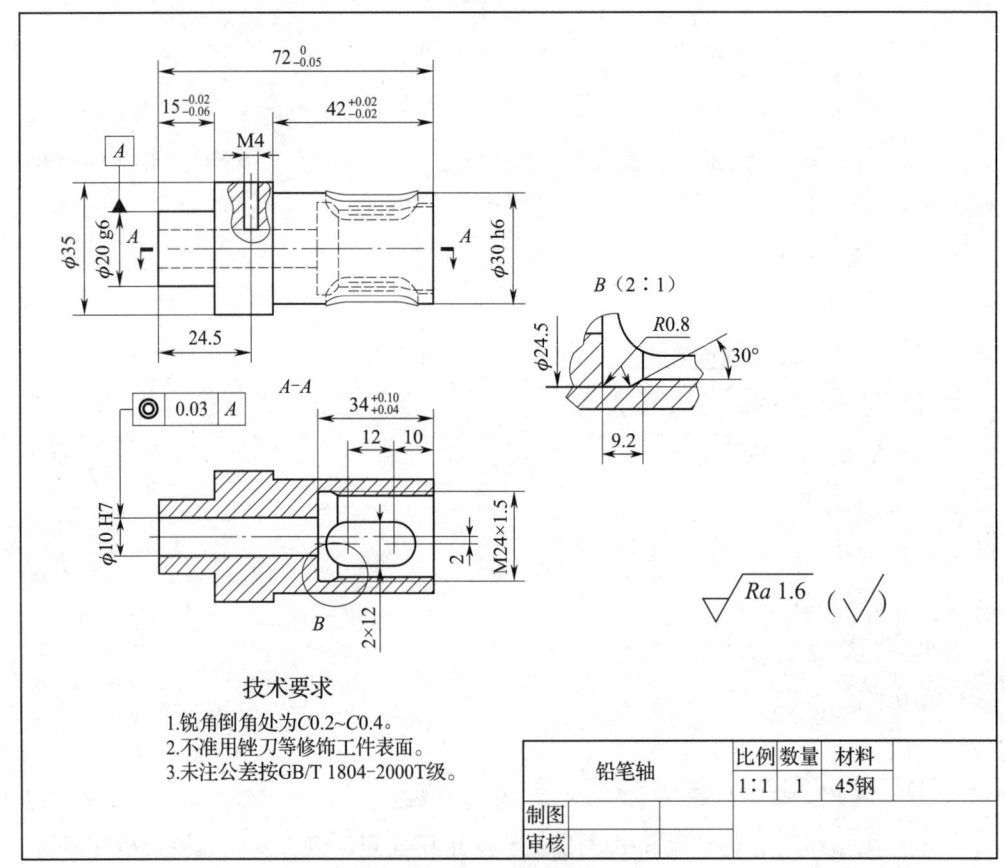

图 3-3-3 铅笔轴零件图

（1）检测要求。

1）利用三坐标对零件图中所有尺寸进行检测。

2）检测误差允许 ±0.003 mm。

3）对检测出来的结果进行分析。

Messprotokoll ZEISS Calypso

程序名 ZHJX-3	日期 2019年7月07日	
图号 * drawingno *	时间 14时59分07秒	订单号
操作者 Master	CMM C32Bit	增加的工件号 01

Name	ID	Aktual	Nominal	pos Tol	neg Tol	Diff	<--|-->
所有结果							
所有特性：		8					
…公差内：		5					
…超出公差：		3					
…超过警告线：		0					
…未计算：		0					
全部坐标系：		1					
…未计算：		0					
全部文本元素：		0					
A1	D	20.0045	20.0000	-0.0070	-0.0200	0.0045	0.0115
A2	Cart Dist	14.9603	15.0000	-0.0200	-0.0600	-0.0397	|-
A3	Cart Dist	71.8139	72.0000	0.0000	-0.0500	-0.1861	-0.1361
A4	Cart Dist	42.0159	42.0000	0.0200	-0.0200	0.0159	|----
A5	D	30.0028	30.0000	0.0100	-0.0100	0.0028	|--
A6	D	10.0080	10.0000	0.0100	-0.0100	0.0080	|----
A7	Cart Dist	34.0280	34.0000	0.1000	0.0400	0.0280	-0.0120
A8	GDT Coa	0.0255	0.0000	0.0300		0.0255	|----

图 3-3-4　检测结果

（2）检测结果分析。从图 3-3-4 所示检测结果可以看出，所有特性 8 处，在公差内（即合格尺寸）5 处，超出公差（即不合格尺寸）3 处。不合格尺寸有：

1）$20_{-0.020}^{-0.007}$ mm，检测误差为 +0.004 5 mm，实际尺寸为 20.004 5 mm，允许误差为 ±0.003 mm。所以该尺寸不合格。

2）$72_{-0.05}^{0}$ mm，检测误差为 −0.186 1 mm，实际尺寸为 71.813 9 mm，允许误差为 ±0.003 mm。所以该尺寸不合格。

3）$34_{+0.04}^{+0.10}$ mm，检测误差为 +0.028 0 mm，实际尺寸为 34.028 0 mm，允许误差为 ±0.003 mm。所以该尺寸不合格。

二、通用机床设备的检查结果分析

当机床主轴箱、旋转工作台等装配完成后，就要对主轴或旋转工作台的有关旋转精度进行检查并给予调整。各个检查部位的径向圆跳动和轴向（或端面）窜动是必须检查的内容。

1. 径向圆跳动的检查分析

主轴（或圆工作台）锥孔径向圆跳动的检验如图3—3—5所示，结果分析见表3—3—1。

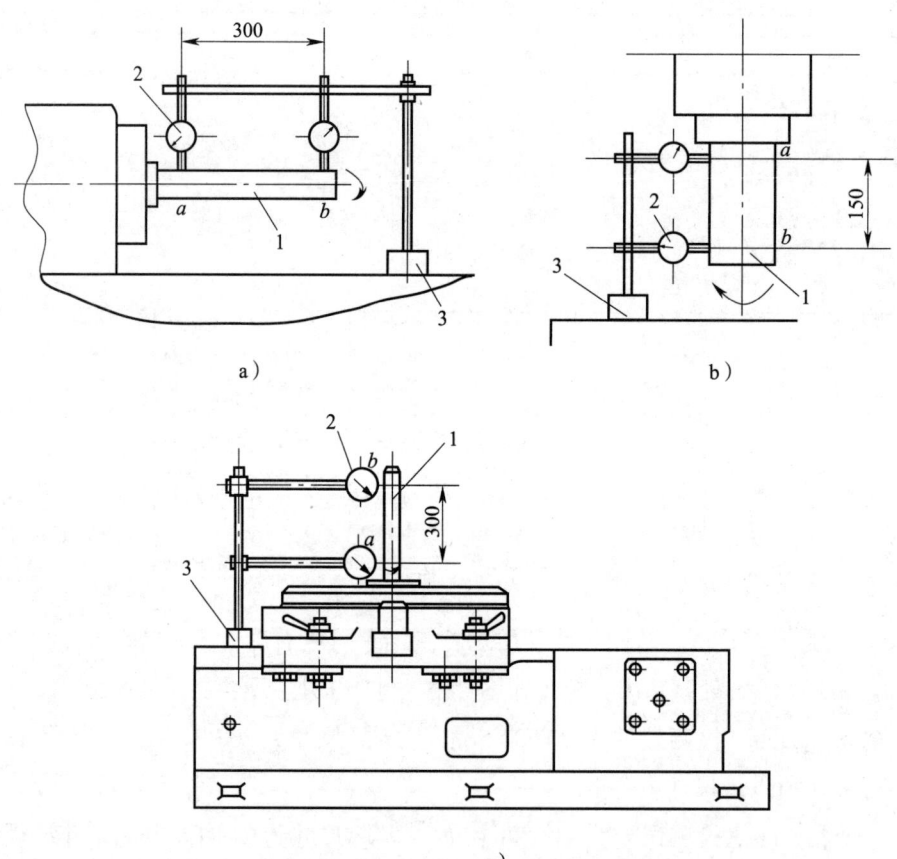

图3—3—5　主轴（或圆工作台）锥孔径向圆跳动的检验
1—检验棒　2—千分表　3—磁力表架

表 3—3—1 设备检查结果分析记录表

设备名称	车床	检测日期	XXX
设备型号	XXX	检测人员	XXX
检测部位	车床主轴	记录人员	XXX
检查问题记录 1. 在检测 150 mm 过程中，允许误差为 0.005 mm，实际检测值为 0.015 mm，超差 0.01 mm 2. 在检测 300 mm 过程中，允许误差为 0.015 mm，实际检测值为 0.03 mm，超差 0.015 mm		检测参数记录	
		检测项目	许用值	检测值
		径向跳动距离 150 mm	0.015 mm	0.03 mm
		径向跳动距离 300 mm	0.005 mm	0.015 mm
结果分析	检验棒与锥孔没有配合好，应用涂色法检查锥柄和锥孔配合质量。可将锥孔和锥柄擦拭清洁，在锥柄表面上薄薄地涂一层红丹油，插入锥孔内，紧转 1/12 转的小角度，拉出检查接触质量，要求接触率在 70% 以上。在 120° 等分的不同角度进行涂色检查			

2. 轴向窜动的检查分析

主轴轴向窜动的检验如图 3—3—6 所示，结果分析见表 3—3—2。

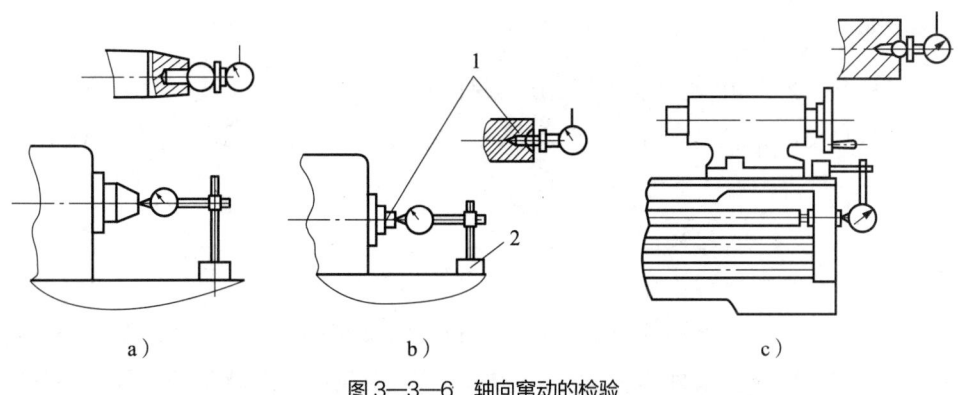

图 3—3—6 轴向窜动的检验
1—锥柄短检验棒 2—磁力表架

表3—3—2 设备检查结果分析记录表

设备名称	车床	检测日期	XXX	
设备型号	XXX	检测人员	XXX	
检测部位	车床主轴	记录人员	XXX	
检查问题记录		检测参数记录		
在检测轴向窜动过程中,允许误差为0.01 mm,实际检测值为0.02 mm,超差0.01 mm		检测项目	许用值	检测值
		轴向窜动	0.01 mm	0.02 mm
结果分析	主要原因有:检验棒与主轴孔没有配合好,需清洗、擦干净再进行装配;主轴本身问题,没有调整好,需进行重新装调			

学习单元2　通用机床整机调试

一、机械设备安装规程

1. 开箱验收

新设备到货后,由设备管理部门会同购置单位、使用单位(或接收单位)进行开箱验收,检查设备、附件、随机备件、专用工具、技术资料等在运输过程中有无损坏、丢失,若有应立即与有关单位交涉处理。

2. 设备安装施工

按照工艺技术部门绘制的设备工艺平面布置图及安装施工图、基础图、设备轮廓尺寸以及相互间距等要求划线定位,组织基础施工及设备搬运就位。在设计设备工艺平面布置图时,对设备定位要考虑以下因素。

(1)应适应工艺流程的需要。

(2)应方便工件存放、运输和现场清理,考虑设备及其附件的外形尺寸、运动部件的极限位置及安全距离。

（3）应保证符合设备安装、维修、操作安全的要求。

（4）厂房与设备工作应匹配，包括门的宽度、高度以及厂房的跨度、高度等。

应按照机械设备安装验收有关规范要求，做好设备安装找平，保证安装稳固，减轻振动，避免变形，保证加工精度，防止不合理的磨损。安装前要进行技术交底，组织施工人员认真学习设备的有关技术资料，了解设备性能、安全要求和施工中应注意的事项。

安装过程中，对基础的制作、装配连接、电气线路等项目的施工，要严格按照施工规范执行。安装工序中如果有恒温、防振、防尘、防潮、防火等特殊要求时，应采取措施，条件具备后方能进行该项工程的施工。

3. 设备试运转

设备试运转一般可分为空转试验、负荷试验、精度试验三种。

（1）空转试验。空转试验是为了考核设备安装精度的保持性，设备的稳固性，以及传动、操纵、控制、润滑、液压等系统是否正常、灵敏可靠等，在无负荷运转状态下进行。一定时间的空负荷运转是新设备投入使用前必须进行的一个不可缺少的步骤。

（2）负荷试验。试验设备在数个标准负荷工况下进行检验，在有些情况下可结合生产进行试验。在负荷试验中应按规范检验轴承的温升，考核液压、传动、操纵、控制、安全等装置的工作是否达到出厂标准，是否正常、安全、可靠。不同负荷状态下的试运转，也是新设备进行磨合所必须进行的工作，磨合试验质量如何，对于设备使用寿命影响极大。

（3）精度试验。精度试验一般应在负荷试验后按说明书的规定进行，既要检查设备本身的几何精度，也要检查其工作（加工产品）精度。这项试验大多在设备投入使用两个月后进行。

4. 设备试运行后的工作

首先断开设备的总电路和动力源，然后做好下列设备检查、记录工作。

（1）做好磨合后对设备的清洗、润滑、紧固，更换或检修故障零部件并进行调试，使设备进入最佳使用状态。

（2）做好并整理设备几何精度、加工精度的检查记录和其他功能的试验记录。

（3）整理设备试运转中的情况（包括故障排除）记录。

（4）对于无法调整和消除的问题，应分析原因，从设备设计、制造、运输、保管、安装等方面进行归纳。

（5）对设备试运转做出评定结论和处理意见，办理移交生产的手续，并注明参加试运转的人员和日期。

5. 设备安装工程的验收与移交使用

（1）设备基础的施工验收由建设部门质量检查员会同土建施工员进行验收，填写施工验收单。基础的施工质量必须符合基础图和技术要求。

（2）设备安装工程的最后验收在设备调试合格后，由设备管理部门和工艺技术部门会同其他部门，在安装、检查、安全、使用等各方面有关人员共同参与下进行，做出鉴定，填写安装施工质量、精度检验、安全性能、试车运转记录等凭证，并验收移交单，经设备管理部门和使用部门签字方可竣工。

（3）设备验收合格后办理移交。设备开箱验收单（或设备安装移交验收单）、设备运转试验记录单由参加验收的各方人员签字后，随设备带来的技术文件，由设备管理部门纳入设备档案管理；随设备的配件、备品应填写入库单，送交设备仓库入库保管。安全管理部门应就安装试验中的安全问题进行建档。

（4）设备移交完毕，由设备管理部门签署设备投产通知书，并将副本分别交设备管理部门、使用单位、财务部门、生产管理部门，作为存档、通知开始使用、固定资产管理、考核工程计划的依据。

二、普通车床的整机调试

机床整机调试的目的是检查机床的安装是否稳固，各传动、操纵、控制、润滑、液压等系统的工作状态是否正常、可靠。调试之前先检查各连接部件的紧固程度，给主轴箱、进给箱和溜板箱加油，并检查各部分油线是否齐全有效、各机油注油孔是否畅通。

1. 通电检查

（1）切削液泵电动机通电试验。检查电动机旋向，检查各接头有无渗漏，观察各测量点上的油压，注意防止喷溅。

（2）检查照明灯是否能够正常工作。如果灯不亮，应检查线路和灯泡，并予以维修或更换。

2. 机床粗调

机床初步运转后，对机床进行粗调整，主要包括对机床床身水平及垂直的调整、对机床主要几何精度的调整、对经过拆装的主要运动部件和主机相对位置的调整。这些工作完成后，对于用地脚螺栓固定的机床可用快干混凝土将各地脚螺栓预留孔灌平，待 3~5 天固化后即可进行机床的精调。

3. 机床精调和功能调试

利用固化地基和地脚螺栓垫铁精调机床床身水平。在这个基础上，移动床身上各运动部件，在各坐标轴全行程内观察机床水平的变化情况，并调整相应的机床几何精度，使之达到公差要求。

4. 机床的运行调试

（1）空运转试验。空运转试验是在无负荷状态下启动机床，检查主轴转速，从最低转速依次提高到最高转速，各级转速的运转时间不少于 5 min，最高转速的运转时间不少 30 min。同时，对机床的进给机构也要进行低、中、高进给量的空运转，并检查润滑油泵输油情况。

新装车床空运转时应满足以下要求：

1）在所有的转速下，车床的各工作机构应运转正常，不应有明显的振动，各操纵机构应平稳、可靠。

2）润滑系统正常、畅通、可靠，无泄漏现象。

3）安全防护装置和保险装置安全可靠。

车床空运转试验的检验项目及验收要求见表 3—3—3。

表 3—3—3　车床空运转试验的检验项目及验收要求

序号	检验项目	验收要求
1	紧固件、操纵件、导轨间隙的检查	（1）固定连接面应紧密贴合，用 0.03 mm 塞尺检验时应插不进。滑动导轨的表面除用涂色法检验接触斑点外，用 0.03 mm 塞尺检查在端面的插入深度小于 20 mm （2）转动手轮手柄时，所用的最大操纵力不应超过 80 N
2	主轴箱部件空运转试验	（1）检查主轴箱中的油平面，不得低于油标线 （2）变换速度和进给方向的手柄应灵活

续表

序号	检验项目	验收要求
2	主轴箱部件空运转试验	（3）进行空运转试验，试验时从最低速度开始依次运转主轴的所有转速。各级转速的运转时间以观察正常为限，在最高速度的运转时间不得少于 30 min （4）主轴滚动轴承温度升高不应超过 40℃，主轴滑动轴承温度升高不应超过 30℃，其他机构的轴承温度升高不应超过 20℃；要避免因润滑不良而使主轴发生振动及过热 （5）摩擦离合器必须保证能够传递额定的功率而不发生过热现象
3	尾座部件的检查	（1）顶尖套由轴孔最内端伸出最大长度时应无不正常的间隙和滞塞，手轮转动要轻便，螺栓拧紧与松开应灵活 （2）顶尖套夹紧装置应灵活可靠
4	溜板、刀架部件的检查	（1）溜板在床身导轨、刀架上下滑座在燕尾导轨的移动应均匀平稳，镶条、压板应松紧适宜 （2）溜板及刀架在低速、中速、高速进给试验中应平稳正常且无明显振动 （3）各丝杠应旋转灵活准确；有刻度装置的手轮，手轮反向时的空行程不超过 1/20 转
5	进给箱、溜板箱部件的检查	（1）各种进给及换向手柄应与标牌相符，固定可靠，相互间互锁动作可靠 （2）启动开合螺母的手柄应准确可靠，且无阻滞或过松感觉 （3）溜板箱的脱落蜗杆装置应灵活可靠，按定位挡铁的位置能自行停止
6	交换齿轮架的检查	交换齿轮要配合良好，固定可靠
7	电动机传动带的检查	电动机传动带的松紧适中，四根 V 带应同时起作用
8	润滑系统的检查	各部分的润滑孔应有明显的标记，用油绳润滑的部分应备有油绳，有储油池的部分应将润滑油加到油标线高度
9	电气设备的检查	启动、停止等动作应可靠

（2）负荷试验。车床经空运转试验合格后，将其调至中速（最高转速的 1/2 或高于 1/2 的相邻一级转速）下继续运转，待其达到热平衡状态时，则可进行负荷试验。

1）全负荷强度试验。全负荷强度试验的目的是考核车床主传动系统能否输出设计所允许的最大转矩和功率。试验方法是将尺寸为 $\phi 100$ mm × 250 mm 的中碳钢试件，一端用卡盘夹紧，另一端用顶尖顶住，用 45°标准硬质合金（YT15）右偏刀进行车削，切削用量取 n=58 r/min、a_p=12 mm、f=0.6 mm/r。

在全负荷试验时，车床所有机构均应工作正常，动作平稳，不准有振动和噪声，主轴转速不得比空转时降低 5% 以上，各手柄不得有颤抖和自动换位现象。试验时，允许将摩擦离合器调紧 2 ~ 3 孔，待切削完毕再松开至正常位置。

2）精车外圆试验。精车外圆试验的目的是检验车床在正常工作温度下，主轴轴线与床鞍移动轨迹是否平行，主轴的旋转精度是否合格。试验方法是在车床卡盘上夹持尺寸为 $\phi 80$ mm × 250 mm 的中碳钢试件，不用尾座顶尖。采用高速钢车刀，切削用量取 n=397 r/min、a_p=0.15 mm、f=0.1 mm/r，精车外圆表面。

精车后试件公差：圆度为 0.01 mm，圆柱度为 0.01 mm/100 mm，表面粗糙度值不大于 $Ra3.2\ \mu m$。

3）精车端面试验。精车端面试验应在精车外圆合格后进行，目的是检查车床在正常工作温度下，刀架横向移动轨迹对主轴轴线的垂直度和对横向导轨的直线度。试件为 $\phi 250$ mm 的铸铁圆盘，用卡盘夹持。用 45°硬质合金右偏刀精车端面，切削用量取 n=230 r/min、a_p=0.2 mm、f=0.15 mm/r。

精车端面后试件平面度误差不大于 0.02 mm（只许凹）。

4）车槽试验。车槽试验的目的是考核车床主轴系统及刀架系统的抗振性能，检查主轴部件的装配精度和旋转精度，以及检查床鞍刀架系统刮研配合面的接触质量及配合间隙的调整是否合格。

车槽试验的试件为 $\phi 80$ mm × 250 mm 中碳钢棒料，用前角 γ_o=8° ~ 10°、后角 α_o=5° ~ 6° 的 YT15 硬质合金刀具，切削用量为 n=40 ~ 70 r/min、f=0.1 ~ 0.2 mm/r，刀刃宽度为 5 mm。在距卡盘端（1.5 ~ 2）d（d 为工件直径）处车槽，不应有明显的振动和振痕。

5）精车螺纹试验。精车螺纹试验的目的是检查车床螺纹加工传动系统的准确性。试验规范如下：$\phi 40$ mm × 500 mm 中碳钢件，两端用顶尖装夹；采用高速钢 60°标准螺纹车刀，切削用量为 n=19 r/min、a_p=0.02 mm、f=6 mm/r。

车螺纹试验精度要求螺距累积误差应小于 0.025 mm/100 mm，表面粗糙度值不大于 $Ra3.2\ \mu m$，无振动波纹。

5. 注意事项

（1）装配后，要检查各部件之间的相对位置精度。

（2）试车时要保证润滑。

（3）车削过程中如出现异常现象，要立即停车。

三、普通铣床的整机调试

1. 主要部件的安装顺序

主要部件的安装顺序为：床身→主轴→横梁→升降台→工作台。

2. 机床的调整

（1）工作台回转角度的调整。工作台在水平面内可各回转45°。调整时，先用相应尺寸的扳手将前后两个调节螺钉松开，即可转动工作台，其回转角度可从刻度盘读出，调整到所需角度后再将调节螺钉拧紧。

（2）工作台丝杠传动间隙的调整。纵向丝杠的空程量公差为刻度盘的1/24圈。若因丝杠螺母磨损或锁紧螺母松动致使纵向丝杠反向空程量过大，可按如下两方面调整。

1）如图3—3—7所示，拆卸调整顺序为：取下手轮；拧下螺母1；拆下刻度盘2；打开止退垫圈4；拧松锁紧螺母3；用螺母5调整间隙，其松紧程度以垫片6用手能转动为准。调整完毕后，锁紧螺母3、止退垫圈4，再将拆下的零件（即刻度盘2、螺母1、手轮）依次装上。

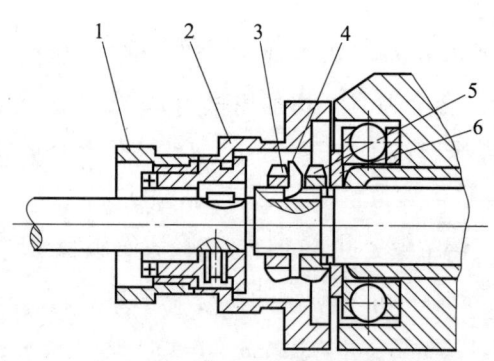

图3—3—7　工作台纵向丝杠传动间隙的调整
1、3、5—螺母　2—刻度盘　4—止退垫圈　6—垫片

2）如图3—3—8所示，拆卸调整顺序为：打开盖板3；拧松螺钉2；按图中的箭头方向拧动蜗杆1，减小传动间隙，直到达到要求为止（1/24圈）；用手柄摇动工作台，观察是否有卡住现象（在全行程范围内），若正常，即可拧紧螺钉2，装上盖板3。

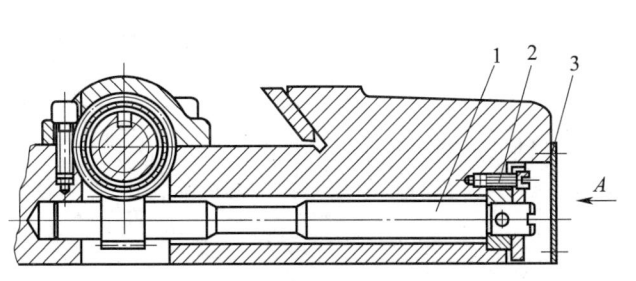
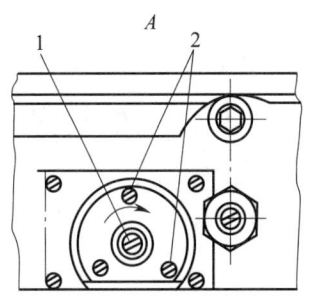

图 3—3—8　工作台纵向丝杠蜗杆装配图
1—蜗杆　2—螺钉　3—盖板

（3）卧式主轴轴承的调整。如图 3—3—9 所示，拆卸调整顺序为：移开悬梁 2；拆卸盖板 6；松开螺钉 4；用专用钩头扳手钩住锁紧螺母 5；扳动主轴拨块 7，使主轴旋转来进行调整。螺母 5 的松紧程度依据使用精度和工作性质而定。调整合适后，拧紧螺钉 4。

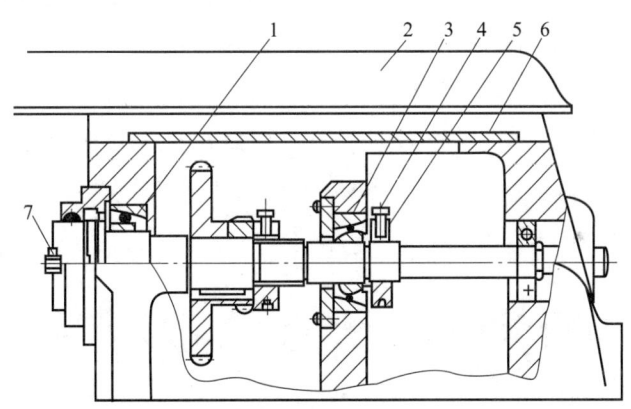

图 3—3—9　卧式主轴装配示意图
1、3—轴承　2—悬梁　4—螺钉　5—螺母　6—盖板　7—拨块

主轴轴承调整好以后，进行主轴空运转试验。从最低一级转速开始，向上逐级运转，每一级转速运转时间都不得少于 2 min。在最高转速（1 500 r/min）运转 1 h 后，主轴前轴承温度不得超过 70℃；当室温高于 38℃时，主轴前轴承温度不得超过 80℃。

（4）主轴冲动开关的调整。冲动开关接通时间长短由螺钉 1 的行程大小而定，如图 3—3—10 所示。调整顺序为：断开机床电源；打开按钮箱的盖板；扳动变速手柄 3，检查冲动开关 2 的接触情况；按需要拧动螺钉 1；再扳动变速手柄 3，检查冲动开关 2 触头接通是否可靠；调整合适后，装上按钮箱的盖板。

3. 机床空运转试验

（1）主轴从最低转速开始，逐级加至最高转速，运转时间每一级不得少于 2 min。在最高转速运转应不少于 30 min，主轴轴承达到稳定温度时不能超过 60℃。

（2）启动进给箱电动机，对纵向、横向及升降三个方向的进给进行逐级运转试验，每一级进给量的试运转时间不少于 2 min。在最高进给量运转至稳定温度时，各轴承温度不应超过 50℃。

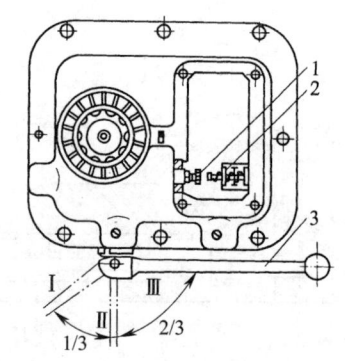

图 3—3—10　主轴冲动开关装配示意图
1—螺钉　2—冲动开关　3—变速手柄

（3）在所有转速的试验中，机床各工作机构都应平稳正常，无冲击振动，无周期性的噪声。

（4）在试运转时，各润滑点所得到的润滑油应连续、足量，各轴承盖、管接头及操纵手柄端部都不应有泄漏现象。

（5）在试运转期间，电气设备的工作状况，如电动机启动、停止、反向、制动及调整的平稳性，磁力启动器和热继电器及终点开关工作的可靠性等均应正常无误。

4. 机床负荷试验

机床负荷试验是考核机床主运动系统能否承受标准所规定的最大允许切削规范，也可根据机床实际使用要求取最大切削规范的 2/3。一般选下述项目中的一项进行切削试验。

（1）切削钢件的试验。切削材料为正火 210～220HBS 的 45 钢。

1）圆柱铣刀：直径为 100 mm，齿数为 4。切削用量：宽度为 50 mm，深度为 3 mm，转速为 750 r/min，进给速度为 750 mm/min。

2）端面铣刀：直径为 100 mm，齿数为 14。切削用量：宽度为 100 mm，深度为 5 mm，转速为 37.5 r/min，进给速度为 190 mm/min。

（2）切削铸铁件试验。切削材料为 180～220HBS 的 HT200。

1）圆柱铣刀：直径为 90 mm，齿数为 18。切削用量：宽度为 100 mm，深度为 11 mm，转速为 47.5 r/min，进给速度为 118 mm/min。

2）端面铣刀：直径为 200 mm，齿数为 16。切削用量：宽度为 100 mm，深度为 9 mm，转速为 60 r/min，进给速度为 300 mm/min。